2019年度浙江省哲学社会科学新兴（交叉）学科重大扶持课题
"面向学生批判性思维提升的心理—技术—课程的交叉协同研究"（19XXJC03ZD）
结题成果

批判性思维培养

CRITICAL THINKING TRAINING

A CROSS-DISCIPLINARY
STUDY OF PSYCHOLOGY, TECHNOLOGY
AND CURRICULUM

心理—技术—课程的
交叉协同研究

顾建民 李 艳 屠莉娅 叶映华◎著

ZHEJIANG UNIVERSITY PRESS
浙江大学出版社
·杭州·

图书在版编目（CIP）数据

批判性思维培养：心理—技术—课程的交叉协同研
究 / 顾建民等著. -- 杭州：浙江大学出版社，2024.
11. -- ISBN 978-7-308-25481-6

Ⅰ. B80

中国国家版本馆 CIP 数据核字第 2024G8D387 号

批判性思维培养：心理—技术—课程的交叉协同研究

顾建民　李　艳　屠莉娅　叶映华　著

策划编辑	吴伟伟
责任编辑	陈　翙
责任校对	丁沛岚
封面设计	雷建军
出版发行	浙江大学出版社
	（杭州市天目山路 148 号　邮政编码 310007）
	（网址：http://www.zjupress.com）
排　　版	杭州晨特广告有限公司
印　　刷	广东虎彩云印刷有限公司绍兴分公司
开　　本	170mm×240mm　1/16
印　　张	19.5
字　　数	280 千
版 印 次	2024 年 11 月第 1 版　2024 年 11 月第 1 次印刷
书　　号	ISBN 978-7-308-25481-6
定　　价	88.00 元

PREFACE

在"加快建设创新型国家"的国家战略背景下，教育承担着创新型人才培养的重要使命。作为创新型人格内核，批判性思维的重要性不言而喻。2022年1月26日，光明网刊登了教育部党组书记、部长怀进鹏的《为加快建设世界重要人才中心和创新高地贡献力量》一文，文章指出要着力加强基础研究人才培养，创新育人模式，突破常规培养，更加重视科学精神、创新能力、批判性思维的培养教育。学生批判性思维培养受到了前所未有的关注。

但学生批判性思维能力和深度学习能力差是世界范围内普遍存在的现象。这方面能力的培养是一个难题，从基础教育到高等教育均是如此。其原因有很多，如：学界对批判性思维本质内涵的理解存在一定的分歧；批判性思维测评的有效性一直面临质疑；批判性思维培养存在理念上的"高重视"与实践中的"低行动"这一矛盾；批判性思维教学有待提升和创新，学生批判性思维培养的教学环境创设不足、批判性思维研究引领教学改进的动力不足、教育技术尚未充分融入学生的批判性思维培养；批判性思维评价的导向功能尚未充分发挥；等等。

如何从心理—技术—课程交叉协同的视角，部分破解学生批判性思维弱及批判性思维培养难等问题，是本书相关研究所关注的。本书相关研究是基于对创新型人才培养和学生批判性思维培养的重要需求的基础上展开的。为了促进学生批判性思维的培养，本书在厘清我国学生批判性思维的基本理论问题、培养现状、培养过程中存在的问题及面临的挑战等的基础上，依据教育学、心理学等相关理论，探索学生批判性思维的概念界定和形成机制、面向学生批判性思维培养的课程设计、学生批判性思维测评工具的有效构建、学生批判性思维的影响机制、学生批判性思维培养的可视化学习工具与在线协作平台的设计开发及效果检验等。

本书相关研究的开展，在理论上能增加批判性思维研究的理论厚度，促进认知理论及学习理论的发展，夯实教育信息科学研究的理论基础，促进教育信息科学基础理论的创新；在实践上，能够为学校开展学生批判性思维教育提供理论支持，为学生批判性思维培养提供测评工具与任务资源库支持，同时也能够为在学生学习结果评估中融入批判性思维内容提供研究支持及路径建议。

本书共包括九章，第一、二、三章的主要撰写人为顾建民、叶映华，第四、五章的主要撰写人为屠莉娅、吴爽，第六章的主要撰写人为方越、尹艳梅和叶映华，第七、八章的主要撰写人为李艳、萨丽（Berty Nsolly Ngajie）和陈新亚，第九章的主要撰写人为顾建民、叶映华。

目　录

第一章　绪论 /1

　　第一节　研究背景与意义 /3

　　第二节　研究目标与问题 /6

　　第三节　研究内容与创新点 /7

　　第四节　研究路径、方法与技术路线 /10

　　第五节　研究框架 /15

第二章　学生批判性思维研究的文献回顾 /19

　　第一节　批判性思维的概念 /21

　　第二节　批判性思维的测评 /26

　　第三节　学生批判性思维的现状及培养 /33

　　第四节　学生批判性思维的影响因素 /36

　　第五节　信息技术背景下学生批判性思维研究的新趋势 /39

第三章　批判性思维本质特征重构及测评工具构建 /43

　　第一节　批判性思维的本质特征与认识误区 /45

　　第二节　批判性思维能力品质初测量表的构建 /53

第四章　面向学生批判性思维培养的课程建设：趋势与特征 /63

　　第一节　面向 21 世纪的素养：批判性思维培养的全球聚焦 /66

第二节 从理论到实践:走进课程与教学领域的批判性思维 /69

第三节 批判性思维培养视域下的课程设计趋势与特征 /85

第五章 面向学生批判性思维培养的课程设计:多元模式与策略 /91

第一节 独立开设:批判性思维培养的传统模式 /93

第二节 学科嵌入:批判性思维培养的融合模式 /97

第三节 从教学法实践到教学文化转型:走向批判性思维培养
的本质 /114

第六章 学生批判性思维的现状、影响因素与培养策略 /119

第一节 批判性思维的现状与影响因素:基于初中生的考察 /121

第二节 大学生批判性思维的现状特点及培养策略探析 /147

第七章 基于计算机支持的论证可视化工具开展大学生批判性思维
培养的实践研究 /161

第一节 计算机支持的论证可视化工具(CSAV)介绍 /163

第二节 将 CSAV 作为培养批判性思维通用方法的课程教学设计
与实施 /167

第三节 将 CSAV 作为培养批判性思维融入方法的课程教学设计
与实施 /173

第四节 基于 CSAV 开展大学生批判性思维培养的实践反思 /183

第八章 基于在线协作平台开展大学生批判性思维培养的实践研究 /187

第一节 在线协作平台"浙大语雀"介绍 /189

第二节 基于在线协作平台的大学生辩论活动设计及实施效果 /200

第三节　基于在线协作平台的大学生论文阅读活动设计

　　　　及实施效果　/239

第四节　基于在线协作平台开展大学生批判性思维培养的

　　　　实践反思　/260

第九章　结语　/265

第一节　主要研究结论　/267

第二节　学生批判性思维研究存在的不足　/270

第三节　学生批判性思维提升的对策——从理念走向行动　/272

参考文献　/279

第一章

绪 论

　　本书是一项面向学生批判性思维提升的心理—技术—课程的交叉协同研究，交叉性、协同性是研究的主要特点，促进学生批判性思维能力提升是研究的主要目标，心理—技术—课程共同影响是实现目标的途径与方法。绪论主要阐述研究的背景与意义、问题与目标、内容与创新点、研究方法及研究框架等。

第一节　研究背景与意义

一、研究背景

(一)创新型人才培养与批判性思维提升的重要时代意义

教育兴则国家兴,教育强则国家强。无论是基于日益激烈的国际竞争对高水平人才的需求,还是基于新时代主体自身价值提升和潜能开发的内在需求,教育对社会和个人发展的意义都变得越来越突出。如何培养出适应时代需要并能引领时代发展的创新型人才,如何让受教育者在教育生活中真正体验到成长、尊重、爱与幸福,这是当前我国教育变革面临的重要课题。但是,与人们对教育价值的期待日益提升不同,人们对教育在创新型人才培养上表现出的乏力,呈日益不满的发展态势。要把党的十九大报告中提出的"加快建设创新型国家"的发展愿景落到实处,不能仅仅合逻辑地演绎出教育要培养创新型人才的命题,更重要的是深入剖析创新型人才的人格结构、成长机制与培养路径。这不仅需要一般性的经验论述,更需要在心理、技术、课程各领域实现研究过程与成果的交互融通,甚至也需要主动吸收人工智能领域的最新研究和创新成果,以实现理论创新与实践变革的链式互通。因此,如何更好地将多学科的新发展融入教育革新,不仅是我国教育变革的重要发展方向,更是学科交叉时代教育科学研究的新生长点。

随着国际化的进一步发展,中国越来越全面地融入复杂的国际发展与竞争环境。在"加快建设创新型国家"的国家战略背景下,教育承担着创新型人才培养的重要使命,作为创新型人格内核的批判性思维培养的重要性不言而喻。为了更好地参与到国际竞争中,实现中国的可持续发展,培养具有批判性思维能力、良好判断能力、能应对国际复杂局势的人才迫在眉睫,批判性思维人才的培养越来越受到重视。而科学技术的迅速发展及其在教育领域的广泛运用为批判性思维人才培养提供了新思路。

（二）作为基础性素养的批判性思维培养的重要性与急切性

从 20 世纪约翰·杜威（John Dewey）在《我们怎样思考》中提出"批判性思维是根据信仰或假定的知识背后的依据即可能的推论来对它们进行主动、持续和缜密的思考"的重要性开始，到古德温·沃森（Goodwin Watson）和爱德华·格莱泽（Edward Glaser）基于多年研究率先开展有关批判性思维的评估，批判性思维一直是学校教育关注的重要方面，是一种重要的不可或缺的生活和成长的技能。进入 21 世纪以来，在核心素养推动国际教育与课程变革的背景下，从 21 世纪技能联盟提出的 4C 模型中的批判性思维，到联合国教科文组织提出的亚太地区横向能力中五维中的一维"批判与创新性思维"，再到 21 世纪核心素养 5C 模型中的审辨思维素养（具体包括质疑批判、分析论证、综合生成和反思评估等二级维度），以及日本 21 世纪型能力框架之思考力维度下的批判性思维能力、新加坡 21 世纪素养框架中批判性和创造性思维的提出，以及澳大利亚 21 世纪能力之思考方式变革要求的批判性思维、问题解决和决策制定能力，不同的国家、地区和国际组织都在未来教育发展或变革性素养的研究中将批判性思维/思考列为至关重要的素养，甚至是基础性的素养。

但在批判性思维教育实践中，学生（包括基础教育和高等教育阶段的学生）的批判性思维能力和深度学习能力差是世界范围内普遍存在的现象（Razzak，2016）。基于学生批判性思维培养的重要性及学生批判性思维不容乐观的现状，当下亟须探索如下议题：学生批判性思维的基本理论问题、培养现状、培养过程中存在的问题及面临的挑战；学生批判性思维的测评工具开发及信度和效度检验；学生批判性思维的影响机制模型构建与检验；批判性思维培养在学校教育过程和课程设计与建设中的内涵、落实方式与实现途径；学生批判性思维培养的可视化学习工具与在线协作平台的设计开发及效果检验；等等。厘清上述问题，对于真正培养批判性思维的知识、技能与态度,具有至关重要的意义。

二、研究意义

(一)理论意义

第一,增加了批判性思维研究的理论厚度。处理好"批判性思维教育理念上的'高重视'与教育实践中的'低行动'之间的矛盾",首先有赖于对"批判性思维是什么""批判性思维的认知机制是怎样的"等基本问题的梳理。本书是基于心理—技术—课程的交叉协同研究,在厘清我国学生批判性思维的基本理论问题、培养现状、培养过程中存在的问题及面临的挑战等的基础上,依据教育学、心理学等相关理论,探索学生批判性思维的概念界定和形成机制、面向学生批判性思维培养的课程设计、学生批判性思维测评工具的有效构建、学生批判性思维的影响机制、学生批判性思维培养的可视化学习工具与在线协作平台的设计开发及效果检验等。本书的研究增加了批判性思维研究的理论厚度。

第二,促进了认知理论及学习理论的发展。评估大学生批判性思维质量与有效性的重要指标之一是认知的存在与参与,批判性思维的过程也是基于真实问题解决的认知过程。对批判性思维质量的有效评估,应该基于对批判性思维认知过程机制的有效构建。以"批判性思维是一个动态的认知过程"为基本前提,本书构建的基于真实问题解决的批判性思维认知机制理论模型,能够促进认知理论及学习理论的发展。

第三,夯实了教育信息科学研究的理论基础,促进了教育信息科学基础理论的创新。有效的学生批判性思维测评工具与在线协作平台的设计开发需要以批判性思维的基本理论研究为基础,没有教育学、心理学等学科对批判性思维本质、认知规律及学习机制等理论问题的探索,就很难开发和构建基于信息技术的、有生命力和有效的批判性思维测评工具及学习平台。因此,本书的研究夯实了教育信息科学研究的理论基础,促进了教育信息科学基础理论的创新。

（二）现实意义

第一，能够为学校开展学生批判性思维教育提供理论支持。本书的研究成果能够帮助学校进一步认识批判性思维的本质及认知与学习机制、批判性思维的影响机制，为学校开展学生批判性思维的教与学提供理论支持。

第二，能够为学生批判性思维培养提供测评工具与任务资源库支持。本书设计与开发的学生批判性思维培养的测评工具与在线协作平台，有助于丰富大学生批判性思维培养的测量和学习载体，有针对性地改进培养策略，提高培养成效。同时，本书探索构建的学生批判性思维任务在线资源库能够为高校批判性思维的教学及评估提供任务案例支持。

第三，能够为在学生学习结果评估中融入批判性思维内容提供研究支持及路径建议。目前很多观点认为学生学习结果的评价应该体现批判性思维的内容，这有利于促进学生批判性思维的培养。本书的探索能够为在学生学习结果中融入批判性思维内容提供研究支持及路径建议。

第二节　研究目标与问题

本书是在对创新型人才培养和学生批判性思维培养的重要需求的基础上展开的。为了促进学生批判性思维的培养，本书在厘清我国学生批判性思维的基本理论问题、培养现状、培养过程中存在的问题及面临的挑战等的基础上，依据教育学、心理学等相关理论，探索学生批判性思维的概念界定和形成机制、面向学生批判性思维培养的课程设计、学生批判性思维测评工具的有效构建、学生批判性思维的影响机制、学生批判性思维培养的可视化学习工具与在线协作平台的设计开发及培养效果检验等。

根据上述研究目标，本书关注的研究问题主要包括以下 5 个方面：

第一，学生批判性思维的本质特征如何？应如何依据其本质特征开展有效测评？

第二,面向学生批判性思维培养的课程建设的趋势与特征如何？

第三,面向学生批判性思维培养的课程应如何设计？

第四,学生批判性思维的现状、影响及培养策略。

第五,学生批判性思维培养的可视化学习工具与在线协作平台的设计、开发及效果评价。

第三节　研究内容与创新点

本书的研究对象为学生。依据我国学生批判性思维培养的实际情况及让·皮亚杰(Jean Piaget)的认知发展阶段理论,初中阶段以后学生的认知发展已经处于形式运算阶段,因此,本书的研究主要关注大学阶段学生的批判性思维,同时部分涉及中学生。

一、研究内容

本书的研究内容主要包括以下 5 个方面:

第一,文献与理论研究。对学生批判性思维研究领域的系统梳理是整个研究的出发点和依据,只有厘清学生批判性思维的基本理论问题、培养现状、培养过程中存在的问题,辨识大数据、人工智能、脑科学对学生批判性思维培养提出的新挑战,才能对本书的研究及后续拓展有更准确的定位。

第二,重构学生批判性思维的本质特征,并提出批判性思维测评工具设计开发的新设想。这部分内容以前述研究探索为基础,以思维心理学的基本理论为依据,重构对学生批判性思维本质特征的理解,并提出批判性思维静态测评结构和动态测评模型构建的新设想。

第三,基于学生批判性思维提升机理的课程设计研究。在概念与范畴研究方面，探索学校课程设计领域批判性思维的定义与内涵；在案例与经验研究方面，分析面向批判性思维培养的课程设计的现有案例与经验；在课程设计与实施研究方面，探索批判性思维培养或提升课程在具体要素设计及运作实施中的策略、机制与方法创新。

第四，学生批判性思维的现状及可能的影响因素探索。以初中生和大学生为研究对象，采用问卷法和实验法等研究方法，对学生批判性思维的现状、影响因素进行探索，剖析培养过程中存在的问题，并提出相应的培养策略。

第五，利用现代教育技术开展学生批判性思维培养的理论与实践研究。探究利用现代教育技术开展学生批判性思维培养的基础理论问题，探索学生批判性思维培养的可视化学习工具与在线协作平台的设计开发，并对可视化学习工具与在线协作平台的效果进行检验。

二、研究的关键问题及重点

本书拟研究的关键问题包括：学生批判性思维的基本理论问题、培养现状、培养过程中存在的问题及面临的挑战；学生批判性思维本质特征的重构，以及学生批判性思维静态测评结构和动态测评模型构建的新设想；基于学生批判性思维提升机理的课程设计；学生批判性思维的现状及影响因素；学生批判性思维培养的可视化学习工具与在线协作平台的设计开发。

本书的研究重点包括以下 6 个方面：

第一，学生批判性思维培养的基本理论问题。这是本书的理论起点，只有理解什么是批判性思维、批判性思维培养的可能性及可行的路径，利用现代技术开展学生批判性思维培养研究的理论与现实基础，以及批判性思维的学校教育与课程设计的内涵和范畴界定等问题，本书的研究才能有扎实的理论基础。

第二，学生批判性思维的培养现状、培养过程中存在的问题及面临的挑战。这是本书的现实起点，只有清晰理解当前我国学生批判性思维培养现状、培养过程中存在的问题,以及大数据、脑科学、人工智能等对批判性思维提出的新的挑战,后续研究的方向才能更明确。

第三,重构批判性思维的本质特征,提出学生批判性思维静态测评结构和动态测评模型构建的新设想。本书对批判性思维的本质特征进行了阐释,如:批判性思维应该是一种思维能力,而非思维倾向;批判性思维应该具有建设性、理性等特点。本书在重构其本质特征的基础上提出测评的新设想。

第四,基于学生批判性思维提升机理的课程设计。批判性思维的培养是本书的重点研究内容,本书从课程与教学论的视角设计提升学生批判性思维的创新课程。

第五,学生批判性思维的现状及影响因素。通过实证的手段,分析基础教育和高等教育阶段学生批判性思维的现状,剖析现状形成的可能原因,并对批判性思维培养的不足之处与培养策略等进行阐述。

第六,学生批判性思维培养的可视化学习工具与在线协作平台的设计开发。批判性思维的培养是本书的重点内容,而从教育技术的视角设计开发可视化学习工具与在线协作平台是本书的重点。

三、研究创新点

本书的研究具有一定的创新性,具体包括以下 6 个方面:

第一,问题选择的创新。学生批判性思维的研究不是一个新的话题,本书的创新之处在于,立足新的时代背景,正视学生批判性思维存在的问题,探索面向学生批判性思维培养的课程设计、调研学生批判性思维培养的现状及影响因素、基于计算机支持的论证可视化工具(CSAV)和在线协作平台开展大学生批判性思维培养的实践研究、重构对批判性思维本质特征的理解、提出学生批判性思维静态测评结构与动态测评模型构建的新设想。

第二,学术观点的创新。本书提出,大数据、人工智能、教育技术等新的变革对学生批判性思维提出新的挑战,学校必然要回应这些挑战,基于学生批判性思维提升的理念设计课程。学生批判性思维更多的是一种批判性思维的能力,批判性思维倾向不是批判性思维本身。

第三,研究方法的创新。本书结合定性研究和定量研究方法,综合采用文献法、问卷调查法、实验法等多种研究方法,以及因素分析法、结构方程建模法等多种统计手段,对研究问题进行探索。

第四,分析工具的创新。本书借助教育学、心理学等多学科的分析工具,其中有逻辑演绎的,也有系统归纳的。同时,结合 SPSS Amos 等社会科学领域常用的统计分析工具进行数据处理。

第五,文献资料的创新。本书不仅系统梳理了批判性思维概念、批判性思维影响因素、批判性思维培养研究等相关文献,而且系统梳理了人工智能发展等变革对批判性思维培养的挑战等相关文献。

第六,话语体系的创新。批判性思维是心理学与教育学创新人才研究的一个重要内容。过去,学生批判性思维测评工具一直是在修订国外学者较成熟的量表的基础上构建的,但事实上,中国学生批判性思维的构成要素具有独特性,应该开发中国本土的学生批判性思维量表。本书提出了学生批判性思维测评工具开发的新设想。

第四节　研究路径、方法与技术路线

一、研究路径

本书的研究路径如图 1-1 所示。在"面向学生批判性思维培养的心理—技术—课程的交叉协同研究"这一整体研究问题的指引下,先对学生批判性思维研究的文献进行回顾,包括概念、测评、现状、培养及影响因素等,然后重构对学生批判性思维本质的理解,提出学生批判性思维测评工具开发的新设想;开展"面向学生批判性思维培养的课程建设与设计研究",包括面向学生批判性思维培养的课程建设、课程设计模式与课程设计策略;在此基础上,采用问卷调查法和实验法,对基础教育阶段和高等教育阶段的学生批判性思维的现状及影响因素进行调研,探讨学生批判性思维培养的不足之处与应对策略;基于实证研究结果,得出在新的教育技术背景下,应该把现代教育技术融入学生批判性思维培养,因此设计和开发了相应的可视化学习工具与在线协作平台,并对培养效果进行检验;最后对整个研究进行概括,提出相应的对策与建议。

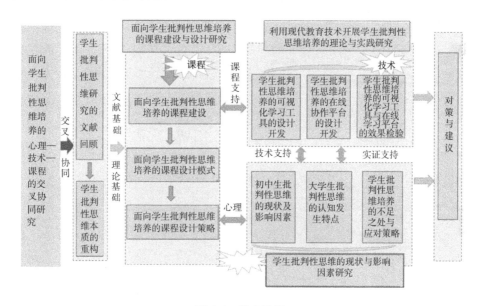

图 1-1 研究路径

二、主要研究方法

第一,文献法。采用文献法,对国内外批判性思维的理论和概念、有关批判性思维的构成要素及测评工具的研究文献进行梳理和归纳,为本书中批判性思维等相关核心概念的界定提供文献依据。同时,采用文献研究法对现有的关于学生批判性思维培养的在线协作平台及工具进行系统的文献梳理。

第二,问卷调查法。问卷调查法是教育研究中常用的一种调查方法。本书主要采用问卷调查法完成对初中生批判性思维倾向及教学有效性影响因素的研究。调研问卷包括四大模块,分别为基本信息、科学教学有效性感知、科学学业情绪、批判性思维倾向。

第三,实验法。本书中的多项研究内容均采用实验法。一是采用随机多组后测设计对大学生批判性思维的认知发生特点进行探究。具体探索不同批判性思维指导下大学生批判性思维呈现的不同认知特点,从而剖析大学生批判性思维过程的认知发生特点以及批判性思维指导的影响作用。随机多组后测设计是被试间设计的一种类型,未包括前测的原因主要是本书中相关研究的被试是通过招聘的方式在一所高校内随机选择的,被试的年级均为高年级,所组成的探究小组在批判性思维水平上呈现一定程度的随机性。实验前先大致向学生了解其是否接受过批判性思维相关的指导或培养,除个别学生外,大部分学生表示没有接受过。二是在"利用现代教育技术开展学生批判性思维培养的理论与实践研究"中,采用实验法实施教学实验,并采用问卷法测量学生批判性思维倾向的变化,来评估实验的成效。

第四,内容分析法。内容分析法主要用于质性数据分析。本书对批判性思维过程中不同认知阶段认知发生量的评估主要采用内容分析法。小组对议题的探究过程主要通过录音方式进行记录,之后把录音材料转换为文字。对于探究过程中的质性探究资料信息,由两名研究生进行背靠背编码,依据 Garrison 等(2001)提出的指标体系,分解为一个个分析单元,以确定认知发生量。因为 Garrison 等(2001)的指标体系相对抽象,在第一轮背靠背编码后,又进行了面对面讨论,就编码过程中遇到的一些困惑进行充分沟通,达成更为细致的编码标准。面对面讨论结束后,开展第二轮背靠背编码。最后,对批判性思维过程四个阶段的认知发生量进行统计,形成量化结果。内容分析法在第七章和第八章"利用现代教育技术开展学生批判性思维培养的理论与实践研究"中也有使用。

第五,半结构化访谈法。半结构化访谈法是相对于结构化访谈和开放式访谈而言的,访谈过程主要按照事先编制的访谈提纲开展,但也会适当进行改变。半结构化访谈因为其灵活性,在教育研究中较多被采用。在本书相关实验中,学生对课程的反馈信息主要采用半结构化访谈法获取。

第六,基于设计的方法。本书采用基于设计的方法开展面向学生批判性思维培养的可视化学习工具与在线协作平台的设计开发。

此外,在研究数据的统计与分析环节,本书较多地采用了编码一致性分析、χ^2 检验、描述性统计、差异检验、因素分析、结构方程模型、中介效应分析等统计方法。

三、主要研究手段

第一,多学科交叉融合。本书的重要研究手段之一是多学科交叉融合。学生批判性思维的研究,不仅需要一般性的经验论述,更需要在心理科学、脑科学、教育科学之间架起桥梁,实现研究过程与成果的交互融通,甚至也需要主动吸收人工智能的最新研究和创新成果,以实现理论创新与实践变革的链式互通。本书的研究手段之一是寻求心理、技术、课程三者之间的交叉融合,以学生批判性思维培养为研究点,从心理学视角探索学生批判性思维的结构和影响机制,从技术视角探索促进学生批判性思维提升的平台构建,从课程视角探索促进学生批判性思维提升的课程设计。

第二,定性研究和定量研究方法的结合。本书既采用了半结构化访谈法、文献法等质性研究方法,对相关文献进行梳理,获得质性数据,又采用问卷调查法、实验法和内容分析法等量化研究方法,对学生批判性思维的现状及教学有效性的影响因素进行探索,并进行利用现代教育技术开展学生批判性思维培养的理论与实践研究。

第三,协同发展的视角。本书协调了心理、技术、教育三个学科的力量,共同探索学生批判性思维的基本理论问题、培养现状、培养过程中存在的问题及面临的挑战,在此基础上构建学生批判性思维的影响机制模型,设计开发学生批判性思维培养的可视化学习工具与在线协作平台,提出学生批判性思维的提升路径,重构对批判性思维本质特征的理解,提出学生批判性思维静态测评结构与动态测评模型构建的新设想。

四、研究的技术路线

基于本书的主要研究问题及拟采取的研究方法,本书的技术路线见图1-2。

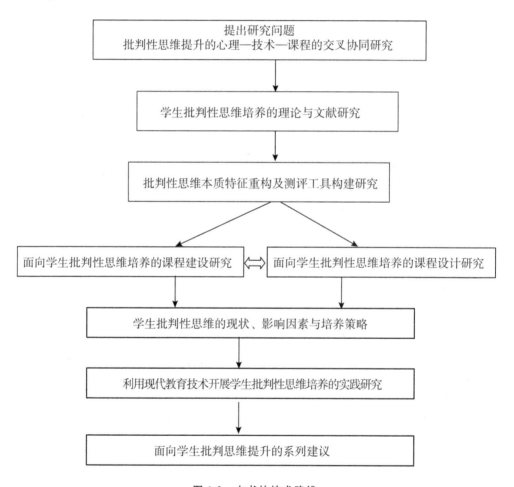

图1-2　本书的技术路线

第五节　研究框架

本书共包括九章,内容如下:

第一章"绪论",介绍本书的研究背景与意义、研究目标与问题、研究内容与创新点、研究路径、研究方法、研究的技术路线及研究框架。

第二章"学生批判性思维研究的文献回顾",对批判性思维的概念、测评、现状、培养及影响因素等进行回顾,在此基础上提出本书后续研究的设想。

第三章"批判性思维本质特征重构及测评工具构建",对批判性思维的本质特征与认识误区进行梳理,同时提出关于批判性思维能力测评的静态结构与动态模型。

第四章"面向学生批判性思维培养的课程建设:趋势与特征",具体阐述了不同国家和国际组织在驱动素养导向的课程与教学变革的背景下,从课程与教学的层面对批判性思维的关注与阐释,梳理了课程与教学领域对批判性思维在教育教学中的功能与作用、培养模式、教学方法与策略等方面的基础研究,尤其探讨了当前为了实现批判性思维从理论构型走向教学转化,经济合作与发展组织、澳大利亚教育研究委员会等开发的批判性思维课程与教学设计的模型及框架,进一步阐明了批判性思维同学校课程与教学整合,面向未来进行课程与教学设计的主要特征——贴合学习者生活、注重参与式建构和真实任务的完整性。

第五章"面向学生批判性思维培养的课程设计:多元模式与策略",探讨了培养批判性思维的课程设计的多元模式和具体策略,具体分析了两种模式:以学生掌握批判性思维的原理、技巧和方法为主要目标的独立开设批判性思维课程的设计模式;同学科课程或跨学科的活动相互整合的设计模式

（根据融合程度的深浅以及批判性思维培养目标是否明确，具体划分为浸润式、融合式和跨学科整合3种形式）。开展面向学生批判性思维培养的课程建设与教学设计，需要我们打破课程设计与教学安排的常规方式，为学生创造更多元的解决问题的机会，讨论与他们自身兴趣相关的话题，并发展学习者意识和元认知能力，促使他们进行选择、行动与反思。从本质上而言，我们既要善于探索和使用更适合于推动批判性思维发展的课程设计以及具体的教学法，更要超越教学法的实践，从根本上促成面向批判性思维培养的教学文化的转型，实现教学观念和教学取向本质上的转变。

第六章"学生批判性思维的现状、影响因素与培养策略"，首先依据控制—价值理论，在对初中生批判性思维现状进行调研的基础上，以初中科学学科为例，探索教学有效性对初中生批判性思维的影响及学业情绪的作用，以期为初中生批判性思维的养成提供对策建议。依据实证研究结果，提出为提升初中生批判性思维倾向，应该拓展教学模式、明确教学目标、改进教学应用、削弱科学学习中的性别刻板印象、重视乡村教育发展。其次，以小组探究的形式，采用实验法及内容分析法，对大学生批判性思维的认知特点进行探索，在此基础上，对当前高校学生批判性思维培养的不足之处进行反思，并对高校批判性思维培养方式的重构进行相应的思考。具体路径包括：创新教学文化；改革学生评价模式与方法，提高思维评价与创新元素在评价中的权重；构建有利于学生批判性思维培养的学习环境；注重教师的引导作用，重视教师批判性思维教学能力的提升；恰当运用现代教育技术，培养大学生批判性思维；建设一批高质量的批判性思维培养的独立式、嵌入式或综合式课程。

第七章"基于计算机支持的论证可视化工具开展大学生批判性思维培养的实践研究"，尝试将基于计算机支持的论证可视化工具（CSAV）作为培养批判性思维的通用方法和融入方法进行课程教学设计，并先后在两门本科生课程中进行了教学实施。研究发现，将 CSAV 作为培养批判性思维的通用方法有利于培养学生的批判性思维单一技能（论证分析）。经过课程学习,学生在论证分析和写作中能够提供更多的理由来支持他们的主张,甚至提供了反对的观点,这在前测中几乎没有出现过。在将 CSAV 作为培养批判性思维的融入方法中结合各种明确的教学策略,例如培训教师使用抛锚式教学、在小组讨论中让学生练习批判性思维技能、在基于模型的教学设计中使用 CSAV 工具来培养针对批判性思维的倾向技能,这些对于本科生的批判性思维提升是非常有效的。

第八章"基于在线协作平台开展大学生批判性思维培养的实践研究",基于在线协作平台设计了两个辩论活动,并在两门本科生课程中进行了教学实施。通过问卷调查和学生访谈,利用批判性思维量表开展的前后测结果表明,学生的批判性思维水平虽然数值上有所提升,但没有达到显著水平。不过,通过学生访谈发现,大部分学生对整体的教学流程(教师讲授、学生提出辩题、学生选择辩题、线上准备辩论、辩论展示和师生评价)比较满意,因为这样的教学设计不仅让他们学到了基础知识,也锻炼了他们的综合能力和高阶思维。很多学生认为在查找资料、准备辩论以及绘制思维导图的过程中自己的批判性思维得到了锻炼和提升。在线协作平台为学生提供了灵活的时间和空间安排,调动了学生的自主性,学生能够积极地且高质量地参与辩论活动。不过,提升学生批判性思维是一个需要长期投入的工作,短期的课程效果还有待时间检验。

第九章"结语",概括本书的主要研究结论,提出学生批判性思维培养的系列建议,分析研究的不足之处,并提出研究展望。

第二章

学生批判性思维研究的文献回顾

批判性思维（critical thinking）在古希腊语中的原意是"基于标准的有辨识力的判断"的思维（武宏志等，2010）。早在20世纪初，美国教育学家杜威在《我们怎样思维》一书中就提出了"反省性思维"（reflective thinking）这一概念，成为批判性思维心理学研究的重要起源之一。自此，批判性思维逐渐进入研究视野，逐渐被视为学习和认知过程缺一不可的要素，而对于批判性思维培养的相关研究也越来越受到国内外学者的重视。20世纪中后期，多个国家相继发起"批判性思维运动"，培养批判性思维成为教学的基本目标和教育改革的热点话题。

在信息化时代，知识的更新速度非常快，学生获取知识的途径与手段日益多样化。知识获取的广度增加，但知识获取的深度如何则很难确定。无论是在教育领域，还是在社会生活和人际交往领域，批判性思维都极为重要（Dwyer等，2014）。具有较高的批判性思维能力的个体，在复杂的情境下能做出更优的决定和判断，较少出现认知偏差，更有可能有好的学业表现，通常也具有更好的就业能力（Dwyer等，2014）。围绕批判性思维的本质、测评、影响因素及培养策略，国内外已取得了丰富的研究成果。本章主要对学生批判性思维相关研究文献进行系统回顾与综述。

第一节　批判性思维的概念

关于批判性思维的概念,学界的观点并不统一。批判性思维不是对一切知识和信息都进行无根据的怀疑和批判,批判性思维者能够在认识到他人观点的不足之处的同时采纳其合理之处,其不是一味地批判,而是能够像质疑他人一样质疑和反思自己的目的、证据、结论、意义,从而实现思维的更好建构(理查德·保罗等,2013)。从批判性思维构成的视角来看,批判性思维被定义为一种有目的的、关于在特定情况下应该相信什么和做什么的目标导向的自我调节判断,它包括复杂的认知技能(skill/ability,如分析能力、推理能力、解决问题的能力、论证和评价信息的能力等),以及使用这些技能的相应的情感倾向(disposition,如思想开放和评估的灵活性等)(Hyytinen等,2021)。有观点认为,批判性思维既是过程(process),也是结果(outcome),这里的结果事实上主要也是指个体批判性思维能力和倾向的变化与发展(Garrison等,2001;Ismail等,2018)。

一、批判性思维概念的整体演变

批判性思维在古希腊语中的原意是"基于标准的有辨识力的判断"的思维(武宏志等,2010)。其源头甚至可以追溯到巴门尼德的"存在论"、芝诺的悖论及古希腊苏格拉底的"产婆术"。就像其他语义丰富的名词概念有很多定义方法一样,众多学者也对批判性思维的内涵提出了不同的见解。

随着批判性思维概念的发展,大多数学者对于一些理念达成了初步的共识。以彼得·法乔恩(Peter Facione)为代表的项目组提出批判性思维的双维结构模型(见表 2-1),即从认知技能和情感特质两方面对批判性思维概念进行阐述。同样地,在批判性思维教学中也要实现整合理智和情感的学习（Facione，2004）。当学习者能够找出所学内容和个人情感与价值之间的联系时，其学习和思考的潜能会得到更多的激发（理查德·保罗等，2013）。当理智与情感无法实现整合时，学习者将看不到内容的价值，学习和教学也就变成一门苦差事，批判性思维活动也成为一个疏远的仪式。因此，整合理智与情感的学习，一个关键点在于在所学知识和生活中的事物之间建立有力的情感联结，即提供贴近学习者生活的课程材料。双维结构模型融入了认知心理学的概念，为我们在教学中培养学生的批判性思维提供了较为明晰的理论框架。

表 2-1　批判性思维的双维结构模型

认知技能						情感特质
阐释	分析	评价	推理	解释	自我调节	
归类、理解意义、澄清意思	分析看法、找出论据、分析论证过程	评价观点、评价论据	质疑证据、提出替代假设、得出结论	陈述结果、说明方法、得出证据	自我评估、自我纠正	有好奇心、自信开朗、懂得变通、公正、诚实谨慎、好学、有同理心等

总的来看，对于批判性思维定义的探究从最开始的理论层面逐步拓展到了应用层面，而在具体的教学环节中，教师探寻与总结批判性思维教学的共性特点，并利用相关策略和方法作为脚手架去指导实际行动，提升学生的批判性思维和综合能力，更显重要。纵观批判性思维内涵的演变历程，自批判性思维概念提出起就注重思维的反省性和逻辑性，强调不偏颇地对事物保持怀疑的态度，依据证据形成独立的见解。

二、批判性思维是一种认知过程及认知结果

（一）批判性思维是一种认知过程

在批判性思维的理论研究领域，部分学者认为批判性思维是一种基于问题解决的认知过程。如 Newman 等（1995）整合了相关观点，提出了批判性思维的五阶段模型及每一阶段所需要的主要技能：识别问题（初步澄清技能）、定义问题（深入澄清技能）、探索问题（推理技能）、评估/应用问题（判断

技能)、整合问题(策略形成技能)。Gunawardena 等(1997)提出了在线讨论情境下认知及知识建构过程的一个框架:第一阶段,信息的共享或比较;第二阶段,对矛盾的发现和探索;第三阶段,意义的协商或知识的共建;第四阶段,对综合内容或共建知识的检验和修正;第五阶段,共同声明或新构建意义的应用。Garrison 等(2001)提出的内容分析框架模型,把批判性思维过程分成 4 个阶段:触发(认识问题)、探索(信息分歧、信息交换、给出建议、头脑风暴等)、综合(信息的汇聚、思想的联结、解决方案的创造)、解决(实际应用、检验成效等)。批判性思维是一个复杂而全面的过程,需要个体具备较高层次的认知技能(Arslan 等,2014)。批判性思维也被认为是一种元认知或二阶认知过程,是通过有目的、反思性的判断,增加"获得对于一个论点或一个问题的合乎逻辑的结论或解决方法"的可能性;从能力维度而言,其主要包括分析、评价、推理能力(Dwyer 等,2014)。批判性思维的元认知过程包括元认知、元策略和认识论,三者是批判性思维认知发展的重要组成部分(Kuhn,1999)。

(二)批判性思维是一种认知结果/产品

批判性思维作为一种认知结果或产品,更多的是从个人的视角出发来理解的,是指个体在认知过程中获得有意义的理解或深度理解的程度,以及基于特定内容的批判性探究能力、技能和倾向的发展和变化。具有批判性思维能力的人通常能够在各种环境中有意识地使用这些技能,而不需要任何的提示或激励(Bie 等,2015)。简单理解,强批判性思维者能看到问题的两面,对否定个人想法的新证据持开放态度,冷静地推理,看重证据支持,主张从现有事实中推断结论,推动解决问题,等等(Mulnix,2012)。作为一种结果或产品,批判性思维或许最好通过个体的批判性思维任务的完成情况来判断。但事实上,批判性思维能力和倾向既是思维过程的结果,也是思维过程中不可缺少的要素或内容。

三、批判性思维是一种认知能力及认知倾向

Calma 等(2021)提出了批判性思维的 4 个标准:①对问题的批判性评估;②论证的发展和呈现;③将理论和想法应用于现实世界;④想法、理论或数据的综合。他们基于这 4 个标准,构建了批判性思维的研究框架。这一框架将德尔菲(Delphi)报告提供的批判性思维定义和罗伯特·恩尼斯(Robert Ennis)提出的批判性思维倾向和能力测评与 4 个标准联系起来。批判性思维是一种普遍的、自我纠正的人类现象。

(一)批判性思维是一种认知能力/技能

批判性思维是一种认知能力或技能,这是学界对批判性思维概念的一个基本观点。批判性思维涉及有目的和自我调节的思维行为,其结果是解释、分析、评价、推断和发现解释(Hyytinen 等,2021)。批判性思维是有关做什么和相信什么的清晰、理性思考的能力,包括反思和独立思考的能力(Ennis,1987)。不管是 21 世纪技能的"7C"框架还是"4C"框架,批判性思维均是其中的一个重要维度。可以说,批判性思维是作为一种技能出现和产生的(Ismail 等,2018)。批判性思维要求学生全面地、有目的地、深思熟虑地专注于手头的问题,全面评价其复杂性,评价具有挑战性的主张和论点的各个部分(Sasson 等,2018)。批判性思维是理性的、具有反思性的、负责任的和有技巧的思维,专注于作出相信什么或不相信什么的决策;具有批判性思维的个体能够提出恰当的问题,收集相关的信息、资料,有效而创造性地整理这些信息,从这些信息中进行逻辑性的推理,得出关于这个世界的可靠、可信的结论(Cheong 等,2008)。

我国学者也对批判性思维的概念进行了相应的探索。袁振国(2018)提出,"批判性思维是未来核心素养的基础",是"审慎地判断是非和正确决策的能力,是集知识、价值和思维方法于一体的综合能力和品格",其要素包括理性、怀疑、独立、责任和思维(反思/追问)自觉。陈振华(2014)认为,批判性思维是"基于逻辑及真实信息,对各种论点进行理性反思的思维能力,是

应对生活中的谬误与偏见的重要保证"。刘儒德(2000)认为,批判性思维既区别于知识,又与知识一样,必须通过有意识、有目的的训练获得。

(二)批判性思维是一种认知倾向

批判性思维也被认为是使用一系列批判性思维能力或技能的认知或情感倾向。能力和倾向在心理学上是两个完全不同的概念,倾向是使用能力的情感、态度和动机,如果把能力称为个体的一种"客观"拥有的话,那么倾向更类似于一种"主观"意愿。个体是否愿意使用及如何使用批判性思维能力或技能,与倾向有关。在《加利福尼亚批判性思维倾向问卷》中,批判性思维倾向包括寻找真相等7个因子(罗清旭等,2001)。

有观点认为,思维倾向比思维技能更重要(卢忠耀等,2017)。应该说,两者不存在孰轻孰重的问题,批判性思维技能和倾向既相互独立,又相互依存与促进,缺一不可。一方面,批判性思维技能的发展需要认知意识觉醒;另一方面,在批判性思维技能习得之后,还需要相应的意愿,因为个体可以拥有执行批判性思维的能力,但决定是否使用这些技能或如何使用这些技能与倾向有关(Hyytinen等,2021)。

四、小结

整体来看,已有研究从不同的视角对批判性思维概念进行了解读,使批判性思维的概念日益丰富。以往不同文献提到的批判性思维的主要构成因素包括元认知、独立思考、理性、无偏见认知、专注、追问、反思、深思熟虑、目标导向、心智开放、好奇心、责任、逻辑性、技能、创造性解决方法等。但相关研究还停留在理论层面,从认知过程视角开展的研究较少,理论模型的有效性检验及应用等实证研究较少。

第二节　批判性思维的测评

在批判性思维的研究进展中，批判性思维测评工具开发一直是研究者重点关注的内容。但由于在批判性思维的本质、概念及构成因素上存在理解的差异，研究者也认为"批判性思维很难以一种有效和可靠的方式来衡量"（Rosen 等，2014）。

一、按批判性思维的内容分：批判性思维能力/技能与思维倾向测量

结合前述批判性思维的概念，批判性思维包括批判性思维能力/技能及批判性思维倾向，批判性思维的测量相应也包括这两方面的内容。

（一）批判性思维能力/技能测量

康奈尔批判性思维测试、哈尔伯恩批判性思维评估等均是较为常用的批判性思维技能测评工具。

康奈尔批判性思维测试（the Cornell critical thinking test，CCTT），1985 年开发，适用于高校学生和成人，是使用较普遍的、类似于学科考试性质的批判性思维测评工具。CCTT 包括 52 项测题，测量了批判性思维的 5 个结构：演绎（deduction）、语义（semantics）、观察和资料来源的可靠性（observation and credibility of sources）、归纳（induction）、定义和假设识别（definition and assumption identification）。问卷主要采用多项选择题的形式（Verburgh 等，2013）。

哈尔伯恩批判性思维评估（the Halpern critical thinking assessment，HCTA），是各学科通用的批判性思维测量工具。HCTA 包括 25 个描述日常生活情况的测题，每一个测题均向被试提供两次：第一次是开放式，被试须自己构建答案；第二次是强制式，测题有多种形式——单选/多选题、李克

特量表题、匹配题等,每个测题的得分在 1—10 分。HCTA 测量了 5 个类别的批判性思维能力,但这 5 个类别的计分权重不同:假设检验,24%;语言推理,12%;论点分析,21%;可能性和不确定性的使用,12%;决策和问题解决,31%。除了总分,HCTA 区分 5 个因子类别,开放式问题有单独的计分,强制性选择测题也有单独的计分(Verburgh 等,2013)。

依据 Calma 等(2021)的观点,理想的批判性思维者有如下特征:习惯性地好奇、见多识广、诚实地面对个人偏见、谨慎地做出判断、愿意考虑、了解问题、在复杂的事情上有条理、勤奋地寻找相关信息、合理地选择标准、专注于调查且能在调查主题和情况允许的情况下持续寻求准确的结果。Calma 等(2021)结合相关研究,认为理想的批判性思维者所具有的思维能力如下:

(1)有一个关注重点,并持续关注。

(2)分析论据/争论。

(3)提出和回答澄清性问题。

(4)判断信息来源的可信度。

(5)观察,并评判观察报告。

(6)利用背景知识、情境知识和先前的结论。

(7)演绎,并评判演绎。

(8)做出并评判归纳、推理和论证(包括枚举归纳和最佳解释推理)。

(9)做出并评判价值判断。

(10)定义概念,并评判定义。

(11)恰当地处理模棱两可的观点。

(12)归纳并评判未阐明的假设。

(13)假设性地思考。

(14)处理谬误标签。

(15)理解和使用图表与数字。

　　除了上述通用的批判性思维能力/技能测评工具，也有基于具体研究项目的批判性思维能力测评工具。如数字行为改变干预（digital behavior change intervention）情境下的批判性思维能力测量，这一测评工具采用量表式计分，包括清晰性（clarity）、准确性（accuracy）、精确性（precision）、意义性（significance）、相关性（relevance）、深度（depth）、广度（breadth）、逻辑性（logic）和公平性（fairness）等9个因子，测题如"在陈述我的想法之后，我会考虑证据""当我思考的时候，我倾向于用新的方法找到新的解决方法"（Asiri等，2018）。此外，Khoiriyah等（2015）为了让学生在项目式学习中进行自我评估，开发设计了包含14个项目（包括"在自主学习过程中，我采取了不同的学习策略"等）的主动学习与批判性思维自我评估量表，采用李克特七点量表计分。Liao等（2016）通过异质聚类分组反思性写作研究医学院学生的移情能力、批判性思维能力及反思性写作能力，结果表明被试批判性思维能力中的系统性、分析性、质疑能力以及成熟性在实验后均有显著提高。

　　（二）批判性思维倾向测量

　　在批判性思维倾向测量中，较具有代表性的是《加利福尼亚批判性思维倾向量表》（the California critical thinking disposition inventory，CCTDI）。这一量表将批判性思维人格倾向分为7个因子，分别为：寻找真相（truth-seeking）、思想开放性（open-mindedness）、分析性（analyticity）、系统性（systematicity）、自信（self-confidence）、好询问性（inquisitiveness）、成熟性（maturity）（罗清旭等，2001）。彭美慈等（2004）的《批判性思维能力测量表》及罗清旭等（2001）的《加利福尼亚批判性思维倾向问卷》虽然在名称上存在差异，但均是基于《加利福尼亚批判性思维倾向量表》所进行的修订，测量了个体的7种批判性思维倾向。

　　Calma等（2021）结合其他学者的相关研究，认为理想的批判性思维者的思维倾向测量条目如下：

（1）寻找和提供关于主题或问题的清晰描述。

（2）寻找和提供清晰的理由。

（3）努力较全面地了解情况/见多识广的。

（4）使用可靠的资料来源和观察结果，并经常提及它们。

（5）考虑整体情况。

（6）谨记上下文中的基本关注点。

（7）警惕可替代品/替代选择。

（8）保持开放的思想：认真考虑其他观点；证据或理由不足时不予判断。

（9）当证据和理由充分时，采取一个立场并改变立场。

（10）根据情况要求尽可能做到精确。

（11）尽量在可能或可行的范围内把事情做对。

（12）运用批判性思维能力。

二、按批判性思维的认知过程分：批判性思维过程测量与批判性思维构成要素评估

批判性思维不仅局限于对一个陈述或观点的正确性进行一次性的评估，它还是一种动态的活动，在这种活动中，对一个问题的批判性观点是通过个体分析和社会互动形成的（Newman等，1995）。因此，批判性思维的构成技能和倾向是静态的，但其产生和应用过程是动态的。这也对批判性思维的测量提出了挑战，批判性思维测评既需要测量静态的批判性思维能力和倾向，也需要测量动态的批判性思维过程。批判性思维的测量基于问题解决的思维过程及每一过程需要的核心技能，它可以包括预备阶段、交互阶段和结果阶段（Barbera，2006）。这与认知心理学对问题空间的表述一致，问题空间包括初始状态、操作状态和目标状态，问题解决的过程也是从问题初始状态到目标状态的过程，认知操作是重要的过程变量。

批判性思维过程测量更多的是提供了一种测评的思路及分析的框架。

不同学者指出了批判性思维的过程阶段,每个阶段给出一些质性的分析指标,依据这些指标对批判性思维进行检验。前文概念梳理部分已对 Newman 等(1995)、Gunawardena 等(1997)、Garrison 等(2001)提出的批判性思维过程性框架进行了阐释。以 Newman 等(1995)的五阶段模型为例,该模型将批判性思维分为 5 个阶段,每个阶段对批判性思维能力有不同的要求:识别问题(初步澄清技能)、定义问题(深入澄清技能)、探索问题(推理技能)、评估/应用问题(判断技能)、整合问题(策略形成技能)。这一模型更多的是 Newman 等(1995)基于其他学者的相关研究概括得出的。在此基础上,他们还提出了各个阶段均适用的一些评估指标,包括 10 个类别,即相关性、重要性、创新性、引入外部知识经验、模糊性、联系概念想法、辨别、评估、实用性以及理解度,他们为每个类别建立了正负指标及编码规则,以确认批判性思维特质的大小(Wang 等,2010)。以创新性/新颖性类别为例,正向指标包括新信息、新想法、问题解决新方法、对创新持欢迎态度等,负向指标包括重复已有的信息、错误或琐碎的想法、采用最初的解决方法、抵制新想法等,最后根据编码规则进行编码(Newman 等,1995)。

除了上述过程性框架,Murphy(2004)还提出了在异步在线讨论(asynchronous online discussions)中支持批判性思维的测评工具。Murphy(2004)将批判性思维分为 5 个阶段。

第一阶段:辨识,即认识并确认存在的议题、困境、问题等。更具体的描述是:认识、确认并聚焦于一个需要进一步调查或澄清的议题、困境、问题、内心不适或困惑。

第二阶段:理解,即探索相关的证据、知识、研究、信息和观点。更具体的描述是:寻找关于议题、困境、问题等的不同观点或证据;进行观察;等等。

第三阶段:分析,即追求深入澄清,组织已知信息,识别未知信息,并将议题、困境或问题分解为其基本组成部分。更具体的描述是:尝试新的思维方式和行为方式;把议题、困境、问题等分解成几个部分;等等。

第四阶段:评价,即对信息、知识或观点进行批判和判断。更具体的描述是:使用证据支撑观点;下定义并评估定义;等等。

第五阶段:创造,即产生新的知识、观点或策略,并付诸实践。更具体的描述是:实施或执行策略;做出改变或实施计划;等等。

批判性思维构成要素的评估主要指批判性思维能力和批判性思维倾向的评估,两者具有重叠性。

三、批判性思维的评估方式

以往批判性思维评估的实践研究中,更多从"批判性思维是一种静态的技能"视角出发开发测评工具,较多采用标准化多项选择题测试、自陈量表等方式,如康奈尔批判性思维测试和沃森-格拉泽批判性思维测试(the Watson-Glaser critical thinking appraisal)。批判性思维自陈量表式评估的有效性受到较多质疑,主要是:没有考虑到批判性思维能力更多地表现在完成某项任务或解决问题的过程中,且批判性思维任务存在结构不良问题(周文叶等,2017;Larsson,2017)。部分学者基于批判性思维是一个过程的视角,提出了信息技术手段支持下批判性思维评估的质性内容分析框架模型,如 Garrison 等(2001)提出的批判性思维四阶段内容分析框架模型(触发—探索—综合—解决)。这些质性内容分析框架均把批判性思维视为认知发生过程,但由于对这些理论模型的效度和完整性实证检验较少,在评估实践中可操作性较弱(Yang 等,2011)。

鉴于自陈量表式评估面临质疑,批判性思维领域越来越重视基于表现的评估,即采用复杂的评估任务,通过构建类似于现实世界的情况,唤起真实的表现,这种评估也给学习者提供了一种反馈(Hyytinen 等,2021)。表现性评价是在尽可能真实的情境中,采用相应的评分规则,对学生完成复杂任务的过程及结果进行评判(周文叶等,2017)。有学者提出采用表现性评价来评估大学生的批判性思维,并开发了基于计算机的测量平台(Shavelson 等,2019)。依据 Garrison 等(2001)提出的基于认知存在的批判性思维探究过程模型,相关研究以大学生学习领域内的真实任务解决过程为分析内容,得出我国高校大学生批判性思维过程的认知特点,主要为:思维冷漠、思维妥协、思维顺同和思维固着等(叶映华等,2019)。以下是批判性思维表现性评价任务的一个案例(Klein等,2007)。

批判性思维表现性评价任务实例:大学学习评估表现任务

你是 Dyna Tech 公司总裁帕特·威廉姆斯(Pat Williams)的助手,该公司是一家制造精密电子仪器和导航设备的公司。公司销售团队成员莎莉·埃文斯(Sally Evans)建议公司购买一架小型私人飞机(SwiftAir 235),便于她和其他销售团队成员拜访客户。当帕特正准备批准购买时,SwiftAir 235 发生了一起事故。你将收到以下文件:

(1)关于事故的报纸文章;

(2)关于单引擎飞机在飞行中发生故障的联邦事故报告;

(3)帕特给你的电子邮件和莎莉给帕特的电子邮件;

(4)关于 SwiftAir 性能特征的图表;

(5)业余飞行员对 SwiftAir 235 与类似飞机进行比较的文章;

(6)关于 SwiftAir 180 型和 235 型飞机的图片和说明。

请准备一份备忘录,尝试解决几个问题:哪些数据支持或反驳了关于 SwiftAir 235 机翼类型导致更多飞行故障的说法?哪些其他因素可能导致了事故发生并应加以考虑?关于公司是否应该购买该飞机,你有何建议?

批判性思维研究主要关注 3 个问题:概念、测量/评估和理论(Larsson,2017)。其中,批判性思维的有效测评是一个重要的研究点,起了中介联结作用。批判性思维的有效测量建立在对批判性思维是什么、其产生与作用的认知机制是什么等概念及理论问题的探索基础上;同时,它是批判性思维有效培养的重要前提,没有科学的测量模型与工具,就难以衡量有效的和高质量的批判性思维是否真正发生,也很难真正探索批判性思维的影响机制。整体来看,当前批判性思维很难以一种有效和可靠的方式来衡量(Rosen

等,2014),业已构建的批判性思维评估理论模型的效度和完整性无法验证(Yang等,2011)。在新一代信息技术背景下,对批判性思维的"质量""有效性"及"完整性"的评估就显得尤为重要。

第三节　学生批判性思维的现状及培养

一、学生批判性思维的现状及其成因

(一)学生批判性思维的现状

在批判性思维教育实践中,学生(包括基础教育和高等教育阶段的学生)的批判性思维能力和深度学习能力差是一个世界范围内普遍存在的现象(Razzak,2016)。尽管人们普遍认识到学生批判性思维的重要性,但很多证据表明学生特别是大学生的批判性思维存在很大差异(Hyytinen等,2021)。诸多研究对我国学生批判性思维的现状进行了研究,但大部分研究结果表明我国学生的批判性思维现状不容乐观。这种现象不仅存在于高等教育阶段,也存在于中等教育阶段。

在批判性思维倾向方面,无论是初高中学生还是大学生,其批判性思维倾向都处于中等偏下的水平,且反映出不自信、轻信、求真意识淡薄、开放性欠缺等问题(肖薇薇,2015;潘恬,2018;林甜甜,2018;宋长青,2018;张梅等,2016)。在批判性思维技能方面,初中学生存在解释和说明不清、分析和推理不全、自校准和评估不足等问题(林甜甜,2018)。

(二)学生批判性思维缺失的成因

学生批判性思维缺失的现状反映了我国批判性思维教育的缺失。学生批判性思维缺失的成因可以概括为以下几点。

首先,批判性思维教育的受重视程度较低。学校对学生批判性思维的培养基本上是"理念上'高重视'、实践中'低行动'"，学校和教师都认识到学生批判性思维培养的重要性，但是在实践中都很难把批判性思维的培养与其他学科知识教学放置于同等重要的地位（潘恬，2018；张梅等，2016）。

其次，我国传统教育模式限制了批判性思维的培养。传统以课堂讲授法为主的教育教学模式造成教育过程中重知识、轻能力。虽然历次教育教学改革都强调重视培养学生的核心素养、高阶学习能力、深度学习能力等，在教学方法、教学内容、授课方式、评价方式等各个方面做出改变，但在实践中，其成效目前很难评判。特别是在评价上，如何把批判性思维作为学生学习结果性指标之一，在理念上及实践操作上均存在困难。相关学者的研究也表明了这些困难的存在：课程授课过程及对学习结果的评价体系均很难体现或者一定程度上限制了学生批判性思维的培养（肖薇薇，2015；潘恬，2018）。

最后，教师的批判性思维能力不强。教师批判性思维能力不强指教师自身的批判性思维能力及意识弱、批判性思维教学能力弱。部分研究认为，教师对批判性思维的内涵及其教学策略存在理解不足（李晶晶等，2017）。如果教师自身都不具备批判性思维能力，且没有强烈的动机及意愿去运用这些能力，那么其对学生批判性思维能力的培养可能成为一种空谈。

二、学生批判性思维的培养

基于学生批判性思维能力与意识相对不强的现状，部分学者展开了学生批判性思维培养研究。虽然思维是一种天生的能力，但它是可以教和学的，通过系统性的课程与教学培养学生批判性思维是重要手段。为了更好地进行批判性思维研究，有学者将批判性思维的定义分为两类——基于特定情境的定义与跨学科定义（Sanders 等，2011）。基于此，批判性思维的培养课程呈现 3 种模式：罗伯特·斯滕伯格（Robert Sternberg）等学者主张的独立式批判性思维课程、约翰·麦克匹克（John McPeck）及众多一线教师主张的包含在传统课程中的融合式批判性思维课程，以及在两者之间的综合式批判性思维课程与隐性课程(陈振华,2014;肖薇薇,2015)。

独立式即把批判性思维课程单独设成一门课程来进行教学。主张该种教学方式的学者认为只有独立开设批判性思维课程才能避免学科知识教学与批判性思维教学的冲突,才能保证两者的并重(陈振华,2014)。融合式则是将批判性思维教学与日常课程教学相结合,在教授课程知识的同时传授学生批判性思维(陈振华,2014;于勇等,2017)。主张融合式的学者认为独立式批判性思维课程不利于知识迁移及真实问题的解决(吴亚婕等,2015)。综合式是将独立式和融合式相互结合以期同时发挥两种课程的长处。比较常见的一种综合方式就是先单独教授批判性思维,一段时间后将批判性思维技能的训练与学生日常的学科教学相结合(于勇等,2017)。隐性课程的传授方式则是营造一种有助于批判性思维提升的校园或课堂氛围。

不同的批判性思维课程类型,对教学成效的影响也不同。在基础教育阶段,融合式批判性思维课程是较为合理的教学方式,且需要注意的是,在教学中提供清晰的批判性思维技能更有助于学生批判性思维的培养(Ensley等,2010)。在实践中,教师也经常使用一些更具体的教学方式来培养学生的批判性思维。如:①启发诱导式教学。这种教学方式经常与教师提问相结合。以师生问答为主要形式的合作学习有利于提升学生的批判性思维。陈亚平(2016)证实了教师提问互动对培养学生的批判性思维具有积极作用。以提问式教学来培养批判性思维其实就是通过启发引导的方式让学生自己去思考,而不是由教师来进行整个课程知识的灌输。②基于翻转课堂的教学。翻转课堂教学作为一种新型的教学方式,正被大范围地推广。翻转课堂教学模式将传统的学习流程逆化,使课堂变成学生和教师讨论的场所(徐海艳,2017)。翻转课堂教学也通常与一些教学策略如"内容依托教学"(CBI)和"基于问题的学习"(PBL)相结合,促进教学目的的达成(徐海艳,2017;朱叶秋,2016)。③案例式教学。案例式教学往往引入一个真实的案例,让学生身临其境地体验一个案例的完整处理过程,激发学生探究的热情,学生可以在案例当中扮演一个真实的角色,从而进行深度学习,培养批判性思维。袁梦霞等(2017)采用了线上教学活动角色扮演教学,证实了角色扮演对学生批判性思维的培养和发展产生了积极的影响,提升了学生的批判性思维深度。

Mishra 等(2018)认为深厚的专业知识、广阔的跨学科知识是创新能力的决定因素,并基于此提出了"T 型人才"观。我国传统文化中也蕴含着批判性思维。如"博学之,审问之,慎思之,明辨之,笃行之"(《中庸》),强调的是广泛的学科知识与积极的思辨(刘琼琼,2017)。我国当代批判性思维能力研究起步于 20 世纪 90 年代,相对较晚。目前我国批判性思维能力研究主要关注教学内容设计、信息技术在批判性思维能力培养中的辅助作用等(李正栓等,2014)。

第四节 学生批判性思维的影响因素

关于批判性思维的影响因素,有研究发现儿童的知识、与同龄人和成年人相处的经历对其批判性思维的形成影响最大;环境、父母积极的态度、年龄等,同样影响儿童批判性思维的形成(Kamarulzaman 等,2014)。人口学因素对批判性思维的培养也存在影响(Arslan 等,2014)。一项批判性思维影响因素的元分析研究表明,学校教育、学生因素、个人因素及抚养方式对基础教育阶段学生批判性思维的形成和发展都具有影响(Mahapoonyanont,2012)。此外,为学生提供批判性评价指导对于提升学生的批判性思维十分重要(Manalo 等,2016)。整体来看,学生批判性思维的影响因素主要可以概括为内部和外部两个方面。

一、内部因素

(一)学生的学习风格影响批判性思维

刘强等(2009)发现收敛型的学生在批判性思维上得分最高,实践型的学生在批判性思维上得分最低。乔爱玲(2020)证实了学习风格对批判性思维存在影响,并且信息加工和信息感知的学习风格对批判性思维影响显著。

(二)学生的认知影响批判性思维

夏欢欢等(2017)基于认识论,分析了"简单的知识"(学生认为该知识是简单的)、"确定的知识"(学生认为知识是唯一不变的)、"知识的权威"(学生相信权威,不会质疑)对批判性思维的影响。研究结果表明,三者均对批判性思维有显著负向影响。

(三)学生的学业情绪影响批判性思维

学业情绪除了影响学业成绩和学习表现,也影响学生的自我调节学习。积极的学业情绪有利于学生的自我调节学习(You等,2014)。但较少有研究关注学业情绪与批判性思维之间的关系。Chevrier等(2019)发现,学生的厌倦情绪与学生的批判性思维之间呈负相关关系。姚海娟等(2019)发现高兴和愤怒的情绪均有助于促进学生思维的流畅性、灵活性和独创性。同时,有部分研究证实了学生对专业的喜爱会正向影响学生的批判性思维。学生对专业的喜爱也代表了学生在学习过程中更多地会产生积极的情绪,从而促进批判性思维的培养(陆耀红等,2016;包玲等,2010)。

(四)学生的心理因素影响批判性思维

学生的心理因素包括学生的动机、自我效能感、情商等。有研究表明,学生的动机、意志和自我效能感等对数学批判性思维存在影响(李文婧等,2012)。黄蕾等(2016)重点强调了一般自我效能感对批判性思维的影响,指出自我效能感即"个体对自己能否应对、执行和成功的基本能力的评估,是个体对各种情境能否有效处理的信心判断",自我效能感能够正向预测批判性思维水平。情商也是批判性思维的一个影响因素，情商高的学生表现出更高水平的批判性思维技能和倾向（Yao 等，2017；Li 等，2021）。

（五）学生的年龄、性别等人口学因素影响批判性思维

郑光锐（2019）发现男生的批判性思维自信心强于女生，但男生的思想开放度、认知成熟度都要低于女生。凌光明等（2019）也证实了性别会影响学生的批判性思维水平。

二、外部因素

（一）课堂和教学影响批判性思维

课堂的教学方法会对学生批判性思维的培养产生影响。冷静等（2020）证实教学干预对学生批判性思维有显著提升作用。在教学过程中采取线上线下相结合的模式、引导学生使用思维导图以及现代软件等工具均有助于学生批判性思维的养成（毕景刚等，2018；Lim，2021；Willers 等，2021）。也有学者认为，与课程相比，教学方法或模式对批判性思维的影响更大（李文婧等，2012）。多项研究证实了启发诱导式教学、案例式教学、PBL 教学、角色扮演等都有助于学生批判性思维的培养（朱叶秋，2016；袁梦霞等，2017）。有效的师生互动有助于培养学生的批判性思维（陈亚平，2016），良好的师生关系也有助于学生批判性思维的培养（Willers 等，2021）。田红（2009）发现任务驱动的合作学习模式有助于学生批判性思维倾向的形成。姚臻（1996）在对批判性思维影响因素的概括中提到了课堂设置和正式课堂；刘学东等（2018）在对斯坦福大学的通识课程进行研究后发现斯坦福大学课堂教学强调以学生为中心、采取团队合作的教学模式，进而主张营造良好的课堂交流氛围。

（二）社会环境影响批判性思维

社会环境既包括我们整个国家所处的文化环境，也包括学校所在区域的经济环境等。凌光明等（2019）发现高中生批判性思维水平存在很大的地

区差异和校际差异。郑光锐(2019)发现农村地区学生的批判性思维除了认知成熟度,其他方面的得分都低于城市学生。李文婧等(2012)认为,我国中庸和顺从的社会文化强化了规则的权威性,弱化了批判性思维。

（三）家庭环境影响批判性思维

很多研究都探究了学生父母的受教育程度对批判性思维的影响。凌光明等(2019)发现父母最高学历高的学生,其批判性思维水平也较高。Cheung等(2001)发现中产阶层家庭或上流社会家庭的子女的批判性思维水平较高,父亲批判性思维水平正向预测子女的批判性思维水平。除了父母家庭背景,研究也发现家庭关怀有助于批判性思维的培养,父母的强控制则不利于批判性思维的培养(Wang等,2020)。

近几年,有研究开始从大学生认知或感受的视角,探索大学生批判性思维的影响因素。如研究大学生对有效教学的认知/感受与大学生批判性思维技能增长之间的关系,这里的有效教学包括有组织的教学指导和清晰的教学指导,结果表明有组织的教学指导与批判性思维技能增长呈正相关,而清晰的教学指导与批判性思维增长之间无显著相关性(Loes等,2015)。Culver等(2019)探索了学术严谨性与大学生批判性思维之间的关系,这里的学术严谨性既包括课堂严谨性,也包括作业严谨性。该研究使用了4年的纵向数据,在第4年结束时,严谨性与批判性思维呈正相关,这一关系的强度从第1年到第4年趋于增加。

第五节　信息技术背景下学生批判性思维研究的新趋势

批判性思维的研究与教育信息紧密相关,在批判性思维的测量与培养中,教育信息技术所起的作用越来越关键。

在当前批判性思维测量方法中，基于计算机辅助手段，把批判性内隐思维过程外显化、可测量化和可视化的方法使用越来越普遍，如概念图法。概念图作为一种帮助学生思考和表达其思维过程的方法，已被广泛地用于教学、学习和评估（Rosen 等，2014）。概念图是一种半正式化的知识表征工具，是由描述概念的有限节点集和表示概念对之间关系的有限弧集（弧的权值可以相同，也可以有差异）所组成的可视化图形。概念图中的概念通常按照重要程度进行层次排列，最一般的概念在图的顶部，具体的概念在图的下方，其中的交叉链接可以表示概念间的关系。绘制概念图是一项具有认知挑战性的任务，它包括信息的评估、分类、模式识别、认知排序、比较等，能够有效反映学生的批判性思维能力。Rosen 等（2014）介绍了一项以计算机为基础的批判性思维评估任务，实验组被试采用以证据为中心的概念图模式，对照组被试采用基本的记事本模式。在该项研究中，学生被要求就学校自助餐厅是否购买有机奶进行利弊分析，并把分析结果以信件形式告知校长。被试任务时间不受限制，实验人员在任务结束后根据任务完成情况评估被试的批判性思维水平。

此外，在线讨论特别是异步在线讨论也被认为对批判性思维的认知过程内容分析框架模型构建及测评有重要作用（Yang 等，2011；Rathakrishnan 等，2017）。在选定的样本课程中，学生对教师提供的课程问题，采用异步在线的方式展开讨论。研究者采用内容分析法和质性编码方式整理讨论区中被试学生的讨论帖子中的观点，再结合量化的统计方法，获得关于批判性思维认知过程的内容分析框架。

Shavelson 等（2019）提出采用表现性评价来评估大学生的批判性思维。建构批判性思维的定义、确定批判性思维的不同构面、确定批判性思维领域内的任务、信息源抽样、决策中的启发式和偏差等是批判性思维表现性评价的构成内容。他们同时开发了基于计算机的批判性思维测量平台，既用于测量批判性思维，又用于检验测量过程的有效性。

在批判性思维培养上，"基于信息技术的"途径是目前批判性思维培养中较为常见的路径，包括在线讨论、在线论坛、在线写作等（Cheong 等，2008）。现在的学生基本都是"数字原住民"，因此，教师基于学习风格理论，通过使用相同的数字语言，如教育博客、电子讨论板、Wiki、电子文件夹等，能更容易、更彻底地教授这些思维能力（Razzak，2016）。基于信息技术的在线讨论和替代性作业能够最大限度地促进批判性思维的提升，因为在线信息具有多样性、丰富性、可更新性及易于获得等特点，有利于学生获得并选择问题解决过程中的信息资料，从而促进创新（Razzak，2016）。Mishra 等（2018）提出 SCALE（support for creativity in a learning environment）原则，将教育技术作为工具，帮助教师创建有利于学生合作、交流的课堂环境，培养学生综合利用跨学科知识的能力及多视角思考的能力，进而培养学生的创新思维。在批判性思维能力培养过程中，可以利用 NEW（novel，effective，whole）工具，测评学生的批判性思维成果，以进一步深化学生批判性思维研究。有学者采用 Newman 模型测量博客对中学生批判性思维的影响，结果表明，博客反思性写作可以提高学生的批判性思维。通过博客反思性写作，学生的外部知识经验显著增加，辨别能力显著提升（Wang 等，2010）。此外，构建有利于学生互动合作的学习环境对培养学生的批判性思维也很重要（Kwan 等，2014）。

总体来看，以往研究更关注批判性思维的能力/技能构成、静态测评工具开发、影响因素及培养路径，但是对以下几个问题的关注较少：

第一，对批判性思维的原理问题及认知机制问题关注较少。究竟什么是批判性思维？批判性思维到底是静态的能力、技能、品格、情感态度还是动态的认知过程，或者是思维的结果或产品？这些探讨还不够深入。

第二，对于批判性思维认知过程机制的理论探讨较多，实证检验较少，可有效使用的本土化批判性思维测评工具较少。以往研究构建了若干个信息技术支持下批判性思维认知机制的内容分析框架模型，但这些模型存在效度问题（是否有效）和完整性问题（是否测量了批判性思维认知的全过程）（Yang 等，2011）。此外，以往研究较少采用多元方法对测评工具的有效性进行评估。

第三，对于"在中国文化背景下，基于批判性思维认知机制的学生批判性思维的测评"研究较少，从批判性思维动态认知过程视角展开的测评研究基本是空白。批判性思维的概念和构成要素的相关研究非常丰富，但也使得概念和构成要素没有较好的参照，测评工具的效度和完整性不能确定，导致批判性思维测量呈现"测评工具多、能有效使用者少"的现状。

第四，对于新的信息化时代（以大数据、人工智能为代表）背景下学生批判性思维培养面临的挑战与机遇研究较少。虽然当前有一些研究已关注教育信息技术手段在批判性思维测评与培养中的应用，但整体来看，未能充分结合当前高等教育的"在线"特点。或者说，没有充分考虑新的技术背景下高等教育教与学的本质及深层变化。另外，关于教育信息技术在批判性思维测评与培养中的应用研究，更多的是"被动的"应用，立足批判性思维本质特点的更有针对性的研究还不够突出。

第五，基于学科交叉和协同发展视角的批判性思维研究较少。批判性思维研究更多的是在教育学、心理学等领域单独完成，基于学科交叉协同的批判性思维认知机制和测评研究较少。

第三章

批判性思维本质特征重构
及测评工具构建

    2022 年 1 月 26 日,光明网刊登了教育部党组书记、部长怀进鹏的文章《为加快建设世界重要人才中心和创新高地贡献力量》,文中指出要着力加强基础研究人才培养,"创新育人模式,突破常规培养,更加重视科学精神、创新能力、批判性思维的培养教育"。批判性思维研究主要关注概念、测量/评估和理论,这三个问题事实上紧密相关。对概念的科学界定是有效测评的基础,理论探析则为概念界定提供重要支撑,而批判性思维的有效测评能起到中介联结作用。批判性思维的有效测量建立在对批判性思维是什么、其产生与作用的认知机制是什么等概念及理论问题的探索基础上;同时,它也是批判性思维有效培养的重要前提,没有科学的测量模型与工具,就难以衡量有效的和高质量的批判性思维是否真正发生,也很难真正探索批判性思维的影响机制。但批判性思维测评的现状是:批判性思维很难以一种有效和可靠的方式来衡量(Rosen 等,2014);批判性思维评估理论模型的效度和完整性无法验证(Yang 等,2011)。在新的时代与教育背景下,对批判性思维"质量""有效性"及"完整性"的评估显得尤为重要。本章对批判性思维的本质特征与认识误区进行梳理,同时提出批判性思维能力品质测评的静态结构及动态模型。测评结构及模型的有效性将在未来研究中进行验证。

第一节　批判性思维的本质特征与认识误区

人才培养过程中需要更多地关注学生作为思考者和真实生活情境实践者的创新意识以及对未知世界的探索意识,这是当前教育理论研究场域与实践场域的共识。批判性思维作为重要的教育目标,在学校教学实践及学生培养过程中的意义与价值是毋庸置疑的,但与此同时,批判性思维却被认为既不容易定义也不容易理解和识别,成了一个不可言喻的概念(Moore,2013)。对批判性思维本质特征理解的高难度和不确定性,造成批判性思维教学面临诸多困境,培养成效难以明确评估。

一、批判性思维的本质特征

为进一步辨识批判性思维的本质特征,有必要先对思维的本质特征进行探讨。思维是"借助语言、表象或动作实现的,对客观事物的概括和间接的认识";思维是一种认识活动,主要表现为自身长时记忆储存的知识或经验与外界新输入的信息进行不断的比较、抽象和概括的过程,并体现在概念形成和问题解决的活动中(彭聃龄,2001:242)。思维被认为是智力的核心,具有概括性等特点(林崇德,2006)。

思维具有一些静态的能力品质,但本质上是一个问题解决的过程。思维与很多概念有较强的联系,但存在质的差异。如思维与记忆,思维离不开记忆,但思维不是记忆,思维是在记忆基础上对事物之间内在关系的探索,是概念形成和问题解决的过程;思维不是态度、倾向、兴趣等动机因素,也不是情绪因素,动机和情绪因素更多的是思维的影响因素,而非思维本身;同样地,思维也不完全等同于能力,能力可以视为人们能否成功解决某一问题的条件,而人的认知或思维能力可以视为能力的一种类型,能力是可以培养的(彭聃龄,2001:242)。

二、批判性思维是什么?

以往有较多研究对批判性思维的概念进行探索,如 Moore(2013)基于历史学、哲学和文学 3 个不同学科 17 位学者的访谈研究,得出批判性思维的 7 条定义线索:①判断;②怀疑;③简单的原创;④仔细和敏感的阅读;⑤理性;⑥知识的积极活动者;⑦自我反省。具体而言,批判性思维应该包括:①不带情绪的判断,没有判断很难称为一种批判性思维;②一种怀疑性的和临时性的知识观,没有知识是确定的;③批判不仅是否定,更是重建,即知识的新增;④对文本的精细阅读和敏感性阅读对于批判性思维的发生来说是重要因素;⑤理性在批判性思维中具有重要地位;⑥批判性思维应该是不满足于现状、有能力的人对这个社会负责任的表现;⑦批判性思维不仅是对知识的反省,更是对自我知识的反省。结合前述关于思维特点与本质的阐述,本书对批判性思维的理解包括:首先,批判性思维是思维能力品质的一个侧面,它既具有思维的一般性特点,也具有独特性品质;其次,与思维相一致,批判性思维是一种认知活动,体现在概念形成和问题解决的认知活动中;最后,批判性思维能力作为能力的一种类型,具有好差之分,是可评价、可培养的,批判性思维品质也可以更具体地称为批判性思维能力的品质。

概括来看,批判性思维作为一种认识活动,是静态的批判性思维能力品质在动态的真实问题解决过程中的融创性体现。在这个概念中,有三个关键点:第一,静态的批判性思维能力品质包括哪些?第二,静态的批判性思维能力品质如何融创性地体现在动态的真实问题的解决过程中?第三,批判性思维是单一层次还是多层次的结构。

(一)静态的批判性思维能力品质包括哪些?

在以往关于"批判性思维是什么"这一问题的探索中,反思性、理性、独立性、批判性、怀疑性、责任性、目的性等是较多被提及的思维能力品质,几乎涵盖了良好思维所应该具有的基本能力品质。不管是在理论层面还是在实践层面,不同的思维能力品质并非完全独立,互相之间也存在交叉。研究者在综合批判性思维以往相关研究探索的基础上,对静态的批判性思维能力品质提出了一些思考。

1. 理性

一般认为,思维理性是大多数情况下人们所应该具备的思维能力品质,只有在情绪情感失控的情况下,人们的理性思维才会出现偏差,产生非理性。但诺贝尔经济学奖获得者丹尼尔·卡尼曼(Daniel Kahneman)在其著作《思考,快与慢》一书中提出,大脑有两套系统——系统1(自主、无意识、快速等)和系统2(专注、复杂、费脑力等),人们认知过程出现失误(非理性),并非一时的情绪、情感造成,而是认知机制的构造引起,即系统1的自主运行造成的,是一种系统失误。思维的理性是良好思维品质的基础,当个体的思维连理性都没有达到的时候,是很难培养更高阶的思维能力品质的。根据卡尼曼的观点,人们并非自然而然地在大部分情况下拥有理性的思维,启发式偏见、过度自信、不充分的依据、框架效应等多种心理和非心理的因素均会影响思维的理性。因此,理性是批判性思维的基本能力品质。

2. 反思性

反思对确保思维理性具有重要作用。在认知及问题解决过程中,不断地对所思所想做出有依据的反思,是非常必要的,这也需要问题解决全过程的证据搜索、信息补充与认知监控。基于证据的、有依据的反思也能够对思维与空想等进行有效区分。

3. 真实性

批判性思维指向的是真实问题解决过程中的真实性思维。真实性的"真"体现在思维的问题起点是有真实情境依据的,思维的过程不断与真实问题相联系,思维的结果指向的是真实问题的解决。

4. 深刻性

深刻性体现了思维的概括性与深度。批判性思维是一个不断进行分析、比较、综合、反思等的过程,从而揭示事物的本质及事物之间的内在联系。不具有概括性、深度不够的思维,很难称得上是一种批判性思维。

5. 建设性

批判性思维体现在评价及判断的过程中,判断过程包括否定,但它同时是一个重建的过程。具有批判性思维的问题解决过程是建设性的,包括问题解读、问题解决方案形成、问题解决有效性评估及方案应用等全过程的建设性。

6. 多元性

多元性更多地指向问题解决结果的多元性思维。在问题解决过程中,个体主要针对一种解决方案进行深入的探索,但个体同时也需要思考其他替代性方案。

批判性思维的 6 种能力品质(见图 3-1)具有同等重要性。思维理性可以视为其他能力品质的基础,没有理性的思维很难实现反思性、真实性等;在理性思维的基础上形成的思维的真实性、深刻性和反思性,促进最终的思维多元性和建设性的实现。

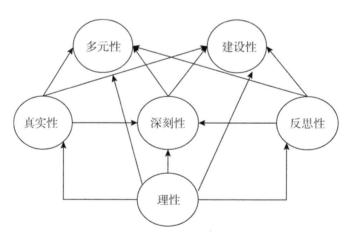

图 3-1 静态的批判性思维能力品质

(二)静态的批判性思维能力品质如何融创性地体现在动态的真实问题的解决过程中?

批判性思维体现在动态的真实问题的解决过程中。问题解决是由一定的情境引起的,是按照一定的目标,应用各种认知活动、技能等,经过一系列的思维操作,使问题得以解决的过程(彭聃龄,2001:242)。一个完整的问题空间一般包括三个状态,即问题初始状态、问题过程状态和问题目标状态,问题解决过程就是在问题初始状态与目标状态之间寻找一条有效的路径(彭聃龄,2001:242)。具有批判性思维的问题解决过程除了具备问题解决的一般特点,还要融合批判性思维的上述基本品质。

问题初始状态是解读与质疑问题阶段。它涉及以下方面:这个问题要解决什么? 所提问题合理吗? 所提问题对应的真实生活情境有哪些? 在问题初始状态,解读问题是一个基本内容,但是对所提问题合理性的分析及所提问题与真实生活情境之关联的分析,是批判性思维应该完成的内容。而"合理性"与"真实生活情境的关联"也是相辅相成的,个体对真实生活情境的思考促进了个体对问题合理性的判断,而个体对问题合理性的判断也离不开真实生活情境。

问题过程状态是信息搜索与判断、寻找解决方案、将方案付诸实践的阶段。它涉及以下方面:如何搜索信息? 如何判断这些信息的真实性? 所收集的信息是观点还是事实? 这些信息对问题解决的有效性如何? 能否整合/综合信息并提出可能的解决方案? 解决问题所具备的条件或不足有哪些? 在相对应的真实生活情境中有无类似问题的解决方案? 所提解决方案如何付诸实践? 信息搜索与判断阶段主要关注信息的合理性和有效性,个体对信息的来源和性质应该能够做出分辨,即判断信息来源是否权威、信息是观点还是事实,这将支撑后续对信息有效性的评估;寻找解决方案阶段则是不断进行综合、分析、反思、再综合、再分析和再反思的过程,这一过程也是不断与生活真实情境相联系的过程,而反思主要是对解决方案的合理性、概括性、深刻性等进行审视;将方案付诸实践的阶段也是对方案的合理性与不足之处进行反思的过程。

问题目标状态是评估问题解决有效性与形成替代方案的阶段。它涉及以下方面:这个问题解决得如何? 有无其他替代方案? 所提问题的解决方案在真实情境中应该如何应用？这个阶段重点关注问题解决的有效性评估、替代性方案的形成及问题解决方案的真实生活应用。

理性、反思性、深刻性、真实性、建设性等批判性思维品质存在于问题解决的全过程，多元性则更多地指向问题目标状态。

（三）批判性思维是单一层次还是多层次的结构？

具有批判性思维的问题解决过程所呈现出来的是单一层次结构，还是包括元思维的双层次结构，抑或是受动机、情绪等因素影响的三层次结构？批判性思维应该是基于证据的指向真实问题解决的过程，这一过程体现了批判性思维的理性等思维品质，问题解决的批判性思维是批判性思维的核心。但同时，批判性思维也包括对这一思维过程的思维与监控，即"元思维"的维度。此外，批判性思维过程和元思维过程受个体内外部因素的影响，整体上呈现为三层次结构（见图 3-2）。

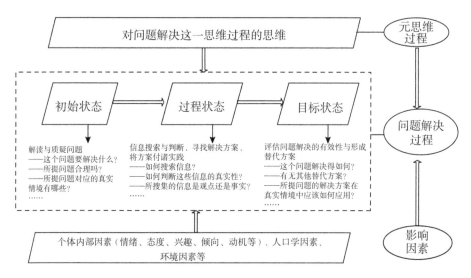

图 3-2　批判性思维的三层次动态结构

三、批判性思维的认识误区及其澄清

人们对于批判性思维的理解与认知，一直存在一些误区，如认为批判性思维等于否定、论证逻辑和技巧等(董毓,2012)。以下基于前文对思维及批判性思维特点的剖析,对批判性思维的一些认识误区进行澄清。

(一)批判性思维不是"否定一切",而是在否定基础上的"重建"

当看到"批判性"这个概念时,很多时候人们首先出现的是抵触心理,认为批判性就是对各种观点、事件等在批评基础上的否定。在《现代汉语词典》中,"批判"指的是"对错误的思想、言论或行为进行分析、评价,进而否定"或"分析判别,评论好坏"(商务国际辞书编辑部,2019)。批判过程中的否定是有条件的否定,即所否定的内容是在理性分析和评价基础上被证明是错误的相关内容,而并不意味着否定一切。分析和评价过程体现了批判性思维的理性、深度和广度,所以批判性思维并不简单意味着"否定一切",否定的前提是所否定的内容是错误的,否定之后则是重建,它注重的是重建思维,或者说是思维的创新。

(二)批判性思维不是批判性思维倾向,而是批判性的能力

批判性思维品质与个体对这些品质的内在倾向(如情感、动机、态度等)是两个不同的概念,不能把两者等同起来。使用较为广泛的《加利福尼亚批判性思维倾向量表》测量了批判性思维的倾向,虽然这份量表采用的是"倾向"这一概念,但这一倾向更多地指个体在相应的情境下采取类似选择或出现类似认知的程度,与心理学对"倾向"概念的理解存在一定的差异,且心理学领域认为倾向是动机因素之一,对思维起影响作用,不是思维本身。因此,批判性思维的倾向性对批判性思维产生影响,但是其不是批判性思维本身,即很难把批判性思维的态度、情感侧面的内容直接归入批判性思维的概念范畴,批判性思维品质实际上是批判性思维能力的一种体现。

(三)批判性思维不是静态的能力品质,而是这些能力品质在真实问题解决这一动态过程中的融创性体现

静态的批判性思维能力品质是可概括的要素性质的能力品质,这些要素性质的思维能力品质部分可以通过自陈量表进行测量,但其更多体现在

动态的真实问题解决过程中，具有批判性思维的问题解决过程应该体现这些思维品质。所以把批判性思维等同于静态的思维能力品质是不合适的。这一定程度上也为批判性思维的测量提供了依据，即将静态的思维能力品质测量与动态的真实问题解决过程测量综合起来，前者适合采用纸笔自陈式测量，后者更适合采用类似真实情境问题解决的表现性评价。

（四）批判性思维不是不可培养的，而是不断变化的

关于批判性思维的可培养性，也存在一些认识误区。有些观点认为，思维是人格的构成要素之一，属于个体先天因素的范畴，在后天很难改变，因此也很难培养。但事实上，思维属于能力，是人们顺利解决某个问题、完成某项任务的条件，因此，批判性思维也属于能力的大范畴，是人们解决问题过程中所体现的思维能力之一。批判性思维可以通过多种方式进行培养。

（五）批判性思维不是与真实生活情境割裂的，而是基于真实性的

思维是一种认知活动，是人类大脑的一种带有一定指向性与目的性的活动过程。"求真"——对真实的探索是批判性思维的一个基本目的。求真既体现在对支撑问题解决的证据的真实性的要求上，也体现在对所要解决问题的真实性的要求上，以及探索所获得的问题解决方案的真实性的要求上。批判性思维指向的问题解决是与真实生活情境有较强相关性的问题，而探索获得的问题解决方案也应该能够应用于真实问题的解决过程中。

（六）批判性思维不是一种思维技巧，而是一种思维能力

在批判性思维的培养过程中，很多人把其当作一种技巧来培养，认为具备这些技巧就自然具备了批判性思维。但是批判性思维并不是一种技巧，它是依托于能力的、根植于认知深处的一种思维习惯和意识，是能力的体现。

第二节　批判性思维能力品质
初测量表的构建

　　长期以来,批判性思维的测量主要有两种方式:一是通过量表方式测量批判性思维倾向或能力;二是依据一些质性分析框架,评价个体在问题解决过程中的批判性思维表现情况。研究者认为,对于批判性思维来说,其本质仍然是一种思维,思维既包含静态的思维品质,也包括这些静态的思维品质在动态的问题解决过程中的融创性体现。批判性思维不局限于对一个陈述或观点的正确性进行一次性的评估,它也是一种动态的活动;在这种活动中,对一个问题的批判性观点是通过个体分析和社会互动形成的(Newman等,1995)。如第二章所介绍的,批判性思维的测评方法非常丰富,但也存在一定的不足,特别是在批判性思维能力测评及测评工具的本土化方面。一些较为经典的批判性思维的测评工具主要针对批判性思维倾向(如《加利福尼亚批判性思维倾向量表》),在批判性思维能力测评上更多采用开放式问题或强制性选择问题(如康奈尔批判性思维测试)。但思维在本质上应该是一种能力,而非倾向。因此,在结合相关理论文献的基础上,本小节将在前述理论模型的基础上阐释、梳理和开发批判性思维能力品质初测量表的系列条目;对模型和条目的效度检验,将在未来研究中开展。

一、理性

　　依据认知经验自我理论(cognitive-experimental self-theory),人类有两个平行的、交互的信息加工系统:理性系统和经验系统。理性系统主要是在意识层面运作,是有意的、分析的、逻辑的等,随着新的证据的出现而发生变化,主要是言语的;经验系统则是自动的、前意识的、联想的,主要是非言语的,与情感密切相关(Epstein 等,1996)。两个系统的共同作用会影响行为决策,如果经验系统占优势,那么所产生的决策更有可能是非理性的(孟贞贞等,2013)。围绕两个系统的测量,研究者开发了相应的测评工具,Epstein等(1996)开发了《理性经验量表》(Rational-experiential inventory scales),包括"认知需求"(need for cognition,NFC)和"相信直觉"(faith in intuition,FI)两个因子,前者测量了理性系统,后者测量了经验系统。他们之后对1996 年的量表进行了改进,形成了一份新的同名量表,包括两个子量表:理性量表(理性参与和理性能力)和经验量表(经验参与和经验能力)(Pacini等,1999)。这几份量表在研究与实践中使用较为普遍,如 Viator 等(2020)探索了思维倾向和认知能力如何通过影响反思—分析认知风格而影响理性思维。在这一研究中,针对思维倾向,研究者测量了认知需求和积极开放的思维,借助了 Pacini 等(1996)和 Epstein 等(1999)的理性思维测量的 NFC维度和"积极开放的思维"(Actively open-minded thinking,AOT)量表;针对认知能力,研究者主要测量了工作记忆能力;针对理性思维能力,研究者测量了三类理性思维任务(三段论推理中的信念偏差、比率偏差、直观推断和偏见的合成)的完成情况。

思维倾向和思维品质是不同的概念,思维品质更多的是思维能力的体现。如果个体没有批判性思维倾向(如批判性思维的动机、意愿或情感等),其批判性思维品质是较难形成的。同时,思维倾向是相对稳定的,其更有可能影响思维能力。基于研究者关于批判性思维不是一种思维倾向,而是一种静态的思维品质或能力的观点,本书关于批判性思维理性品质初测量表的形成主要采用 Pacini 等(1999)理性量表中的"理性能力"相关条目,具体包括:

【理性能力(会—倾向/能够、擅长—能力)】
- 我擅长解决复杂的问题。
- 我擅长解决需要仔细进行逻辑分析的问题。

- 我是一个非常善于分析的人。
- 仔细推理是我的强项之一。
- 我在压力之下也能够很好地推理。
- 我比大多数人更擅长从逻辑上解决问题。
- 我能够仔细考虑问题。
- 我能够通过逻辑思考有效解决生活中的问题。
- 我能够做出有明确、可解释理由的决定。
- 在决定如何处理问题之前,我能够检查信息来源的可信度。

二、反思

反思思维是指对一种知识信念或结论等进行积极主动的、持续的和缜密的思考。反思能力是批判性思维能力的一个重要构成。但并不是所有的反思都是批判性反思,杜威曾在 1993 年对批判性反思和较少思考的反思进行过区分,认为前者是更深层次的反思,批判性反思应该是在检查所有可能性的情况下慎重地得出结论(钟启泉,2020)。

有较多研究者开发了反思思维的测评工具。Izilkaya 等(2009)发展了反思思维能力量表,包括提问(质疑)、评估(反思)和联系几个维度,本研究主要也基于此形成批判性思维能力反思性维度的初测测题。具体包括:

【提问】
- 当我无法解决问题时,我能够思考无法解决的原因。
- 我试图通过向他人的解决方案提出疑问来找到更好的方法。
- 在解决问题时,我能够不断思考以找到不同的解决方案。
- 在解决问题时,我能够思考需要什么信息来解决问题。
- 在解决问题时,我能够向自己提问以确定问题解决的要求。

【评估】
- 在问题解决后,我能够思考是否可以找到更好的解决方案。

- 我能够重新评估我的解决方案并尝试更好地解决下一个问题。
- 在解决问题时，我能够审视和评估我的行为。
- 在问题解决后，我能够检查我的行为。
- 在问题解决后，我能够与他人的解决方案进行比较并评估我的结果。

【联系】

- 在解决问题时，我能够思考行动的原因。
- 在解决问题时，我尝试将其与我的工作成果建立联系。
- 我能够思考以前解决过的问题，并根据它们的异同将它们联系起来。
- 在解决问题时，我的每一个举动都能够考虑前后的操作。
- 我能够将学习与社会问题联系起来。
- 我能够利用已有的知识经验解决问题。

三、真实性

"真实性思维"作为一个概念名词，尚未受到学术界的广泛关注，也鲜有学者在文章中以真实性形容某一思维特质。但真实性思维的内涵，在许多研究和讨论中已有所涉及。与真实性思维联系最密切的概念是"真实性学习"。

真实性学习近年来在教育学界，尤其是在课程与教学领域广受重视。对于真实性学习的概念，学者进行了充分的讨论。李欣足（2020）认为，真实性学习是鼓励学习者探索和解决现实世界相关的问题，在此过程中注重与真实境况和生活经验的联系。Swartz 等（2016）认为，真实性学习是一个关注现实世界、复杂问题和潜在解决方案的过程，并且通过角色扮演、案例演示、参与实践社区等方式进行。这些定义主要立足于与真实世界的联系，也有学者从学生认知角度阐述真实性学习。比如，张新玉等（2020）认为，真实性学习是指在与现实世界相关的问题情境中，学生在教师的帮助下，以类似某一领域专家的方式进行思考，将所学知识与现实世界建构联系与意义的学习活动。李欣足（2020）从过程性的角度定义真实性学习，认为真实性学习是在真实性的学习环境中进行真实性的活动,产出真实产品的学习过程。

　　进一步探索真实性学习的内涵,需要剖析其理论基础。真实性学习首先依托于建构主义学习理论,建构主义颠覆了传统学习理论对学习者主动性的忽视局面,将学习视为学习者基于先前知识和经验,在一定的社会文化环境中对新信息进行加工处理并建构知识表征的过程。建构学习理论非常重视学习的情境性,认为学习是在一定情境中发生的,人们无法脱离实际生活去思考。同时,建构主义非常重视学习过程的社会性,也就是社会互动,个体的学习是在与他人的对话交流之中进行的(杨维东等,2011)。建构主义理论对知识的情境性和社会性的关注,为理解真实性学习提供了一条路径。

　　真实性学习另一个重要的理论基础是情境认知理论。该理论是对建构主义理论的进一步发展。情境认知最突出的特点是进一步放大了情境的重要性,不仅把情境视为个体建构的条件,而且视为与个体相互建构的学习系统的重要因素之一。情境学习理论认为知识是基于社会情境的,是个体在与环境的交互作用过程中建构的一种交互状态,是人类协调行为,去适应动态变化发展的环境的一种能力和工具。而学习就是个体的文化适应和身份建构的过程,是个体从学习共同体的边缘走向中心的过程(王文静,2005)。

　　基于建构主义理论和情境认知理论,真实性学习要求设计真实性的环境和任务,其间,学生将面临复杂的非良构问题,他们需要与这种复杂的情境进行互动,能够像专家一样灵活地、多角度地、深层次地思考问题。有学者用"适应性专家"来描述这种理想的思维状态,适应性专家能够在深刻理解客体本质和外在环境本质的基础上适应多变的环境(赵健等,2011)。正如情境认知理论提到的,身份建构和环境适应是真实性学习的重要目标。身份建构就是通过模仿专家思维,逐步从学习共同体的边缘走向中心;环境适应则需要发挥学习迁移的作用,个体知识能否迁移取决于个体与社会情境之间的互动。

　　那么,真实性思维与真实性学习又有何种联系呢?首先,真实性思维不等于真实性学习所需要的专家思维。专家思维的范围要更加广阔,多元性、深刻性、反思性等思维特质都是专家思维包含的内容,同时,这些特质也是独立于真实性思维的批判性思维的组成特质之一。其次,真实性思维与专家思维有交集。真实性思维同样强调与真实世界的联系和互动,表现在思维的问题起点以真实情境为依据,思维的过程不断与情境互动。所以,灵活地与真实情境联系,是真实性思维的一个重要特点。最后,真实性思维要求我们从一种元认知的角度来审视真实性学习的整个过程。真实性思维要求学生意识到真实性学习的目的是身份建构和环境适应,要求学生关注到在完成任务、解决问题这些表象过程之下的自我身份建构的过程和学习迁移的过程。

综上所述,真实性思维包括两个要素:一是与真实世界相联系,这是一种动态的、不断更新的灵活的联系;二是关注实际应用,即认识到并思考如何进行实际应用和学习迁移。

【与真实世界相联系】

- 在解决问题时,我能够把知识和现实问题联系起来。
- 我能够根据情况的变化及时改变解决问题的思路。
- 在解决问题时,我能够搜寻现实生活中的案例作为论据。
- 在解决问题时,我能够考虑到问题的现实背景。
- 我能够结合实际来解决问题,很少会天马行空。

【关注实际应用】

- 我能够思考如何在生活中运用所形成的问题解决方案。
- 我能够把所形成的问题解决方案运用到相类似的问题情境中。
- 在新问题的解决过程中,我能够运用以前积累的相关经验。
- 我能够通过实践来验证问题解决方案的有效性。
- 在一个问题解决后,我能够总结经验教训,并运用这些经验。

四、深刻性

相比真实性思维,深刻性思维受到更多研究者的关注。我国著名心理学家林崇德教授提出了思维的 5 种品质——深刻性、灵活性、创造性、批判性和敏捷性(林崇德,2002)。深刻性是其中之一。林崇德(2005)认为,思维的深刻性指的是思维活动的广度、深度和难度。具体来说,思维的深刻性表现在善于概括归纳,具有较强的逻辑推理能力,善于发现事物的本质和规律,能够开展系统的理解活动;研究深刻性的指标集中在概括能力和逻辑推理能力两个方面。这一关于思维深刻性的论述得到了文秋芳(2008)等的认可。

在另一篇文章中,林崇德教授对概括能力做了进一步解释:概括的过程就是把个别事物的本质属性推广为同类事物的本质属性,就是思维从个别通向一般的过程;概念的掌握以及知识的编码、理解和类化都是概括的过程,同时,这种提取事物本质属性的过程可称为抽象(林崇德,2006)。抽象和概括是紧密联系的过程,只有通过抽象提取出事物的本质属性,才能进一步加以概括并对这种属性进行推广,因此,抽象概括能力可以合并为深刻性的一个因子。

关于逻辑推理能力,有研究者指出,推理指的是人们根据已有的判断,经过分析和综合的作用,得出新判断和结论的过程,而逻辑推理就是一种合乎形式与结构的正确推理(张军翎,2007;吴宏,2014)。我国的《全日制义务教育数学课程标准》提到了逻辑推理能力,包括合情推理能力和演绎推理能力两部分(连四清等,2012)。合情推理包括归纳推理和类比推理等(有学者将类比推理视为归纳推理的一部分)。归纳和演绎是两个基本的逻辑概念。逻辑推理能力是深刻性的又一个因子。

抽象概括能力和逻辑推理能力的具体测题包括:

【抽象概括能力】

- 在解决问题时，我能够找到问题的重点和核心所在。

- 在解决问题时，我能够发现问题的本质。

- 我能够比较证据或观点等的相同或相异之处，从而发现一些规律。

- 我能够透过问题的表象去挖掘问题的本质。

- 我能够发现问题之间的联系，并且总结出规律。

【逻辑推理能力】

- 我能够遵循一定的逻辑和规律来分析问题。

- 我能够根据相关证据对问题产生的原因做出准确的判断。

- 我能够根据已知线索和条件提出合理的假设。

- 面对问题时，我能够制订一个系统性的计划来解决问题。

- 我能够很容易地根据事实推导出结论。

- 我能够根据已知的线索和条件推断出合理的结论。

- 我能够清晰地解释我的推理思路。

- 我能够确保我的推理基于正确的概念、信息和证据。

五、建设性

批判性思维的过程具有创造性或建设性，是一个建立关系或开展对话的过程（Cody，2002）。在复杂且充满不确定性的环境中，个体面临着许多具有挑战性的问题，而打破常规及标准是解决挑战性问题、提升竞争力的有效途径（Kim，2020）。这一过程包括否定，同时也是一个重建的过程。具有批判性思维的问题解决过程应该是建设性的，包括问题解读、问题解决方案形成、问题解决有效性评估及方案应用等全过程的建设性。这一过程通常也是具有创造性的问题解决过程。

具有创造性的问题解决过程强调产生新想法或新方案的能力，以及相关的输出行为，新的想法或方案可以是全新的材料，也可以是对已有内容进行思考之后的重组与重建（Kim，2020）。这一过程包括想法的提出、促成与落实。想法提出阶段通常包括新想法、技术工具及初始解决方案的产生,这是个体或组织基于问题解读作出的初步思考;想法促成阶段主要强调通过有力的证据获取他人对于相关想法的支持。一方面,复杂问题的解决通常需要团队合作,因此同伴对于相关想法的积极态度是想法落实必不可少的一步;另一方面,寻求有力证据的过程也是评估想法的过程,能够使想法在具备建设性的同时更加有据可依,为下一步的想法落实奠定基础。想法落实阶段主要是对相关内容的实际应用以及对效用的评估,可以进一步对整个问题解决过程进行建设性的思考。

建设性思维的具体测题包括:

【建设性】

- 我能够寻找新的方法、技术工具来解决问题。
- 我能够探索解决问题的新方法。
- 我能够搜索证据和观点来支持新方法。
- 我能够提出新的和实用的问题解决方法。
- 我能够为新的问题解决方法的执行制订适当的计划。
- 我能够探索并获得实施新问题方法所需的资源。
- 我能够将具有创造性的问题解决方法转化到实际应用中。
- 我能够系统性地将具有创造性的问题解决方法引入工作环境。
- 我能够评估具有创造性的问题解决方法的效用。

六、多元性

人类的问题是多元的逻辑问题,批判性思维的本质意涵也是多元逻辑探究(钟启泉,2020)。因此,培养批判性思维应该采用多元逻辑探究的教学方式:一方面设定拥有多样视角、多样标准框架可能扩散的基本问题;另一方面,在多样的视角和标准框架之间开展对话性交流(钟启泉,2020)。在一个共在与共生的时代,多元思维逐渐得以发展,并表现出交流性、兼容性、有机性、差异性、多样性、共生性及互补性等特征(申永贞,2009)。

结合 Ehring 等(2011)的《持续思考问卷》及 Pisapia 等(2011)的《战略思维问卷》的部分测量条目,本书形成了多元性思维相关的初测条目。

【多元性】

- 面对一个问题时,我能够考虑多种可能的解决策略/方法。
- 我通常能够找到一个问题的多种解释方法。
- 在解决问题时,我能够把相关的证据和观点进行不同的组合,形成不同的解决方法。
- 我能够接受问题的不同解决方法。
- 我能用多种方式看待问题解决过程。
- 我能用一种更有意义的方式看待问题解决过程。
- 我能从不同的角度看待问题。

本章对批判性思维的本质特征、认识误区等进行了阐释,并提出了批判性思维能力品质初测量表构建的一些初步设想。接下来的两章将系统介绍面向学生批判性思维培养的课程建设与设计。

第四章

面向学生批判性思维培养的课程建设：趋势与特征

　　批判性思维在古希腊语中的原意是"基于标准的有辨识力的判断"的思维（武宏志等，2010），也就是说，批判性思维需要学会如何思考，而非仅指思考什么（朱迪丝·博斯，2016）。早在20世纪初，美国教育学家杜威在《我们怎样思维》中就提出了"反省性思维"这一概念，成为批判性思维心理学研究的重要起源之一。有学者将批判性思维与其他高阶思维或能力联系起来，认为"没有批判就没有创新"（黄朝阳，2010）。20世纪中后期，多个国家相继发起"批判性思维运动"，培养批判性思维成为教学的基本目标和教育改革的热点话题。

　　在21世纪的教育改革的背景中，批判性思维作为一种基本技能，同时作为创新创造的必备素养，更是受到教育教学领域的广泛关注。联合国教科文组织曾提出，21世纪教育的主旋律是批判性思维与创造力，批判性思维教育将不再是未来教育发展中的"自由选项"，而是"不可或缺的环节"。一方面，批判性思维开始成为我们日常生活中思考问题和解决问题的基本思维过程。美国索诺马州立大学的理查德·保罗（Richard Paul）教授就曾提到，从早晨起床开始我们便不断做出选择、完成推理：早餐吃什么，穿什么衣服出门，是否要走进上学途经的商店，选择跟哪个朋友吃午餐，等等。此外，不论是解读对面司机的行为还是对迎面而来的车辆做出反应，这些过程同样伴随着连续性推理的过程（理查德·保罗等，2013）。批判性思维已经成为我们日常生活中实用的存在，可以帮助我们在处理许多问题时弄清自己应该相信什么或者做什么，帮助我们弄清楚到底需要思考什么和如何进行思考。另一方面，当今世界虽然联系日益紧密，但不宽容现象和暴力现象也日益严重，批判性思维显然成为我们面对多元选择与冲突时进行独立思考、理智选择以及做出负责任的行动的关键。正如联合国教科文组织2015年出版的小册子《反思教育：向"全球公共利益"的理念转变？》所论述的，"新的数字技术的发展带来了信息和知识的迅速膨胀，并且方便了世界各地更多人口获得这些信息和知识"，"然而，很多观察家认为，世界正在出现越来越严重的种族、文化和宗教不宽容，正是这些通信技术被用来开展思想和政治鼓动，推行排他主义的世界观。这种鼓动往往导致进一步的暴力犯罪和政治暴力，乃至武装冲突"。在当下社会生活中，人们时刻需要做出多方面的评价，判断他人的评价和立场，对众多问题的解决方案进行选择。如何给出中肯的评价？如何准确识别他人观点中的谬误？最有效的方法是每天接受思维挑战。也正是在这个意义上，著名人类学家玛格丽特·米德（Margaret Mead）说，一小群致力于思考的国民便能够改变世界。

可以说，无论是在人类生存层面还是在民族复兴层面，对学习者批判性思维的培养都是至关重要的。尤其是对于在人工智能时代成长起来以及时刻身处信息洪流中的新一代学习者来说，学会真正地独立思考、保持开放与质疑的心智和态度、创造性地采取行动与解决问题，是获得可持续发展的重要基础。因此，无论是宏观的教育政策导向，还是中观的面向批判性思维培养的课程建设与设计的理论发展，抑或是微观层面导向批判性思维的教学方法与策略的探索与实践，都开始重视批判性思维培养在未来一代新人建构中的重要作用。

第一节 面向 21 世纪的素养:批判性思维培养的全球聚焦

21 世纪以来,素养导向的课程与学习的变革开始成为世界范围内教育变革的新标识,国际组织和各国政府都努力构建一套不同于以往的核心素养体系,来支持 21 世纪的学习者更好地参与经济生活,做更好的社会公民,以及更好地从事休闲活动。全球范围内关于核心素养及其框架建构的热议,驱动着各国政府和国际组织纷纷提出核心素养框架以培养出更加适应未来社会发展的人才,而对于学生批判性思维的培养几乎是所有国家和国际组织关于核心素养框架建构中不可或缺的一部分。

美国"21 世纪技能框架"对批判性思维与问题解决的解读包括两个方面。一是有效地展开推理。它对学生提出如下要求:能够根据情境合理地运用各种类型的推理(归纳、演绎等);使用系统思维;分析作为整体的各个部分之间是如何相互作用以产生总的结果的;做出判断与决定;有效分析与评估证据、争论、主张、信念;分析和评估主要的可选择的观点;在信息与论证之间进行综合及建立联系;解释信息以及基于分析推断结论;对学习经历与过程做出批判性反馈。二是解决问题。它对学生提出如下要求:能用传统的和具有创造性的方式解决不同类型的新问题;能识别与提出主要问题以澄清不同观点,进而提出更好的解决办法。

经济合作与发展组织(OECD)提出的核心素养框架要求培养学习者立足于批判性立场展开思考与行动的能力。经合组织教育研究和创新中心(OECD Centre for Educational Research and Innovation,CERI)与来自 11 个拥有不同文化背景和教育系统的国家的学校及教师开展合作,针对批判性思维对于中小学教学实践活动意味着什么、如何学习以及怎样取得成就开展了一系列的研究。CERI 的研究认为,批判性思维培养的主要目的并非像人们通常认为的挑战传统和形成独特且区别于先前观点的立场,而是通过质疑和换位思考的过程来评估一个陈述、理论或想法的合理性与适切性。CERI 进一步将批判性思维的教学拆解成为可理解、可应用的 4 个方面,包括询问(inquiring)、想象(imagining)、行动(doing)和反思(reflecting),这也是思维的 4 个过程(Vincent-Lancrin 等,2019)。

由于亚洲地区的学校教育一直注重知识获得和学术技能的掌握,为了督促亚太地区学校教育关注学生未来能力的发展,以应对全球化、信息化与知识社会等带来的挑战,联合国亚太教育局于 2012 年发起了"在教育实践和政策中融入横向能力"研究项目,其中第一个维度就是批判和创新思考能力。

迈克尔·富兰(Michael Fullan)等人在关于深度学习的探讨中提出要发展和掌握未来的关键技能,并构建了 6C 模型,包括:品格教育(character education)、公民意识(citizenship)、沟通交流(communication)、批判性思维和问题解决(critical thinking and problem solving)、协同合作(collaboration)以及创造力和想象力(creativity and imagination)。其中,批判性思维和问题解决是指在设计和管理项目时能辩证思考,形成解决方案,运用数字工具和数字资源做出有效决策(迈克尔·富兰,2016:44-45)。

同样地,各个国家在建构面向 21 世纪的核心素养框架以及面向未来的学校教育变革图景的过程中,都将批判性思维作为不可或缺的关键素养。日本国立教育研究所参照欧美国家的核心素养模型,提出了 21 世纪型能力框架,包括基础力(语言技能、数学技能、信息技能)、思考力(逻辑思维与批判性思维、发现问题与解决问题的能力、创造力、元认知力)和实践力(自律活动力、人际关系形成力、社会参与力、对可持续未来的责任),这 3 个方面共同构成了日本 21 世纪学习力的基础模型。澳大利亚在新一轮的课程改革中,基于 21 世纪能力框架,建立了包含 7 个通用能力、11 个关键学科和 3 个跨文化主题的新的学校课程体系。其中,7 个通用能力包括读写能力、算术能力、信息和通用技术能力、批判性和创造性思维能力、个人和社会交往能力、跨文化理解能力、道德理解能力。批判性和创造性思维能力还可细分为 4 个要素：探寻、识别、探索、组织信息和想法；产生想法、可能性和行动；反思思考的过程；分析、综合、评价推理和程序。2018 年 3 月，北京师范大学中国教育创新研究院发布《21 世纪核心素养 5C 模型研究报告（中文版）》，提出了包括文化理解与传承、审辩思维、创新、沟通、合作的 5C 素养，其中的审辩思维就是我们所说的批判性思维，包括质疑批判、分析论证、综合生成、反思评估 4 个要素。

随着整个世界越来越注重知识创造与知识的推陈出新，而不仅仅是既定知识、技术与产品的保留、传递和"代际遗传"，面向未来的可持续发展的教育系统越来越需要学习者发展创新创造的能力和批判性思考的能力。尤其是随着人工智能和数字技术的变革，那些自动化、机械化的工作日渐被机器取代，人类需要更多的创造力和批判性思考的技能。而批判性思维在推动创新创造方面具有重要的意义。有研究提出，有 3 类技能对于创新至关重要：技术技能（technical skills），即知道是什么和知道如何做的技能；创新和批判性思维（creative and critical thinking skills），包括探究、想象、行动和元认知等；行动和社会技能（behavioral and social skills），包括自信、能量、热情、坚持、领导力、合作和沟通等品质（Vincent-Lancrin 等，2019）。显而易见，批判性思维已成为面向 21 世纪的素养建构中的必备要素。当然，这也意味着学校的课程与教学需要做出整体立场和教学法的改变，来促成批判性思维的培养。

第二节　从理论到实践：走进课程与教学领域的批判性思维

在人们普遍认同批判性思维在当今社会的重要价值的基础上，诸多国家、地区和组织的研究也充分阐明了批判性思维的重要作用，并开始将批判性思维引向学校课程及日常教学实践，推动批判性思维从理论建构走向实践生成。然而，在批判性思维的教学实践过程中，出现了大量的不会教、无法教、教不好的难题。这与其说是因为"抗拒变革"或"创新疲劳"，不如说是由于对批判性思维概念的实际含义理解模糊，以及对复杂的理论构型究竟如何转化为教学实践仍然缺乏清晰的认识，致使关于如何培养批判性思维仍存在广泛的争议。

事实上，批判性思维的养成是一个长期的、复杂的过程，批判性思维概念定义的抽象性往往是其在实践教学过程中难以被理解的根源，片段式、孤立式的理论框架也难以适应复杂变化的教学过程。批判性思维的课程与教学的转化及精准落实，需要一种教育背景下有关批判性思维的共同专业语言，在理论构型的基础上衍生出详细的拆解与落实步骤，形成一套可落地、可应用的方法策略，并能在已有理论的基础上，搭建起支持课程与教学的脚手架，最终促进批判性思维这一概念从理论构型真正走向课程与教学实践。

一、课程与教学领域的批判性思维研究

从整体研究趋势来看，课程与教学领域中的批判性思维的相关研究有其历史的渊源，并在 21 世纪有了新的发展。虽然以美国为代表的西方国家因其批判性思维研究起步早、历时长、发展迅速，成为批判性思维理论和实践研究中的重要力量，但是目前已有越来越多的国家和地区开始关注批判

性思维研究,并推动了多元化、深层次、系统化的研究体系的形成。

20 世纪 70 年代,美国教育家对美国国内教育模式所存在的缺陷的警觉引发了一场批判性思维运动,这场运动使得教育学家不得不重新审视课程设计和考试模式的合理性与科学性。先是在高等教育中出现了教学生"如何思考"的课程,其后则是在全美成立了批判性思维学会(缪四平,2007)。

20 世纪 80 年代末,以美国学者彼得·法乔恩(Peter Facione)为主的研究团队发布了《德尔菲报告》。这份报告对批判性思维的定义是:"我们把思辨能力理解为有目的的、基于自我调节的判断,它建立在对证据、概念、方法、标准或背景等因素的阐释、分析、评价、推理与解释之上。"(Facione,1990)《德尔菲报告》中关于批判性思维的定义表明了其具有认知技能、情感特质两个维度,认知技能包括 6 个因素,情感特质包括 12 项表征(Facione,2004)。该报告据此提出了批判性思维的双维结构模型。也就是说,在以批判性思维为核心的课程与教学中也要实现整合理智与情感的学习。批判性思维并非仅仅关于学习者的认知能力的发展,更意味着如果学习者能够找出所学内容和个人情感与价值之间的联系,其学习和思考的潜能会得到更多的激发(理查德·保罗等,2013:11-13)。当理智与情感无法实现整合时,学习者将看不到内容的价值,从而使学习和教学变成一门苦差事,使批判性思维活动成为一个疏远的仪式。因此,整合理智和情感的学习的关键点在于能够在课堂所学和生活中所见的事物之间建立紧密的情感联结。这一模型融入了认知心理学的概念,为我们在课程与教学中培养并提升学生的批判性思维提供了较为明晰的理论框架。

在美国发布的《德尔菲报告》关于"批判性思维"的专家共识定义框架下,理查德·保罗等学者提出了 35 层级思辨能力指标体系(35 dimensions of critical thought),本杰明·布鲁姆(Benjamin Bloom)和洛林·安德森(Lorin Anderson)等学者提出了认知分层理论,理查德·保罗和琳达·埃尔德(Linda Elder)在他们长期研究的基础上提出了思辨理论框架和思辨能力训练模型,包括 8 项思维要素、9 项普遍思辨标准和 8 项思维品质。这一整套批判性思维理论与训练模型系统地体现在他们共同署名出版的一套"思想者指南系列丛书"(Thinker's Guide Library,由外语教学与研究出版社 2016 年原版引进)中。该丛书共有 21 册,其中"基础篇"6 册、"大众篇"7 册、"教学篇"8 册,被美国中小学、高等学校乃至公司和政府部门普遍用于教学、培训和人才选拔中(Richard 等,1998),也被介绍到美国以外的其他国家,得到更为广泛的使用。

随着研究的深入,对批判性思维的探讨已经从早期的多元定义逐步深入到理论建构,以及课堂教学中的实践应用层面。尤其是 21 世纪以来,课程与教学领域关于批判性思维培养的研究更为聚焦、深入并出现了实践转向。

第一,从多学科视角探讨批判性思维在教育教学中的功能与作用。相关研究从教育水平和学习者的学习经历出发,研究并发现更高的教育水平和更好的学习经历对批判性思维的培养有正向作用。如 Pascarella 等(1996)发现,当其他条件相似时,全日制大学生批判性思维的测评结果要好于未读大学的学生,学生在大学里有越多的学术经历,其批判性思维的净增长就越多。张青根等(2018)也提出了相似的观点,认为研究型大学学生的批判性思维得分显著高于地方本科大学学生,年级和学科差异显著。不仅如此,夏欢欢等(2017)基于认识论信念视角,发现学校、年级和自我发展阶段等对批判性思维发展有显著的影响。此外,与教师的交流渠道、有益的学业反馈、多角度寻找论据等教学方式均会影响学生批判性思维的养成(Kim 等,2011)。还有很多研究跳出教育学视角,从心理学、经济学、技术发展等角度探寻影响批判性思维培养的因素。如吴永源等(2021)认为,家庭资本结构能够有效预测本科生的批判性思维能力,即阶层之间表层的资本区隔已经转变为深层的能力区隔。也有不少学者将着眼点放在了信息技术发展上,如毕景刚等(2019)指出技术能够促进学生批判性思维发展,并详细解析了其中的教学机理。批判性思维的培养受各方面因素的影响,批判性思维的发展和培养与学习经历、教育水平息息相关,具有较好的学习经历和较高的教育水平的个体一定程度上会生发更高水平的批判性思维。

第二,关于批判性思维培养模式的研究。研究者普遍将批判性思维的培养模式分为独立式与整合式。独立式就是开设独立的批判性思维课程。保罗·科斯塔(Paul Costa)在其《开发智力》(*Developing Minds*)一书中就总结列举了 15 种这样的课程。以哲学教育家马修·李普曼(Matthew Lipman)、心理学家罗伯特·斯滕伯格(Robert Sternberg)为代表的很多学者都主张批判性思维课程的独立化。整合式是将批判性思维的教学目标加入传统的学校课程,也就是在特定背景和相关学科专业知识的学习过程中在特定领域发展学习者的批判性思维,这几乎可以在任何学科中进行。如 Paul 等(2005)指出,学习生物学就应该在生物学科进行思考,学习社会学就应该在社会学领域进行思考,体现出特定学科领域对批判性思维培养的重要意义。在实践研究领域,有相当多的研究者从学科教学尤其是语文、历史、数学、科学等学科教学的角度,探讨批判性思维的养成。也有学者将独立式与整合式的培养模式相结合,提出了综合课程的培养模式。综合课程将独立的思维技能教学与常规课程中的思维教学结合起来,使批判性思维的培养获得了更大的效益(陈振华,2014)。

第三,关于批判性思维培养的教学方法与策略的研究。罗伯特·恩尼斯将批判性思维培养的方法与策略分为 4 种,即一般教学法、融入式教学法、沉浸式教学法和混合式教学法(Ennis,1981)。钟启泉(2020)对批判性思维教学的相关原理和技术进行了探究。谷振诣等(2006)明确了批判性思维的训练程序,尤其是对批判性思维训练的技术与方法(如论证的基础、评估的技术和方法)进行了系统的介绍。黄艺婷等(2019)探讨了"历史—探究"教学模式在学生批判性思维培养中的应用。OECD 总结并探索了 11 种具有代表性的特色教学方法,这些方法与 OECD 关于创造力和批判性思维的标准一致,可以启发学校和教师在数学、科学、视觉艺术、音乐及跨学科项目中培养学生的创造力与批判性思维。这 11 种方法是:创造性伙伴(creative partnerships)、设计思维(design thinking)、对话教学(dialogic teaching)、元认知教学(metacognitive pedagogy)、现代乐队运动(modern band movement)、蒙台梭利教学法(Montessori)、奥尔夫教学法(Orff-Schulwerk)、项目式学习(project-based learning)、研究性学习(research-based learning)、工作室思考(studio thinking)、艺术行为教学(teaching for artistic behavior)。这些方法已被 OECD 的成员方广泛应用于具体的教学领域(Vincent-Lancrin 等,2019)。由此可见,课程与教学领域关于学生批判性思维培养的研究已经逐步深入学科教学和课堂教学策略的具体层面,为更好地培养学生的批判性思维提供了经验和借鉴。

二、从概念理解到教学框架:搭建实践的脚手架

为了推动批判性思维培养的教学转化,很多国家以及国际组织开始探索培养批判性思维的教学模型或框架,也就是将批判性思维的核心内涵分解为可以运用在教学过程中的核心过程、关键维度和具体教学标准,从课程教学的角度去理解批判性思维在课程教学实践活动中究竟意味着什么,如何学习以及怎样去学。本部分以经合组织教育研究和创新中心(CERI)开发的一套关于批判性思维的通用教学标准,以及澳大利亚教育研究委员会(Australian Council for Educational Research,ACER)开发的旨在服务于批判性思维教学和评估的内容框架为例,探讨批判性思维如何转化为教学与评估的可操作性框架,并与具体的教学计划和学科领域的学习相结合,为批判性思维嵌入学生的学习与发展提供可行的框架与合适的应用环境。

(一)经合组织教育研究和创新中心关于批判性思维的通用教学标准

从现实应用的角度出发,开发一套关于批判性思维的通用教学标准,是批判性思维实现实践转化的重要基础。CERI 与来自 11 个拥有不同文化背景和教育系统的国家的学校及教师开展合作,通过建立批判性思维的教学标准及框架,明确了究竟什么是批判性思维、教授批判性思维的关键因素是

什么、如何将批判性思维概念框架拆解为可落地的教学过程、什么样的教学方法和原则能够为教师提供帮助等关键问题，从而搭建批判性思维教学实践的脚手架。CERI 提出了一整套培养批判性思维的通用性框架，同时赋予不同国家和地区灵活调整的空间，鼓励其结合自身课程设计更为详细的课程计划和量规，发展子技能。基于这一通用性教学标准框架，可以深入解析面向未来的批判性思维教学的发展方向。

1. 批判性思维的核心内涵

关于批判性思维的理论定义，学术界已有非常丰富的研究，CERI 对多方理论定义加以分析和总结，认为批判性思维的主要目的是通过质疑和换位思考的过程来评估一个陈述、理论或想法的合理性和适切性，这反过来可能会产生一个新颖的陈述或理论，也有可能不会产生。因此，批判性思维培养最重要的目的并非人们通常认为的挑战传统和形成独特且区别于先前观点的立场，而是对不同观点和理念的检查与评估。换言之，批判性思维不仅局限于在特定的理论、范式或学科中经过反思思考过程后找到正确或适当的解决方案，有时它还涉及能够并愿意挑战理论、范式或公认知识的核心假设，保持一个认识到所有的理论或观点其实都有可能是未经证实的"假设"的态度，了解可能存在的局限性和偏见，避免"快速思考"产生的经验感知所带来的快速、不合理的判断。

因此，对于批判性思维培养最终产生的结果而言，它不需要把问题引向对立面，其教学结果并不一定是以批判的方式结束，只要结合了理性思考和全面考察，是对相对于其他人的想法、陈述和行动的仔细评估，再通过对不同的观点和理念的检查与评估，传统的立场也极有可能是最合适的，批判性思维产生的结果也有可能是常规的。

在这个概念框架下，批判性思维是一个缓慢的思维过程，并能通过图示具象展示批判性思维的概念框架，包括理解问题、探索边界、问题假设、想象新视角、识别弱点、判断解决方法、承认局限、思考替代方案等 8 个具体过程。将抽象的批判性思维具象为不同的运作阶段，这不是思考时的某一个环节,而是从理解问题到最终解决问题的一个完整连贯的过程。它不局限于在反思之后找到正确或适当的解决方案,而是强调形成愿意挑战理论、范式或公认的知识的态度,认识到所有的理论都可能有未经证实的"假设"——因此可能存在局限性和偏见,并能够评估它们可能的优势和劣势。因此,除了理性或逻辑思维,批判性思维在教学实践过程中还包括两个重要方面:第一,承认多种观点(或挑战给定观点的可能性);第二,找出某个观点存在的限制和偏见,即使它看起来优于所有其他观点。

2. 批判性思维的理论框架

CERI 在具象化的概念框架的基础上开发了适用于教学情境的批判性思维的概念框架(Vincent-Lancrin 等,2019)(见表 4-1)。该框架进一步概括了批判性思维发展的 8 个具体过程,同时将统一的批判性思维教学拆解成可理解、可应用的 4 个方面,即探究、想象、行动和反思。

表 4-1　两种情境下的批判性思维概念框架

情境		探究	想象	行动	反思
综合情境	理解问题的情境/框架和问题的边界;鉴别和质疑假设、查验事实和解释的准确性、分析知识间的差距	识别和回顾替代性理论/观点,并比较或想象问题的不同观点;明确证据、论点、主张和信念的优缺点	根据逻辑、伦理或审美标准证明解决方案或推理的合理性	评估并承认解决方案或立场的不确定性或局限性;反思自己的观点与其他观点相比可能存在的偏见
课堂情境	识别和质疑普遍接受的假设、想法或做法	考虑基于不同假设的问题的几种观点	根据逻辑、伦理或美学标准解释产品、解决方案或理论的优势和局限性	相对于可能的替代方案,反思所选择的解决方法和立场

探究。探究即确定和理解问题，包括确定问题的边界、理解什么问题究竟以何种方式提出、检查相关的解决方案或陈述是否基于不准确的事实或推理，并识别差距。

想象。想象在批判性思维中扮演着重要角色，任何思考，但凡是心理阐述的过程，都涉及一定程度的想象。在更高的层次上，想象还包括识别和回顾不同的、相互博弈的世界观、理论和假设，以便从多个角度考虑问题，更好地识别所提出的证据、论点和假设的优缺点。

行动。批判性思考意味着理性地论证和证明自己或他人立场的能力，其行动的产物是一个人对问题的立场或解决方案（或对他人立场或解决方案的判断）。这包括能够生成良好的推断，保持看待不同问题解决方式之间的平衡，从而认识到它的复杂性。

反思。一个人认为自己的立场或思维方式优于某些选择，也许只是因为它包含了更广泛的观点或更好地得到现有证据的支持，其仍然存在局限性和不确定性，需要进行自我反思。因此，反思不仅意味着对于通过前面3个步骤所产生的结论的思考与反省，还要求对其他的观点保持一定程度的谦逊和开放态度。

同时，为了适应教学中的不同情境，该概念框架衍生出两个版本，分别适用于综合情境和课堂情境。在具体的教学实践过程中，教师可以根据个人能力和习惯选择细化的综合情境框架进一步规范教学行为，也可以选择概括要点的课堂情境框架为教学设计留出相对自由的发挥空间。表 4-2 以科学、数学和语言艺术等具体学科中课堂教学的标准为例，具体讨论批判性思维的子技能维度在具体的学科领域所要达到的发展水平。

这一框架同具体的学科相整合，就使得批判性思维在具体的学科实践中有了可以依托的框架和规范。不仅如此，CERI 还开发了批判性思维的评估规则（class-friendly assessment rubric）（见表 4-3），这一标准不是要评估专门的"批判性思维"的活动或练习的水平或程度，而是评估任何活动或练习，只要这些活动或练习有发展学习者批判性思维的空间。其中"产品"

指的是看得见的学生最终作品（例如对一个问题的回答、一篇论文、一场表演等人工制品）。这些标准旨在评估学生的工作——即使评估者没有观察到学习过程或没有完全将之记录下来。"过程"是指由教师观察或由学生记录的学习和生产过程。这个过程在最终的产品中可能并不完全可见，因为过程的一些中间想法或内容可能不会在最终的学生作业中体现出来。通常，过程可能比产品表现出更大程度的技能获取。1—4级对应一个连续体。1级水平反映的是个体很少努力去练习批判性思维，无论其是否满足完成某个任务的技能要求；4级水平反映的是高水平的批判性思维和技术掌握程度。

表 4-2　具体学科领域批判性思维培养的课堂教学标准

学科	探究	想象	行动	反思
科学	识别和质疑假设以及一种普遍接受的科学观念或对问题的解释或解决方法	考虑一个科学问题的多个方面	基于逻辑和其他可能的标准（如实践、伦理等）解释一个科学解决方案的优点和局限性	相对于可能的替代方案反思所选择的科学方法或解决方案
数学	识别和质疑假设以及提出或解决一种数学问题的普遍接受的方法	考虑处理一个数学问题的多种视角	基于逻辑和其他可能的标准解释提出或解决一个数学问题不同方法的优点和局限性	相对于可能的替代方案反思选择的数学方法和解决方案
语言艺术	识别给定文本的文体选择和实质内容的选择，以及它对读者产生的影响	从多个实质性内容或体裁的视角来考察一个给定文本或文本的写作	根据文体和实质内容的标准解释某一文本的优点和局限性	思考不同的写作或解释一个给定文本的方法

表 4-3　CERI 开发的批判性思维评估规则

类别	水平 4：杰出	水平 3：优秀	水平 2：凸显	水平 1：休眠
产品	学生的作品 ①对一个明确阐述的问题提出具体的个人立场； ②将该立场与学科内外的其他理论或观点联系起来； ③用充分的证据证明自己的立场； ④承认所选立场的假设和限制	学生的作品 ①对一个明确阐述的问题提出个人立场； ②将该立场与学科内外的另一种理论或观点联系起来； ③用一些证据证明自己的立场； ④承认所选立场的假设	学生的作品 ①对未明确表述的问题提出立场； ②将该立场与学科内的另一种理论或观点联系起来； ③几乎不提供证据，或只最低限度地承认所选立场的假设和限制	学生的作品 ①对一个问题提出一个普遍接受的立场； ②用有力的证据证明它是正当的，但是未能质疑自己的假设或考虑问题的其他可能的角度
过程	工作过程： ①考虑形成和回答问题的几种方法； ②挑战关于这个问题的几个常见立场或观点； ③对所选和备选立场的优势和局限性有清晰的理解； ④对他人的想法、批评或反馈持开放态度	工作过程： ①考虑采用另一种方法来确定和回答问题； ②挑战关于问题的一个共同立场或观点； ③对所追求的个人创新或风险有清晰的认识	工作过程： ①愿意跳出最初的方式来确定和回答问题，但是不能明确提出所探究的理论或实践的假设或它们的优缺点	工作过程： ①除了最普遍接受的立场或理论，很少愿意探索其他立场或理论； ②不愿意质疑所选立场的假设、理论或实践

3. 批判性思维教学的 8 项原则

尽管教师通过具象化的图示和拆解为 4 个阶段的批判性思维子技能已经加深了对批判性思维的理解，能够将抽象的批判性思维转化为具体的教学实践过程，但是早期的阶段性反馈清楚地表明许多教师仍然无法将自己的理解转化为令人信服的教学设计，概念性框架也不足以帮助教师完成复杂的任务。为了应对这一挑战，进一步为教师提供帮助，CERI 提出了一套涵盖 8 项教学设计原则的标准（见表 4-4）。

表 4-4　批判性思维教学的 8 项原则

序号	教学原则	具体内容
1	激发学生的学习兴趣	通常以一个大的问题或不同寻常的活动开始,使学生处于不寻常或意想不到的情境中; 随着活动的展开会多次返回这些最初的问题,通过问题激发学生的好奇心和参与度
2	充满挑战	学生缺乏参与是因为学习目标或活动缺乏挑战性; 任务应该具有足够的挑战性,但不能太难,应充分匹配学生的年龄和成熟度
3	在一个或多个领域发展明确的技术知识	活动应包括陈述性知识和程序性知识(技术知识)的习得与实践
4	包括产品(结果)的发展过程	学习过程和产出结果应可视化,教师和学生也应该关注并尽可能记录学习过程
5	学生共同设计作品或解决方案	学生在完成任务时有一定的自主权,应提供开放性的空间让学生发挥; 结果的产出在原则上不应该是千篇一律的,应反映各种可能性
6	从不同角度看待和解决问题	应提出开放式问题和探索性任务,为获得有效答案留出空间; 应设计具有多个有效解决方案的问题,可以用不同的技术方法解决问题
7	保留意外发生的空间	学生和老师不必知道所有答案; 最普遍采用的技术/解决方案可能需要教授和学习,但鼓励学生探索意想不到的答案,并强调开放理念
8	给学生反思和给予/接受反馈的空间与时间	允许学生及时查看、发表评论,即注重形成性反馈和结果性反馈

　　这 8 项原则的提出参考了学习者参与动机、认知激活、自我调节、形成性评价等相关的学习科学理论,与当下的一些有效学习原则和理论保持一致。在原有拆分的批判性思维教学子技能的基础上,这 8 项原则定义了常见的课堂教学活动,包括课堂作业、学生讨论、知识讲解等,为教师的教学设计提供了一套可以遵循的理念。它虽然只是概括性和列举式的,但为教师设计课堂教学提供了指导方法,可以作为教师检验教学设计与概念框架一致性的标准。

(二)澳大利亚教育研究委员会的批判性思维教学框架

ACER 的批判性思维框架(Heard 等,2020)旨在应对批判性思维的教学与评估所面临的挑战。也就是说,这个框架是从课堂教学应用的角度出发,将批判性思维描述为一套可以在课堂实践中操作的普遍适用的技能。这种技能可以用一种基于跨学科应用的一般化的方式来描述和理解。批判性思维作为认知过程,是目标导向和目的驱动的。这个目的可以是解决一个问题、支持一个理论或陈述、进行一个实验、形成一个论点、提出一个解释、开展一次批评,也可以是更好地理解一个主题、决定一个行动的过程、验证所提出的技能假设等。批判性思维不是简单的反思思维,它也是应用性和生成式的。

1.批判性思维的核心内涵

正是在这样的认识前提下,ACER 对批判性思维框架界定如下:根据适当的标准,分析和评价信息、推理和情境,以构建健全和有洞察力的新知识、理解、假设和信念。批判性思维要求个体具备对信息进行处理和综合的能力,以做出明智的决策和有效地解决问题。

值得一提的是,ACER 的批判性思维框架有一个根本的前提假设:虽然在批判性思维的定义中,我们能够区分潜在的抽象技能——至少包括推理和评价的能力、分析能力、解释能力以及自我调节的能力等,但是在真正的批判性思维任务的执行过程中,在我们自然的、日常使用的批判性思维中,这些技能在实践中会同时或几乎同时运行,而不是分开或孤立使用的。例如,在实践中,我们评估一个论点是阅读、听力、口译、分析和推理等技能近乎同步运用的结果,同时,我们会根据相关标准不断地对评估活动进行判断,并监测和纠正自己的评价。此外,"分析""自我调节"或"评估"在所有应用情境中不一定是相同的技能。能够评估信息来源的可靠性与能够评估一个论点的逻辑性或一个人在一个决定中所作的选择是不同的,也就是说,在功能上,相同的抽象技能在不同的应用中表现为不同的技能。

2.批判性思维的理论框架

正是因为如此,ACER 的批判性思维框架并不是按照具体的批判性思维的技能或能力的分类来建构的,而是基于不同应用情境对批判性思维的核心维度进行了划分,具体包括知识构建、评估推理和决策3个方面。这也构成了ACER批判性思维框架的第一层次,即批判性思维的3条主线维度(核心要素),是构建批判性思维评估所涉及的技能和知识的总体概念范畴。这个框架中的第二个层次就是具体的内容维度,指的是每一个主线维度中的具体内容范畴,每个内容维度都包含一组关涉批判性思维能力发展的要素,即知识、技能和理解(见图4-1)。

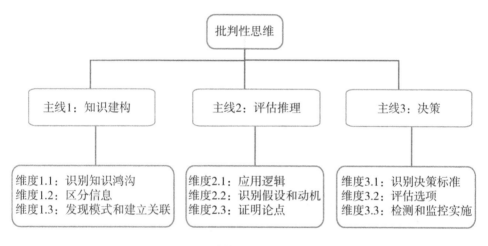

图4-1　ACER的批判性思维技能发展框架

知识建构涉及对信息进行反思和评估,是准确理解信息所必需的。它包括确定我们知道什么和我们需要知道什么,什么信息可能是可信的、有用的和可靠的,以及如何最好地组织它来从中获得意义解释。知识建构的批判性思维的应用过程可能会包含一些具体的且同步的思维过程和具体的批判性思维的技能。其中识别知识鸿沟是指辨别一个人需要什么信息或证据来知道或相信某事,理解一个问题,或处理一个任务。它包括分析和评估一个人已经知道的东西,并认识到一个人可能不具备所需的全部信息,甚至是承认自己理解中可能存在的缺陷。它还涉及一种倾向,即考虑(如果不一定包括)不同来源的信息或不同观点,以弥合理解上的差距,更全面地了解情况或问题。为了批判性地思考其内容,它需要通过应用标准来评估并区分信息，这就需要鉴别信息和证据、区分事实与意见，确定为某一特定主张提供证据的强度，并区分对自己的目的直接有用的信息与无效的信息。而发现模式和建立关联，是指对数据、证据、陈述、问题、概念、意见和其他表现形式等信息进行反思和组织，以便从中创造和构建意义的行为。

评估推理是指识别论点、科学理论、陈述、证明和其他观点表述的有效性所需要的思维。它包括分析和评估口头表述的论点、命题集和其他非口头的信息及关系表征，以识别支撑结论或真理主张的前提，判断得出结论的逻辑，并确保自己的论点或表述是完善的。推理本身可以表现为多种形式，如语言的、空间的、抽象的、数字的、机械的、算法的和图形的。在复杂的解决问题的环境中工作时，可能会出现各种各样的推理表征。其中，应用逻辑包括能够通过一组命题、规则、条件、陈述和前提进行推理，从而得出一个真实或有效的结论；识别假设和动机意味着批判性思维还需要识别和评估在自己或别人的推理中运行的未呈现的元素的能力。它包括确定某些结论的依据或假设、这些假设是什么以及是否合理，以便识别可能支配提出的推理路线的偏见，以及可能激发这些偏见的价值或信念。证明论点的能力包括阐述自己的观点，通过证据和合理的推理来支持自己的主张、观点，并避免自己在推理中的偏见。它还要求一种能力——既准确又有逻辑地预测一个人提出的建议的后果，包括反驳对立论点的能力，但也要承认其潜在的局限性。

决策虽然与解决问题有关，但决策的独特之处在于，它只需要解决问题的分析和评估方面，而不是生成性或创造性方面。决策这一核心要素包括确定决策标准、评估选项、检测和监控实施几个方面。首先，为了做出有效的决策，人们应该了解需要做出决策的问题或情况，以便得出判断决策的标准；其次，在建立或被给予判断可能结论的标准之后，分析和评估每一种可能行动的优势和局限性的能力是决策的基础，也是应用批判性思维的具体方面；最后，在做出一个决定或得出一个结论之后，给出一个合理的理论解释，批判性思考者通过监测其实际影响来测试其决定的有效性，并在公平和客观分析的基础上，重新评估决策或结论，在可能的情况下做出调整。

3. 批判性思维发展的水平层级

为了进一步使 ACER 的批判性思维框架具有实用价值，研究者特别开发了评估批判性思维技能的发展水平的框架，也就是通过具体的教学和干预，测量并提高学习者在批判性思维具体维度方面的成长。这些技能发展水平的重点是评估和监测学习者随着时间的推移在批判性思维的具体维度方面的成长，并强调相同年龄和同一年的学习者在学习和发展中可能处于非常不同的水平点。这个关于批判性思维发展水平的评估框架，既提供了关于学习者在评估时的理解情况的信息，也为监测学习者的长期进步提供了基础。

该水平框架在批判性思维框架三条主线维度下设的 9 个具体内容维度的每一个维度都给出了低水平、中水平和高水平的 3 种评估标准。技能发展水平旨在支持对技能及其发展方式的理解。学校教师可以结合这个发展水平层次的框架考察学习者在一般情境下和特定学习领域的水平发展，使教学进展的监督有所依据。水平框架不仅可以帮助我们检测学习者批判性思维发展的进展水平，也可以比较高度熟练的批判性思考者与不熟练的批判性思考者之间的差异，还可以帮助教师确定具体学习领域的差距，判断在哪些方面学习者可能需要进一步的帮助，因为具体的技能水平的应用还要取决于技能应用的情境。例如，学习者在一个学习领域的应用水平不一定会均等地迁移到另一个学习领域。这一部分，我们就以第 3 个主线维度即决策中的 3 个内容维度为例（见表 4-5），了解不同技能发展水平的具体要求。

从 CERI 和 AECR 对于批判性思维的教学及评估框架的搭建来看，批判性思维要同更具体的课程、教学与评估的要求结合起来，既面向学习者通用的批判性思维能力的发展，也兼顾在具体学科领域的应用情境中的差异化表现，为批判性思维的教学转化提供中介理论以及脚手架支持。

表 4-5 批判性思维技能发展水平维度 3:决策

水平	维度 3.1:识别决策标准	维度 3.2:评估选项	维度 3.3:检测和监控实施
高	学习者为给定问题情境中的决策识别多元标准,跨越各种不同的、潜在竞争的标准类别(如时间、成本、影响、有效性、可获得性、能力等)进行选择	学习者根据所有确定的标准来评估每个选项。他们可以识别和比较多个选择的利弊,以确定哪个将达到——或最有可能达到——最期望的结果,并最满足优先级的标准	学习者采用公平合理的方法来评价一项决定的成功程度。学习者可以识别哪些条件需要调整以获得更好的结果
中	学习者识别几个标准,根据这些标准在给定的问题背景下做出决定或结论。他们可以证明他们选择的最重要的标准是正确的	学习者评估每个选项,并确定哪些选项最符合每个标准。他们可以确定给定的选项是否满足任何标准。学习者能够识别解决方案的优点和局限性,具体到这些解决方案的特点或结果	学习者可以通过观察或数据分析来解释一个决定是否会导致预期或预期的结果。他们可以为期望或预期的结果为何没有实现找到合理的解释
低	学习者产生一个简单的标准来证明他们的决定。他们可以从提供的范围中确定适当的单一标准,根据该标准在问题情境中做出决策	学习者根据一个给定的、单一的标准,对解决方案进行从好到坏的排序。他们选择一个合适的解决方案或满足单一标准的简单结论。学习者可以在一般水平上识别一个解决方案的似是而非的优势和/或局限性(即对解决方案具有有限的特殊性)	学习者通过数据或对正在实施的决策的观察,正确地识别是否达到了期望的结果

第三节　批判性思维培养视域下的课程设计趋势与特征

在中小学和大学推动批判性思维同学校课程与教学的整合，是一种面向未来的课程与学习变革的必然选择。但是，仍然有很多的教育工作者担心，强调诸如批判性思维这些通用性的技能会牺牲主题知识学习，将致力于内容的教学和培养批判性思维乃至更多通用能力发展的教学对立起来；又或者担心致力于培养批判性思维等高阶思维的教学方法太耗时，难以适应时间和空间都具有高度计划性的常规课堂教学。我们有必要打破这种认识的误区，在知识学习和技能进展之间实现更有机的整合，理解它们不是相互竞争的学习目标，而是未来学习发展和变革的一种新的平衡。

一、贴合学习者生活：整合理智和情感的批判性思维教学

批判性思维不仅只是学习者的认知技能，更包括学习者思维情感的倾向性，从一个更为整合、平衡的视角关注批判性思维的发展，对于建构批判性思维融合的课程与教学具有重要的意义。从某种意义上讲，批判性思维的发展取决于个人对于思维的调动。人们如果不主动利用和锻炼它，批判性思维也将不复存在。从长远的角度来看，在我们获取那些认为重要并在情感上接纳的知识时，我们会积极地决定何时何地并以何种方式进行学习以掌握内容，从而调动批判性思维，建构自身的思维模式。因此，教学环节的一个关键点是教学材料要考虑学习者已有的经验和知识，要考虑学生的家庭、社区和文化经验，学生生活中的重要问题和任务，学生加工处理知识的方式，以充分调动学习的动机，让学生获得有意义的应用性的知识（周加仙，2002），从而在新的学习基础上扩大和修正原有的知识，帮助学生将所学

知识与自身背景联系起来，为参与真实的社会生活做好准备。

以 OECD 的"资源有限的世界"（A world of limited resources）这一课程为例，它虽然是关于小学数学课程的设计，但是融入了真实世界中存在的值得探讨的分配问题，要求学生应用数学推理来讨论如何公平和准确地分享有限的资源。首先，学生们分成小组，考虑如何在学校社区中公平分配学校所获取的财政资源。这项任务包括讨论公平分配的不同标准，并使用数学运算和工具，如除法、分数和百分比。在第二个场景中，老师要求学生使用配给的食物、特定的数学知识领域和解决问题的技能，将学校操场划分给不同的年龄组。除了数学推理，第二阶段要求学生考虑如何根据学生人数和他们在不同年龄组的分布来测量和划分操场区域。在这个活动中，学生的创造力和批判性思维都得到了培养。学生们在寻求解决现实生活中与他们所处环境相关的问题的方法时发展他们的创造力，并在考虑替代解决方案的相对优点时进行批判性思考，因为这个问题没有一个单一的有效答案。最后，该活动也强调学生发展数学知识，他们需要学习和应用各种测量及计算方法，以支撑问题的解决（Vincent-Lancrin，2019）。

可见，让批判性思维的培养超越认知技能或能力的发展，超越能力训练本身，而走进日常生活、真实情境和现实问题解决过程，帮助学生在更为综合的学习情境下既发展知识技能、认知理解，也获得情感意志品格的浸润，是面向批判性思维提升的课程与教学变革的一种共同趋势。正如内尔·诺丁斯（Nel Noddings）所提醒的，这些课程应该有助于学生相信批判性思维能够富有成效地应用于自己生活中的重要问题；也正是在这个意义上，批判性思维并不是抽象于生活本身的一种公式化的技能或思维策略，而是针对生活本身，旨在激发学生对世界、对人类居于其中的场所产生疑惑、敬畏和欣赏之情（内尔·诺丁斯，2015）。

二、摒弃灌输式教学：注重批判性思维培养中的提问与对话

答案不能推动思维的发展，真正能推动思维发展的是问题。问题是批

判性思维发展的驱动力量（理查德·保罗等，2013：11-13）。设计培养批判性思维的课程的目的不是向学生灌输事实、数据、定义和公式，造就一个"会走路的百科全书"，而是让学生在掌握知识的基础上，获得某一领域中建构知识、运用知识和交流知识的关键概念与策略。因此，要创设良好的培养批判性思维的课堂气氛，积极建构课堂上的提问与对话的过程，特别是要创造一个个体在向别人的观点和理由发起挑战时感到安全和舒适的环境。在这样的氛围中，学生在设计的提问引导下表达的想法必须被认真和公平地处理，教师和其他伙伴需要不断地提出进一步的问题帮助学生以及整个课堂有序地思考，真正促使学生在相互尊重和互相提问、发起挑战的批判性思维环境中掌握解决真实任务时所需要的视角、方法概念和工具。

在实际教学的过程中，问题的提出也有不同的类型划分，指向不同程度的批判性思维的发展。理查德·保罗将其分为基于事实的单体系问题、基于偏好和主观观点的无体系问题和基于判断的多体系问题。作为批判性思考者，我们应当尽量避免那些混乱、无头绪、杂乱无章的问题。苏格拉底的对话法、杜威（2001）的解决问题五步法（暗示—问题—假设—推理—检验）的启发式诱导教学以及对话式教学法（不同于演示性教学强调师生、生生对话，对话超越于知识的问答，而更鼓励通过对话完成叙述、解释、分析、推测、探索、评价、讨论、争论，学会倾听同龄人的意见，思考他们在说什么，并学会尊重不同的意见与观点）等不同的教学法，都强调提问、对话与互动。在多样的提问、互动与对话中，学习者不是被动的回应者，而是主动的思考者，教师引导学生透过现象探究本质、通过事实分析原因，并在此过程中发现问题、提出问题，最终探索解决问题的可行性方案。

例如，在小学阶段（7—11 岁）设计的"你相信龙吗"（Do you believe in dragons）这门语言文学课上，学生们将从神话故事中学习、欣赏文学如何帮助人们表达观点、操纵事实和扭曲真相。首先，学生将搜集有关那些看似不可能，但植根于当地文化和民间传说或世界神话（如尼斯湖水怪、雪人/大脚怪、龙和仙女等）中的证据。随后基于这些证据开展讨论，既可以质疑，也可以论证其存在的可能性。最后要求学生根据这些讨论想象他们自己的神话,并创建一个完整的论证来建立对它的信仰。通过叙述、分析、评价、讨论等一系列的对话式交互,学生将逐渐掌握区分事实和观点,以及判断消息的来源与可靠性的技能,在论证神话或怀疑神话的过程中逐步发展批判性思维。

三、强调任务的完整性:培养有连贯逻辑的批判性思维者

在真实世界中,人们面对的议题和任务往往是多元的和复杂的,需要调动多个学科的知识和技能,这不仅涉及单一的批判性思维框架中的某一技能,而且涉及完善且有逻辑的整体思维,是完成真实世界的复杂任务所需要的跨学科思维。因此,批判性思维课程中的真实任务可以有难易之分,但都应该具有整体性。

在设计批判性思维教学时,如果为了对应不同阶段的批判性思维过程而机械性地将整体任务分解为一个个的要素,将技能或事实分解为孤立的片段(即让学生单独练习某一任务情境中的某一要素,最后再把这些独立要素整合成为完整的批判性思维过程),会使学生仍处于掌握批判性思维某个要素的单个技能水平,不会综合运用这些技能去完成整体任务。学会整合批判性思维培养阶段的各个要素也是批判性思维的重要环节。因此,批判性思维的教学设计要关注任务的完整性,在当下挑战性不断增加的现实环境中让学生完成有意义、复杂性的整体任务,逐渐获得驾驭自己思维的能力,提高成就感和自信心,能使批判性思维的培养真正具有意义。

如美国蒙特雷国际研究院实施的批判性问题论坛(Critical Issues Forum,CIF),采用批判性思维课程设计模式,这一论坛面向中学生,目的是提高学生对裁军和防止核扩散问题的意识,培养新一代防止核扩散问题的专家,同时旨在面向全球中学生发展其批判性思考的能力。CIF 自 1997 年开展以来,参与的中学逐年增加,计划项目也不断增加,例如已经实施的"防止核武器扩散""核原料的部署""生化武器"等项目,都是以真实复杂的

整体任务和问题为议题，引发学生对于问题的公开讨论，通过教育唤起青年人国际安全的意识，服务于更和平的未来。

在这个意义上，批判性思维的培养开始日益摆脱传统批判性思维训练中的技能训练的思路，而更多强调在整体任务和真实情境的问题解决中综合性地发展批判性思维，促成批判性思维从分化的技能走向一种更加整合的问题解决的倾向与综合能力。

第五章

面向学生批判性思维培养的课程设计：多元模式与策略

关于如何培养批判性思维，仍然存在广泛的争议，但是从整体上来说，独立开设专门的批判性思维课程，通过特定学科的专项训练如写作、辩论的训练发展批判性思维，以及在跨学科的活动中整合发展批判性思维，都是当下批判性思维培养中较为常见的形态。也正因为如此，关于批判性思维培养的模式及其策略的探索正在不断拓展。一方面，我们打破了过去所认为的批判性思维只有在特定情境或主题中（比如辩论、批判性写作或数学中的逻辑推理）进行学习才能够得到锻炼的观点。批判性思维的培养非常普遍，既可以通过专门的批判性思维的训练项目来实施，也可以有机地融入具体的学科教学或内容教学。另一方面，我们也突破了将批判性思维培养仅仅局限在既定技能或思维能力培养上的认识误区，而是更综合地看待批判性思维的内涵。批判性思维是学生在有意义的思考过程中发展的对于生活价值的积极创造与选择，它不仅是一种思维的理性活动，更是一种完整的参与生活、参与问题解决和参与世界建构的综合能力。在这个意义上，批判性思维的培养并不只是教授批判性的思维，而是一种更完整和综合的教育。正如内尔·诺丁斯所提醒的，"一些批判性思维的方法几乎是公式化的，那么就可能变成另一门课——仅仅学过而已，然后就被弃置一旁，与真实生活不再有联系。如果教授方法太死板，创造性思维也会受损。学生们会掌握一些批判别人论据的技能，但不能投入地建构和支持自己的立场。最危险的是学生可能满足于破坏性的批判，成为技能娴熟但没有情感的旁观者"（内尔·诺丁斯，2015）。

第一节　独立开设:批判性思维培养的传统模式

20 世纪 70 年代开始,一批教育家不满于美国教育现状和模式,致力于解决学生在解决实际问题时思考能力不足的问题,从而推动了批判性思维运动的发展,也推动了以发展批判性思维为直接目标的课程与教学的发展。心理学研究表明,批判性思维是一种独特的思维方式,有着特定的规律、形成机理和推动策略,需要进行有针对性的培养。因此,开发独立的面向批判性思维培养的课程是一种常见的课程培养模式。

无论是马修·李普曼和加雷斯·马修斯(Gareth Matthwes)所倡导的以儿童哲学为代表的培养儿童良好思维习惯和批判性思维的儿童哲学课程,还是理查德·保罗等所倡导的批判性思维的训练方法,以及从中小学到大学阶段开设的批判性思维相关的课程,都是倡导开展独立的批判性思维的课程,目的在于培养和发展学习者的相关思维技能。该类课程确实能够有针对性地培养学生的批判性思维技能,让学生了解批判性思维的原理、技巧和方法。

一、以批判性思维为导向的儿童哲学课程

20 世纪 60 年代,马修·李普曼以儿童哲学为手段,在小学对孩子们进行批判性思维训练,并逐渐形成了儿童哲学课程,重点关注儿童思维技能的提升。儿童哲学课程往往选用与儿童生活或文化贴近的具有批判性思考议题的故事、童话、绘本、寓言等素材,素材中的人物或事件往往能凸显批判性思维的一些思想特质,比如好奇心、探究心、开放性、不盲从、自我反思、自信心等。通过深入探讨并延伸文本所蕴含的意义,由共读者形成圆形或方形的阅读圈,教师居于其间,和学生一样平起平坐,通过阅读、互动和对话,完

成对文本的共同思考，发展儿童的良好的思维能力。

以批判性思维为导向的儿童哲学课程，作为一种相对独立且综合的批判性思维培养课程，其组织与实践的形式也是多种多样的，包括绘本或故事探究、儿童哲学辩论、儿童哲学戏剧游戏建构等，都是建构儿童哲学课程的不同形态。儿童哲学的模式在中国的引介规模也日益扩大，并发展出更加适应本土儿童及其发展需要的课程、教材与教学模式。尤其是面向低幼儿童和小学阶段的儿童群体，机构、学校和地方教育部门都在着力推动儿童哲学课程的中国化，推动儿童思维能力和批判性思维的发展。

二、聚焦系统设计的批判性思维课程

当今世界的信息爆炸乃至信息冗余正使得批判性思维日益重要。社会重视批判性思维，因为它是一种跨学科和可迁移的技能。无论学习者的未来职业选择或人生道路如何，批判性思维总是具有相关性和现实意义。因此，批判性思维进入学校课程系统也成为一种必然。学校系统的批判性思维课程相对于随机设置的批判性思维课程更具有系统性。以澳大利亚新南威尔士州教育部针对阶段 5（9—10 岁）的学习者所设置的批判性思维的选修课程为例，该课程就非常强调批判性思维技能作为学生教育和专业领域取得成功的重要的工具组成，通过为学生提供结构化的课程，鼓励学生思考，并提供广泛的机会让学生将批判性思维课程所学的技能迁移到多个学科。

该批判性思维课程旨在鼓励学习者发展批判性思维技能，并认识到批判性思维的关键方面，目的在于帮助学习者处理在日常生活中遇到的大量和多样的信息。学生可以在阶段 5 选择学习 100 小时或 200 小时的批判性思维课程。其中 100 小时的课程包括两个核心单元和对选定的备选单元进行额外研究，以满足 100 小时的学时要求；200 小时的课程包括两个核心单元和对选定的备选单元进行额外的研究。核心研究主题是按照核心 1 和核心 2 的顺序，加上备选单元来确定的（见表 5-1）。

核心单元包括两个部分，主要向学生介绍批判性思维的基本特征，包括批判性思维与其他思维模式的区别。学生将学习论证的过程，并将其应用于评估主张。学生还将获得实用的研究技能，从各种来源收集信息，并评估其可信度。备选单元则是学生在具体场景中应用他们的批判性思维技能的项目。

表 5-1　批判性思维课程的核心单元与备选单元

单元		内容
核心单元	行动中的批判性思维	①什么是批判性思维？ ②批判性思维的障碍 ③逻辑谬论
	支持批判性思维的研究技能	①批判性思维组合 ②发展研究技能 ③一项深度研究：如何处理错误信息
备选单元		①商业和战争中使用的策略 ②预测未来：我们能有多确定？ ③阴谋论：事实在哪里？ ④体育运动中的策略与创新：通往胜利的道路 ⑤广告：你注意到它们了吗？ ⑥解决今天和未来的问题 ⑦重塑人类思维：人工智能（AI）的未来 ⑧盲目的法官：你被选为陪审员 ⑨学校发展的选择

批判性思维的评估以学生完成相关批判性思维课程模块的学习为前提，为了使学生能够在整个课程期间展示他们的成就和成长，其特别强调通过开放式的、真实性的问题解决任务来评估，学生需要突破给定的信息，凭借有效的证据评估来推理。这种评估强调的是学习者的思考能力和推理能力，而不是形成单一的答案。课程评估中针对教师的建议是：①教师可以广泛使用包括探究性作业和项目，如调查问题和过程的独立研究任务、基于网络的研究任务、媒体档案袋的开发等；②展示，如有准备的和即兴的口头报告、角色扮演、海报、视频或音频等；③辩论；④同伴评估以及自我反思等多样的评估方法。

完成批判性思维选修课后，学生将能够运用批判性思维过程来分析信息和主张的强度及有效性。这些技能对于阶段 6(11—12 岁)的学习是很有价值的。在大多数第六阶段课程中，批判性和创造性思维是一种基本能力。通过运用批判性思维技能，学生能够加深对许多学科的内容和技能的理解。当前，越来越多的中小学也开始开设经过系统设计与安排的批判性思维课程或同批判性思维养成有关的课程项目，为学习者在未来日益变迁的世界中做出审慎的判断、选择与行动做充分的准备。

三、高校指向通识能力培养的批判性思维课程

在高等教育阶段，批判性思维作为学生进行有效交流和问题解决的重要思维能力，也日益受到各个国家通识教育课程体系的关注。从 20 世纪 80 年代开始，批判性思维课程就成为美国乃至很多国家高校学生的必修课程。从 20 世纪 90 年代末开始，我们国家的大学教育也开始关注批判性思维课程的开设。这类课程将批判性思维作为一种通识能力，强调对学生进行有针对性的批判性思维的培养。其训练的重点是传授批判性思维的原理和方法，并将之运用到不同的场景环境，但不过多地涉及具体的学科内容。例如，马里兰大学会在大一新生的"大学导论"课程中开展批判性思维教育，帮助他们适应大学生活与学习。又如，斯坦福商学院开设的批判性思维课程——"批判与分析思维"(CAT)，主要分 3 个阶段，每位学生需要加入 3 个小组(1 个写作组和 2 个辩论组)进入各个阶段的学习。课程共持续 7 周，每周 1 次，每周都有确定的主题，而每周的主题都以真实情境中的问题为突破口，如以唐纳利公司为例，让学生尝试解决商业难题，借此培养学生分析预判和综合管理的能力。

值得一提的是，在大学中开设的独立的批判性思维课程，除了会从哲学视角探讨批判性思维的一些基本原理和规范，作为一种思维训练和技能发展，还会特别强调辩论、批判性阅读或批判性写作的练习。在斯特拉·科特雷尔(Stella Cottrel)撰写的《批判性思维训练手册》(*Critical Thinking*

Skills)一书中，就有大量的篇幅专门探讨论辩、批判性阅读、批判性写作的专题模块。学生能够基于对批判性思维的理解，运用相应的技巧和策略来阅读和写作，并应用到跨学科的情境中，这可以说是大学开设批判性思维课程的一个重要目标。以浙江大学王彦君老师开设的通识课程"批判性思维"为例，课程主体内容就包括批判性阅读、论证与推理、分析和评论论证以及批判性写作，不仅与斯特拉·科特雷尔的面向大学的批判性思维训练的核心内容相契合，而且具有批判性思维技能训练的特征。

然而，独立开设面向批判性思维培养的课程也会存在问题，因为独立开设的面向批判性思维培养的课程往往会缺少联系与应用批判性思维的原理、方法和技巧的机会。这必然导致学生无法真正掌握此项技能，更谈不上在各领域间的迁移运用。而批判性思维倾向和技能要想从一个领域迁移到另一个领域则必须在各种不同的领域内进行大量练习(陈振华，2014)，只进行一般性的批判性思维技能的教学与训练是不可能奏效的。

第二节　学科嵌入：批判性思维培养的融合模式

同学科课程或跨学科课程及活动相互整合，运用相关的内容、活动设计或议题来推进批判性思维的培养与发展，是批判性思维培养的一种重要的组织形态，也是将批判性思维嵌入日常课程教学的一种融合模式。它相对于独立开设的批判性思维课程的建构，更具有灵活性。正如约翰·麦克匹克在《批判性思维与教育》一书中提出的："批判性思维是对问题进行恰当的反思性质疑，而要知道如何以及何时有效地进行这种反思性质疑，首先必须了解所质疑的问题之所属领域。"因此，只有将批判性思维训练和学科教学结合起来，批判性思维的培养才能更加具体化和现实化。从整体上来看，根据融合程度的深浅以及批判性思维培养目标是否明确，可以将学科嵌入式分为浸润式、融合式和跨学科整合3种形式。

一、浸润式：批判性思维目标引领学科课程的设计

浸润式（见图 5-1）主要是以批判性思维作为学校课程目标的重要方面并提供相应的教学标准，它并不明确规定所结合学科课程批判性思维发展的领域目标，而是作为一种上位标准或教学的重要方面对学科课程的目标设定、内容组织、活动安排与评价进行引领和指导，对细致的达成目标、整合机制以及实现方式则没有具体的要求与安排。在这种融合方式下，批判性思维的结构框架及其教学要求是相对独立的体系，对学科课程的教学和活动设计来说，灵活性和自主性更强，特定的学科领域可以根据自己的主题、内容和活动来相对应地发展特定的批判性思维的具体方面。培养批判性思维的要求并非强制性的，而是较为灵活的融合。

图 5-1　批判性思维培养的浸润式模式

以加拿大不列颠哥伦比亚省设计的新课程为例，其特色体现在强调读写和计算基础、本质性学习和核心素养。具体而言，读写和计算基础不再是传统的读写能力，而是包括文本读写素养、数字与金融素养、视觉化素养和数字素养，这些基础素养是贯穿所有课程领域加以实现的。本质性学习强调的是概念为本和素养驱动的学习。核心素养指向思考力（批判性思维、创造性思维）、交流力、个人与社会能力（积极的个人与文化身份认同、个人意识与责任、社会意识与责任）3个方面，与具体的课程素养相关联。其中，批判性思维包括基于推理做出判断（即学生考虑各种选择，使用特定的标准分析各种选择），并得出结论。新课程将批判性思维细分为分析与批评、质疑

与探究、设计与开发、反思与评估 4 个维度,并刻画了 6 个层次的批判性思维能力表现水平。也就是说,在不列颠哥伦比亚省的课程设计中,批判性思维作为一种上位的核心素养的要求,有其具体的框架维度和表现标准。批判性思维培养的这些具体要求是一般性要求,特定学科领域则根据需要在所在学科的课程、活动与主题安排中有机嵌入相关的要求。

此外,澳大利亚在 21 世纪的课程改革中也强调批判性思维和创造性思维是澳大利亚 21 世纪七大通用能力中的重要方面,鼓励采用浸润式的课程设计方式,鼓励将通用能力培养与具体学科有机结合。在澳大利亚的课程设计中,批判性思维和创造性思维的关键思想在学习的连续统一体中被组织成 4 个相互关联的元素,每个元素都有 10 个阶段的递升发展要求(见表 5-2)。

表 5-2　澳大利亚 21 世纪课程改革中批判性思维的四大元素

元素	内容	学生要做什么
探寻、识别、探索、组织信息和想法	这一元素涉及学生的探究技巧。学生提出问题,识别、澄清信息和想法,然后组织和处理信息。他们通过提问来调查、分析想法和问题,理解、评估信息和想法,并从各种来源收集、比较和评估信息	①提出问题; ②识别、澄清信息和想法; ③组织和处理信息
产生想法、可能性和行动	这一元素包括学生产生想法和行动,并考虑及扩大已有的行动和想法。学生通过考虑替代方案、寻找解决方案和将想法付诸行动来想象可能性并将想法联系起来。在寻求解决方案时,他们探索各种情况,产生指导行动的备选方案,并检验、评估各种选择和行动	①想象各种可能性并产生想法; ②考虑选择; ③寻求解决方案并将想法付诸行动
反思思考的过程	这一元素涉及学生反思、调整和解释他们的思维,识别选择、策略和行动背后的思维。学生思考思维的过程(元认知),反思行为和过程,并将知识转移到新的环境中,创造替代方案或开拓可能性。他们运用在一种环境中获得的知识来理解另一种环境	①思考思维的过程(元认知); ②反思行为和过程; ③将知识转移到新的环境中(知识的迁移)
分析、综合、评价推理和程序	这一元素涉及学生分析、综合和评价用于寻找解决方案、评价和证明结果或指导行动课程的推理和程序。学生识别、考虑、评估选择背后的逻辑和推理。他们区分决策和行动的组成部分,并根据标准评估想法、方法和结果	①运用逻辑和推理; ②得出结论并设计行动方案; ③评估程序和结果

澳大利亚 21 世纪课程改革中批判性思维的 4 个元素,每个元素都包括 3 个方面并且每个方面都包括 6 个面向不同年级(涵盖 1—10 年级)的水平阶段,针对不同年级、不同阶段的批判性思维发展有不同的水平要求(见表 5-3 至表 5-6)。

表 5-3　"探寻、识别、探索、组织信息和想法"阶段的要求

发展阶段	阶段 1:1 年级	阶段 2:2 年级	阶段 3:3—4 年级	阶段 4:5—6 年级	阶段 5:7—8 年级	阶段 6:9—10 年级
提出问题	基于个人兴趣和经验提出事实性的问题与探索性的问题	识别和澄清问题,并比较所处世界中的信息	拓展对世界的认识	澄清和解释信息,探究原因和结果	假设并调查复杂的问题	批判性地分析复杂问题和抽象的想法
识别、澄清信息和想法	在讨论或调查的过程中确定并描述熟悉的信息和想法	从原始材料中识别、探索信息和想法	确定主要观点,从各种来源中选择和澄清信息	识别并澄清相关信息,优先考虑想法	在探索具有挑战性的问题时,澄清信息和想法	澄清各种来源的复杂信息和观点
组织和处理信息	从给定的来源收集类似的信息或描述	根据不同来源的相似或相关观点组织信息	收集、比较和区分事实与观点,发现最广泛的信息来源	分析、压缩和合并多个来源的相关信息	根据有效性和相关性等标准,批判性地分析信息和证据	批判性地分析具有独立来源的信息,以分清偏见、确定可靠性

表 5-4　"产生想法、可能性和行动"阶段的要求

发展阶段	阶段 1:1 年级	阶段 2:2 年级	阶段 3:3—4 年级	阶段 4:5—6 年级	阶段 5:7—8 年级	阶段 6:9—10 年级
想象各种可能性并产生想法	运用想象力以新的方式看待或创造事物,并将两件不相似的事物联系起来	在已有知识的基础上,以不熟悉的方式创造想法和可能性	扩展已知的想法,创造新的和有想象力的组合	以多种方式和各种来源将想法结合起来,创造新的可能性	将已知的和新的想法进行比较,以创造实现目标的新方法	采用意象、类比、象征的手法创造和连接复杂的想法

续　表

发展阶段	阶段1：1年级	阶段2：2年级	阶段3：3—4年级	阶段4：5—6年级	阶段5：7—8年级	阶段6：9—10年级
考虑选择	采用替代性或创造性的方法来处理给定的情况或任务	识别和比较创造性的想法，对给定的情况或问题进行广泛的思考	利用创造性的思维策略探索各种情况，提出一系列的替代方案	确定当前方法不奏效的情况，挑战现有的想法，并产生替代性的解决方案	制定替代性方案和创新性的解决方案，调整想法，考虑信息有限或信息相冲突的情况	当环境发生变化时，考虑有创意地进行选择，调整想法
寻求解决方案并将想法付诸行动	预测在特定情况下会发生什么，以及什么时候把想法付诸行动	在将想法付诸行动时，调查各种选择并预测可能的结果	在寻找解决方案和将想法付诸行动时，尝试多种选择	评估和测试解决方案，以确定最有效的解决方案，并将想法付诸行动	预测可能性，并在寻求解决方案和将想法付诸行动时识别和测试结果	在寻求解决方案并将复杂的想法付诸行动时，要考虑各个角度，评估风险或有可能发生的情况，并做出解释

表 5-5　"反思思考的过程"阶段的要求

发展阶段	阶段1：1年级	阶段2：2年级	阶段3：3—4年级	阶段4：5—6年级	阶段5：7—8年级	阶段6：9—10年级
思考思维的过程（元认知）	描述想法并给出原因	描述在特定情况和任务中使用的思维策略	反思、解释和检查用于得出结论的过程	反思所做出的假设，考虑合理的批评，并在必要时调整思维	评估假设，并征求不同的意见	给出理由来支持想法，并指出相反的观点以及个人立场上可能存在的弱点
反思行为和过程	确定思考过程中各步骤的主要元素	概述整个任务的细节和顺序，并将其分成可操作的环节	在调查中确定相关信息，并对其进行细分	识别并证明所做选择背后的想法	评估背后的原因，选择解决一个特定问题的策略	平衡解决一个复杂或模糊问题的理性和非理性部分，以评估证据

101

续　表

发展阶段	阶段1: 1年级	阶段2: 2年级	阶段3: 3—4年级	阶段4: 5—6年级	阶段5: 7—8年级	阶段6: 9—10年级
将知识转移到新的环境中(知识的迁移)	将知识从一个环境连接到另一个环境	从以前的经验中获取信息,形成一个新的想法	在一个环境中传递和应用信息以丰富另一个环境	将从一个环境中获得的知识应用到另一个不相关的环境中,并确定新的含义	在将信息转换到相似或不同的环境时,要明确决策的原因	对知识向新环境的转移进行识别、计划和证明

表 5-6　"分析、综合、评价推理和程序"阶段的要求

发展阶段	阶段1: 1年级	阶段2: 2年级	阶段3: 3—4年级	阶段4: 5—6年级	阶段5: 7—8年级	阶段6: 9—10年级
运用逻辑和推理	找出在特定情况下用来解决问题的思维方式	识别在特定情况下的选择或行动中使用的推理	为特定的结果确定适当的推理和思考策略并加以应用	评估是否有充分的理由和证据来证明某个主张、结论或结果	识别推理中的缺陷和信息中缺失的元素	分析在寻找和应用解决方案以及选择资源时使用的推理方法
得出结论并设计行动方案	分享对可能采取的行动的想法	在提供新资料时,确定备选的行动方针或可能的结论	在选择行动方针或得出结论时,利用先前的知识和证据	在设计一个行动过程时,仔细检查想法或概念,测试结论和调整行动	区分设计的行动方针的各个组成部分,并在得出结论时容忍含糊不清的状况	运用逻辑和抽象思维来分析和整合复杂的信息,为设计行动方案提供依据
评估程序和结果	评估对任务或行动的结果是否感到满意	评估是否已经完成了设定的目标	解释、证明想法和结果	根据给定的标准评估想法、方法、行动过程等的有效性	解释意图和证明想法、方法和行动方针,并根据确定的标准解释预期和意外的结果	评估创意、产品和业绩的有效性,并根据确定的标准实施行动以达到预期的结果

在澳大利亚 21 世纪的课程改革中,批判性思维的 6 个阶段针对不同的年级,根据学生认知发展的阶段性需求,对每个阶段进行设置,每个阶段的发展要求和发展内容是明确对应的,每个阶段都是对上一阶段的延续和提升,在逻辑上和能力要求上是不断进阶的。批判性思维的学科融合在澳大利亚是非常明确的,即在教学内容以及在整个学习领域嵌入批判性和创造性思维的要求,鼓励学生发展更高阶的思维。各个学科可以对标所在领域的不同阶段,有针对性地将批判性思维的培养与学科教学相结合,而在具体的结合机制与实现机制上则体现出灵活性和自主性。

以澳大利亚的历史课程为例,批判性思维在历史探究过程中至关重要,因为历史探究需要具备质疑来源、从不完整的文献中解释过去、利用证据展开辩论、从资源中选择信息并评估其可靠性的能力。以 7 年级的"秦始皇的成就和影响力"历史课程为例,学生们考察了秦始皇的生活、成就和影响,作为他们研究古代中国生活的一部分。在老师和图书管理员的支持下,学生们找到了历史信息的来源,创建了秦始皇生活的时间轴,并写出了他对古代中国的贡献。

在处理历史叙述阶段,学生需要批判性地分析信息和资料的来源,探索具有挑战性的问题。在该阶段,学生通过构建课程活动地图来展开探索。其内容包括:①明确秦始皇一生中的关键事件;②掌握有关的信息资源;③罗列秦始皇对古代中国的贡献;④列举考古学家和历史学家在这方面的工作;⑤将事件按年代排列,创建事件时间轴。这一学习过程要求学生能解释特殊个体在历史群体中的角色及其重要性,需要对特殊个体促成的改变做出解释,描述该转变对社会、个体和群体的影响,从人物所处时代的角度去描述事件及其变化发展,并且以不同的方式解释历史事件及其发展动态。

学生要解释收集到的证据并用这些证据来论证不同版本的历史解释。学生在这个环节着重探讨以下核心问题:①为什么对秦始皇的解释和陈述会随着时间的变化而改变?②如何使用证据来支持我们过去对秦始皇及其所处时代的特定解释和陈述?③证据的性质和可能存在的问题有哪些?它们是如何影响个体和群体做出解释的？在处理历史叙述时，学生需要通过检验有关秦始皇时代的一系列解释和陈述，以及探索过去的一些观念和事件，去发现（产生想法和可能性）历史叙述如何或为何在不同的时期以不同的方式得以发展。学生还需要思考当新的历史证据被发现时，这些证据又如何支持或挑战原有的历史叙述，甚至于重建我们对历史的理解。

从澳大利亚7年级历史课程中可以看出，质疑、分析以及再理解等充分体现了学生对历史这一学科的批判性理解，学生能够通过学科课程的设计识别、描述关键个体、群体、事件和思想，使用历史术语和概念，整合历史资料和信息，并且采用书面或口头的形式进行交流。在这个案例中，批判性思维的4个要素和阶段5的相应要求都得到了一定程度的体现，但是并非一一对应或者严格按照批判性思维的框架来组织的，而是强调在学科内容主题安排的过程中，有机地嵌入批判性思维的相关元素。

由此看来，浸润式的设计模式以批判性思维的明确的结构要求和教学要求为蓝本，对不同学科嵌入相应能力培养的水平阶段也有具体要求，不同学科的教学组织者则在实际的课程设计与具体学科领域的转化方面拥有自主权。在该模式下，融合的方式相对自由与灵活。

二、融合式：批判性思维目标融入学科课程的设计

在融合式的批判性思维导向的课程设计（见图5-2）中，批判性思维的培养结构及其教学要求并不是学科主题、活动或任务的一种外设要求，而是作为学科课程任务设计或活动安排的具体的对标要求。具体学科或学习领域的任务、活动及其主题是实现相应的批判性思维发展目标以及获取相关技能的内容素材。也即，批判性思维发展成为具体学科活动设计的核心目标，明确批判性思维发展目标要优先于设计学科内容。这种融合式的课程设计模式，更强调通过学科任务或活动的推进来达成批判性思维能力中那些具体的、明确的相关能力的发展，整合的方式更紧密，融合的结构化程度更高，要求实现学科教学与批判性思维的精准对接。

图 5-2　批判性思维培养的融合式设计模式

以 OECD 的批判性与创造性思维培养项目为例,该项目采用了相对结构化的和紧密型的融合式设计模式,强调学科课程中批判性思维的对标发展,尤其是使 OECD 关于批判性思维发展的 4 个主要的子维度(探究、想象、行动、反思)在特定学科、特定内容的教学计划中得以体现。也就是说,在学科范围内,融合式的设计模式将批判性思维的教学序列的要素嵌入具体的主题任务和活动设计中,强化了批判性思维的结构框架的学科应用。

以"蒸发冷却"这一科学课程中的主题活动为例(见表 5-7),其呈现了批判性思维的结构框架如何具体而紧密地嵌套于科学课程的专题活动。

该活动展示了如何培养科学创造力和批判性思维,以及如何获取有关分子间力和物质相变过程中的能量转移的科学理念和程序性知识。该科学课程以一个驱动性问题切入,这个问题从学生的生活经验和真实情境出发,即"考虑为什么我们坐在泳池边时,身体湿了会比身体干了更冷"。然后要求学生对他们体验过的这种感受给出一个解释。在整个活动中,学生通过描述、理解和解释蒸发与温度变化现象,掌握了相关的科学概念和术语。在这个学习单元中,学生扮演科学家的角色,进行观察,对观察到的自然现象进行解释,构建和修改模型,并依据科学方法证明自己的推理。在课程计划的框架内,学生对蒸发过程提出若干解释。他们首先根据自己的直觉和之前掌握的知识建立一个简化的现象模型,然后通过一系列实验来测试不同液体的蒸发速率及其与温度变化的相关性。学生将新学习的概念和自己已知的概念之间的关系(如温度变化与蒸发速率的正相关关系)整合起来,建立更加复杂的模型。最后,学生被邀请制作一个基于计算机的模型,他们

表 5-7 "蒸发冷却"科学课程中的批判性思维设计

项目	探究	想象	行动	反思
批判性思维教学要求描述	识别并质疑对问题的科学解释/方法的假设和普遍接受的观点	考虑解决一个科学问题的几个角度	基于逻辑和可能的其他标准(如实践的、伦理的)解释科学问题解决方案的优势和局限性	反思所选择的科学方法或解决方案相对于可能的替代方案的优势
教学计划的实施案例	把寒冷潮湿的经历、感受和科学概念联系起来。确定和质疑观察、测量蒸发与温度变化的方法	基于先验知识和其他可能的解释,生成一个解释冷湿现象的初始模型。做出假设并探索不同的理论来解释数据中的模式。回顾模型和假设,并采用不同的观点来解释这一现象	提出解释蒸发冷却的模型(从最初的表示到基于计算机的模型)。描述所提出的蒸发解释的可信度和局限性。承认潜在的偏差、模型参数的不确定性或解释的局限性。对不同模型进行同行评估,对各自的模型进行最终修正	在班级中展示评审过的模型和最后的反思。在活动结束时对本单元进行评估,以反思所学到的知识

要使用模拟软件进行测试。在模拟过程中要持续进行观察,从而进一步完善他们的初始模型。这种迭代的方法不仅丰富了学生的知识,而且能给学生以启示,即通过反思和修改模型,他们对于物理现象的理解可以从粗浅程度提升至透彻程度。这种方法鼓励学生控制自己的学习过程,并将批判性思维的具体元素转化为学科领域的聚焦性目标。

从这个案例中可以看到,批判性思维的结构框架和具体的教学要求不再是脱离于学科领域的上位的一般要求,而是以一种更加结构化的方式同学科领域专业学习的特定表现结合起来。

在融合式的设计模式中,也有将批判性思维转化为可操作的策略框架及其教学要素,同具体的学科相互整合,依托策略框架对标开展学科领域的主题任务或专题活动的设计。接下来就以英国国家地理课程的批判性思维培养为例进行说明。

英国国家地理课程尤其强调批判性思维的重要性。批判性思维不仅是《英国国家课程:地理学习计划》(*National Curriculum in England*:*Geography Programmes of Study*)的重要组成部分,也是其最重要的目标之一。该法定指南明确提出具有"地理思维"的学生能够对地理的各个方面提出挑战、质疑,能进行更深入的思考,成为更有能力和独立的学习者,而地理教育的目标就是让学生成为具有"地理思维"的人。在此基础上,英国皇家地理学会提出了一个培养批判性思维的策略框架。英国皇家地理学会指出,有效的批判性思维既不是一种孤立的技能,也不是一个泛化的思考机会;相反,它结合了能力、深入思考的工具和具体的课程背景,并将批判性思维的发展看成一种与课程内容相关的、能够发展理解和提高成就的手段。英国皇家地理学会提出的批判性思维框架以策略维度为基础,而不是传统的以批判性思维的内容维度为基础。这些策略包括"让学习者成为一个思考者"(具有好奇心和探究能力)、"让学习者成为一个更好的思考者"(更好地理解信息)、"让学习者成为一个更开放的思考者"三个发展目标,结合具体的策略,形成了地理学科领域发展学习者批判性思维的基础结构,成为地理课程设置具体活动或主题任务的参照。当然,不同年龄段的策略在目标内涵和深度上存在差异(见表5-8)。

表 5-8　批判性思维培养的策略框架

发展目标	策略	策略目标
让学习者成为一个思考者	策略1:自由式聊天 策略2:问题生成器	有助于驱动学生提出好的问题,培养学生对学习进行反思的能力
让学习者成为一个更好的思考者	策略1:展开讨论或进行双圆圈比较 策略2:六边形联系 策略3:论点框架	帮助学生建立理解,并得出有根据的结论
让学习者成为一个更开放的思考者	策略1:对谁而言是……? 　分策略1:六顶思考帽 　分策略2:沉默的辩论 策略2:自我反思策略 　分策略1:连续性策略 　分策略2:PMI框架	帮助学生成为更自主的学习者,跨学科发展,让学生在一个不断变化的世界中考虑有争议的问题或伦理问题

对于第一个目标维度"让学生成为一个思考者"，我们以英国桑德菲尔德小学一年级的"了解英国及其首都城市"的活动为例进行说明。为了达成批判性思维培养的相关目标，教师使用了自由式聊天的策略，该策略主要分为三步。

第一步：让一组学生（4—6 名）站在一张彩纸周围，分别记录下与英国首都相关的任何东西。每位学生使用不同颜色的笔来跟踪学生的回答。

第二步：每个小组转向一张不同的彩纸，这张彩纸上已经标注了其他不同小组的想法。他们不断地绕着彩纸走，阅读信息，补充和挑战小组中其他人添加的注释。

第三步：小组返回他们最初的彩纸周围，讨论和反思他们的彩纸上写了什么、添加了什么，以及其他彩纸上写了什么。

在"了解英国及其首都城市"的活动中，伦敦眼作为伦敦的地标性建筑被许多小组标记在彩纸上，一部分学生上课讲述伦敦眼，他们分享了自己的经验和理解，也有一部分学生分享了自己在排灯节（英国的一个节日）期间坐的摩天轮（位于英国莱斯特）的经历，学生自然而然把对伦敦眼的了解和自己的经历联系起来。这给学生提供了一个很好的机会来探索和讨论他们多元的经验与认识。在这个过程中，教师没有做出任何的教学行为，也没有给学生提供任何资源——学生只是简单地写下他们知道的关于英国首都的信息。所有的学生都很积极，参与完成了聊天活动，他们都希望通过分享和补充他们对伦敦的了解来贡献自己的力量。在这个过程中，一方面，学生从了解别人的想法中受益，并且受到激励而贡献自己的知识；另一方面，学生在讨论的过程中生发了新的讨论点，进一步地汇聚了信息和观点。

对于第二个目标维度"让学习者成为一个更好的思考者"，我们以基于"水循环和水安全"的地理主题课程为例进行说明。教师运用论点框架策略使学生对论点形成一个清晰的逻辑，从而对问题进行更深入的思考，形成论证逻辑（见图 5-2）。

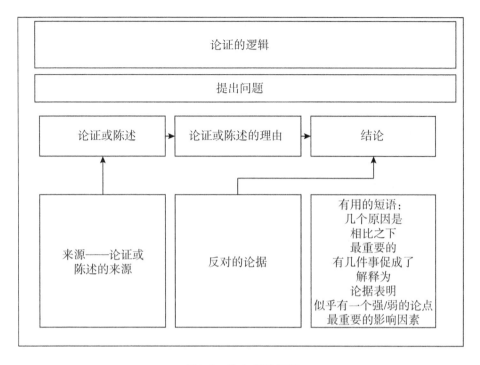

图 5-2　论点框架示例

第一步:进行信息澄清,澄清学习资源所提供的信息及对其的评论。在关于水循环和水安全主题的学习中,教师提供的学习资源没有附带任何信息或思考问题。学生首先在研究教师提供的学习资源的基础上记录下自己的所有想法和评论。其次是学生交换资源和展开小组讨论,在原有的思考的基础上考察其他同伴和教师的评论及提问,澄清所提供的资源可以给学习提供什么样的信息,以及如何看待这些信息。

第二步:进行信息选择,即在对信息进行进一步辨析的基础上选择能够支撑自己论点的信息。首先,要针对有关水循环和水安全主题中要讨论的主要问题展开探讨。比如评估一个地区的降水变化将如何对特定流域水文过程产生影响,学生根据教师提供的资源进行信息梳理和辨析,思考哪些信息资源可以为解答问题提供信息支持。其次,学生要思考不同的资源来源的可靠性,即辨别或更具批判性地思考自己所拥有的资源,并在最后选择强有力的资源和信息来支持自己的论点。

第三步:提供论点框架,让学生用论点框架图来写出自己完整的思考过程。这一阶段就是为学生提供一个论点框架,主要阐明论证的逻辑,包括自己的论点是什么及其来源、论证的理由及其正反的论据,以及最终所形成的相对平衡的论点。

第三个目标维度"成为一个更开放的思考者",意味着让学生在一个不断变化的世界里,站在不同的视角和立场来看待和思考有争议或涉及伦理判断的地理问题,使学生发展成具有跨学科的批判性态度与品质的人。我们以英国绍斯波特的班克斯·圣斯蒂芬斯学校 6 年级"棕榈油生产应该被禁止吗?"的教学活动为例进行说明。我们来看一看教师如何运用不同策略让学生站在不同的立场来思考问题,并学会进行自我反思。

第一步:教师让学生用六顶思考帽来思考这个问题,并让学生通过扮演棕榈油生产链条中不同的利益相关者的角色(政府官员、企业负责人、土著部族、非政府组织成员、农民)来审视问题,即棕榈油生产是否应被禁止。

第二步:教师要求学生通过沉默的辩论来思考自己的角色,让学生撰写自己是否同意所选角色立场的陈述。这一阶段主要是让学生独立思考,检验并持续完善自己的观点。

第三步:学生们分成小组互相朗读自己的陈述,小组成员则要猜出这个学生扮演的角色,通过倾听的策略让学生分享彼此的观点并修正自己先前的论点。在这个过程中,学生不仅要决定是否同意相关角色的观点(例如:棕榈油生产对我是有益的,因为……或者棕榈油生产对我有害,因为……),还要尽可能地查看彼此的陈述,在倾听他人观点的基础上挑战他们最初的想法。重要的是,让学生在表达自身立场的基础上思考和评述他人的立场,更开放地看待不同立场的内在差异。

无论是 OECD 的以批判性思维的内容要素作为嵌入学科课程和学习任务的框架,还是英国皇家地理学会的以批判性思维的策略作为嵌入学科课程与学习任务的框架,这些融合式的学科嵌入的批判性思维培养的模式的共同点都在于，通过更加结构化地设计和安排学科领域的批判性思维的目标，强化通过学科教学推进批判性思维培养的路径。作为一种更为系统和更为紧密的学科整合模式，融合式的面向批判性思维培养的课程设计也日益受到欢迎，体现了其针对性强和实效性高的优点。

应该说，将批判性思维培养与学科教学结合是推进批判性思维落地的最为现实和最有效的方式之一，但如果将批判性思维培养的责任交付给传统的学科教学，必然会使学科内容目标与批判性思维教学目标之间形成制衡的紧张状态。浸润式的课程整合偏重学科教学，将批判性思维作为一种附加的要求；融合式的课程整合更突出批判性思维的目标，一定程度上可能会弱化学科内容，因此，在不同设计模式之间寻求平衡极为重要。

三、跨学科整合：以项目或专题活动发展批判性思维

面向批判性思维培养的课程设计的最终目的是帮助学生在跨越学科的真实问题与任务情境中运用批判性思维，将批判性思维培养所形成的思维倾向和思维能力运用到具体的问题解决中。这也意味着，要实现批判性思维的可迁移性运用就不仅是独立开设课程进行批判性思维基本原理和技能的学习，也不仅是将其应用在学科领域，而是在跨学科乃至超学科的情境中整合和嵌入批判性思维的培养。因此，要让学生了解批判性思维的原理、技巧和方法，给学生机会去联系和应用这些原理、方法和技巧，就不得不依赖于跨学科乃至超学科的综合性项目或专题活动。

跨学科强调不同学科知识的整合和应用，它打破了传统学科的规则、方法和界限，解决了单一学科难以应对的复杂问题。批判性思维是基于真实性的复杂任务情境的，批判性思维指向的问题是与真实生活情境有较强相关性的问题，而探索获得的问题解决方案也应该能够运用于真实问题的解决过程中。因此，基于跨学科的学习能让学生在真实社会问题的解决中培养批判性思维，在问题解决的过程中嵌入批判性思维能力的发展，显然是一种更为有机的整合形式。以 HPS 教学模式为例，这是一种将科学史（history of science)、科学哲学(philosophy of science)、科学社会学(sociology of science)等相关内容融入科学学习的教学模式，可以说是一种较为典型的跨学科整合学习模式。最早将 HPS 教育与科学教育结合起来的是德国著名科学家和科学史家恩斯特·马赫(Ernst Mach)。自 20 世纪 80 年代末以来，一些国家通过课程和教学改革突出对 HPS 的重视。现今使用较广泛的一种 HPS 教学模式是英国学者马丁·孟克(Martin Monk)和乔纳森·奥斯本(Joathan Osborne)提出的"历史—探究"教学模式(见表 5-9)，包括 6 个阶段(Monk 等，1997)。

表 5-9 "历史—探究"教学模式

教学阶段	教学主题	教学内容
第 1 阶段	演示现象，确定问题	教师向学生呈现历史上科学家真实发现的一个客观现象，学生观察现象并在教师引导下生成一个值得探究的科学性问题
第 2 阶段	引出学生观点	在教师的启发下，学生针对问题提出自己的观点，并阐释自己的理由
第 3 阶段	学习历史	教师通过多种形式向学生介绍历史观点，并引导学生分析比较这些观点
第 4 阶段	设计实验，证明观点	教师组织学生分组探究，并自行设计实验证明观点
第 5 阶段	给出观点，用实验证明	教师给出当前学术界(教材)对此现象的统一解释，并用实验演示证明
第 6 阶段	总结与评价	教师和学生共同对历史观点以及观点产生的过程进行总结与评价

　　HPS 教学模式其实是一种关注科学本质的探究模式，促使学生像科学家那样思考，像科学家那样探究，实质就是培养学生对各种问题、现象的好奇心，永远保持强烈的求知欲。就认知成熟度而言，该模式鼓励学生审慎地做出判断。无论是对他人观点还是自己观点的认同/质疑，都不是一蹴而就的，需要周而复始地螺旋式前进，在探究过程中一步步完善，逐步调整自己的认知结构。

　　除了 HPS 教学模式，将项目、专题活动等跨学科的探究性活动有机地嵌入批判性思维的培养，也日益成为发展学生批判性思维的有益方式。

以 OECD 的跨学科课程活动"我生活的地区:如果……"(My region:what if...)(见表 5-10)为例,该项目面向中学阶段(11—14 岁)的学生,主要借助历史知识研究艺术和科学现象。学生研究当下的艺术和科学技术,并探索他们所在地区过去的历史,通过设计一个有意义的思考活动——反事实,即如果这个事件没有发生会怎样,来达成跨学科的批判性思维的发展。学生思考在特定历史环境背景下可能产生的不同结局,并提出对应的解决方案,以加深他们对所在地区的预期变化的理解。整个课程约 5 课时,在"反事实"这个假设问题的基础上,学生深入当地开展调查,并通过团队合作形成一个系统性的观点和完善的解决方案。在课程开展过程中,借助批判性思维的概念框架,学生产生了不同寻常的想法,建立联系并想象可以替代的历史,最终评估和证明自己的观点,促进了批判性思维子思维的发展(Vincent-Lancrin 等,2019)。

表 5-10　"我生活的地区:如果……"跨学科课程活动中的批判性思维培养

项目	探究	想象	行动	反思
批判性思维的教学要求描述	识别、质疑假设和普遍接受的观点或实践	基于不同的假设,从多个角度考虑问题	解释一个产品、一个解决方案或一个理论的优势和局限性,以符合逻辑的、道德的或审美的标准	反思所选择的解决方案或立场相对于可能的替代方案的优势
教学计划的实施案例	①将历史事件与艺术或技术联系起来;②了解历史事件的背景和所在地区的当前特征,通过研究,分析和解决知识鸿沟;③调查一个历史时期,共情于所指定的社会群体,并识别出他们的关键特征	①玩转各种场景,反事实地思考如果某个历史事件没有发生,会是什么样的情景;②从不同的出发点考虑历史事件的新顺序	①考虑一下,如果历史事件没有发生,经济后果会是什么;②设计一场表演来展示自己的研究成果;③通过观察未来可能是怎样的以及要克服的挑战,以前瞻性的视角重复这种练习	①呈现想象中的替代场景,欣赏它们的新奇性,并思考改善它们的方法;②根据老师提供的题目来评估同学们阐述的场景;③讨论情境构建和反事实推理的价值

在这个过程中，每一个阶段的任务都同批判性思维的具体内容要素整合起来：从最开始的帮助学生理解情境，分析他们的既定知识和所要研究的议题之间的差距，到学生将历史事件、艺术和技术建立关联，探讨因果关系及其观点，再到设置备选的其他情境，产生新的观点并预想新的解决办法，乃至意识到不确定性，基于逻辑的、道德的或审美的标准来设计作品，并最终将不同学科的观点整合起来，生成新观点，产出预期的变化成果。这个任务的设置不仅是面向批判性思维的具体认知维度的，更重要的是，它将学生对这一跨学科的综合性课程议题的探讨与日常生活、情感倾向、对社会的真实参与相结合，帮助学生将所学的抽象而复杂的知识内容、技能与情感倾向进行有机整合，在获得批判性思维发展和学科领域知识进展的同时，对复杂而现实的社会生活有了新的认识，意识到社会生活的历史是必然性和偶然性的结合。建立连接、面对非确定性、欣赏创新性和生成新观念，有助于发展学习者必要的情意能力，无论是对个体发展还是对社会发展都至关重要。

第三节　从教学法实践到教学文化转型：走向批判性思维培养的本质

面向批判性思维培养的课程建设与教学设计，需要我们打破课程设计与教学安排的常规，为学生创造更多元的解决问题的机会，发展学生的主人翁意识和元认知能力，促使他们进行选择、行动与反思。这样的课程与教学不再是将学生的思维引向一个明确的和预设的道路，而是在更多元的自主探究的过程中发展其潜在的思维能力和问题解决的能力。有研究者认为，只要使用恰当的教学方法，就能够训练学生的批判性思维（陈振华，2014）。一方面，要善于探索和使用更适合于推动批判性思维发展的教学法，改变以固定答案或唯一解决办法为目标的再现式教学，在教与学的过程中强化学生的对话、交流、互动与建构;另一方面,仅仅是教学法的实践还不足以促成整个课程教学的本质转型,要从根本上促成教学文化的转型,走向真实情境,真实解决问题,将思维发展与人面向真实世界的成长有机结合。

一、推动开放性探索:批判性思维发展的教学法实践

批判性思维的培养并没有特定的教学方法,也就是说,批判性思维的教学可以包含广泛的教学方法。这并不是说,所有的教学法都适用于批判性思维的教学。某些教学法确实比其他教学法更容易培养学生的批判性思维及其相关技能。比如,教师可以利用头脑风暴来帮助学生锻炼发散思维方面的能力,也可以提升学生对歧义的容忍度,因为头脑风暴促使学生在一个主题上形成多个想法,同时避免过早地放弃思路。在批判性思维的培养和教学方面,既有面向通用领域的一般性的教学方法,也有聚焦于学科领域的特定指向的教学方法和活动。前者具有通用性,而后者则具有领域的特异性,强调批判性思维发展框架与学科或跨学科活动的具体联系。Carroll 等(2008)认为,对话法、自由提问法、辩论法、自我评价作业法等能有效促进学生批判性思维的培养,King(1995)、McDade(1995)、Underwood 等(1995)、Cooper(1995)等探讨了课堂评估技术、合作学习策略、案例教学、讨论法、同伴互问、会议式学习等指向批判性思维培养的教学方法。OECD 在培养和评估教育中的创造力和批判性思维的探讨中提到了一系列具体的教学策略,比如头脑风暴、关联、为失败定义条件、识别局限性、列举可能性、列出备选假设、反向思维、角色扮演、SWOT 方法、隐喻法等,称之为标志性教学法(signature pedagogy)。研究发现,这些教学策略或方法的使用可以逐步调整既定的教学模式,改变教师的教学惯例,为培养学生的创造力和批判性思维提供具体的脚手架,帮助教师更好地适应灵活任务所带来的不确定性(Heard 等,2020)。将批判性思维培养融入课堂,就意味着教师要有意识地使用有助于批判性思维发展的教学法(见表 5-11),除了通用性的教学法,还有适用于不同学科领域、具有学科特色的教学法。

表 5-11　促进批判性思维发展的教学法

教学法	内容
设计思维 （design thinking）	一种跨学科的教学方法，以应用的方式培养学生的批判性思维。它要求学生像专业设计师一样，生成多种解决方案，然后分析、评估并逐步改进这些解决方案
对话式教学法 （dialogic teaching）	它促进学生和教师之间持续和可控的对话，既包括师生之间的，也包括生生之间。涉及的谈话超越了知识层面的问答，一方面能让教师更好地了解学生的需求，另一方面能鼓励学生通过对话掌握叙述、解释、分析、推测、探索、评价、讨论、争论的方法，学会倾听同龄人的意见，思考他们在说什么，并能尊重不同的意见与观点
自由提问法 （free questioning）	给学生提供充足的提问时间，让学生自由地提出问题。这些问题常常是由教材或课堂激发出来且没有给出答案的问题，被称为"无知性问题"。跨学科学习中没有明显的学科界限与壁垒，因此更能引发学生的思考与好奇心
辩论（debate）	鼓励学生从多个角度看问题，对问题回答的各个视角的优缺点进行开放性讨论和评估。利用跨学科的宽领域知识帮助学生多角度思考问题，看清事物的本质
课堂评估技术 （classroom assessment techniques）	使用持续的课堂评估作为跟踪和促进学生批判性思维发展的方式。例如，要求学生写一份会议记录来回答诸如"你在今天的课上所学到的最重要的东西是什么？""你最关心的问题是什么？"等问题
合作学习策略 （cooperative learning strategies）	将学生置于小组学习的环境是培养批判性思维的最佳方式。在适当组织的合作学习环境中，在其他学生和老师的持续支持与反馈下，学生表现更加活跃，生发更高水平的批判性思维
案例法/讨论法 （case study/discussion method）	教师在课堂上展示一个案例（或故事），但没有得出结论。通过事先准备好的问题，教师引导学生进行讨论，让学生为案例构建一个结论
同伴互问 （reciprocal peer questioning）	课程结束后，老师会列出问题。学生必须写出关于讲课材料的问题。在小组中，学生互相提问。然后，全班讨论每个小组提出的一些问题
会议式学习 （conference style learning）	老师不是在讲课的意义上"教"课程。老师是会议的主持者。学生必须在课前彻底阅读所有要求的材料。材料既要能被学生理解，又要具有挑战性。该课程由学生互相提问和讨论这些问题两个环节组成。教师并不是被动的，而是帮助学生提出战略性的问题和帮助学生确立彼此的想法来引导和营造讨论氛围
阅读者问题 （reader's question）	要求学生在指定阅读材料上写下问题，并在上课开始时上交，选择几个问题作为课堂讨论的驱动性问题
写作作业 （writing assignments）	在书面作业中，教师可以通过要求学生就一个问题的两个（或多个）方面进行辩论，来鼓励学生发展辩证推理能力

批判性思维的发展并不一定以新的教学法为支撑，但是那些支持迁移性学习的教学模式通常比那些仅仅支持知识保留的教学模式实施起来更具挑战性。批判性思维教学方法根据现实情境的不同没有正确与否的统一标准，途径也多样化，可以根据学生的需求、动机、困难和学习环境的其他因素的多样性（如教学和学习的空间、可用的资源和学校领导的支持等）做出具体的调整。每所学校、每门学科、每个课堂、每位教师以及对发展批判性思维有兴趣的研究者都可以开发出独特而有效的方法。聚焦并探索有助于批判性思维培养的教学方法与策略，支持教育工作者和学习者的多样的、个性化的选择，是促进批判性思维培养的重要支撑。

二、促成教学文化转型：走向批判性思维培养的本质

多样化和个性化的教学方法为培养批判性思维提供了工具和脚手架，而当下更需要引起重视的是如何在教学过程中形成有普遍共识的面向批判性思维培养的教学文化。批判性思维的培养并不能仅仅依靠教学方法或策略来实现，因为它不是简单的技能训练或纯粹的理智游戏，而归根结底关涉形成一种面向批判性思维培养的教学文化，将"理智与情绪、意义与价值、事实与想象融合在一起，才能形成品性和智慧的整体"（杜威，2005：225）。在这个意义上，促成面向批判性思维培养的教学文化的转型，就不只是方法策略的应用，而涉及根本的教学观念与取向的转型。

第一，面向批判性思维培养的课程建设是多元且开放的。批判性思维的发展是可以通过多元的课程与活动来支持的。批判性思维最终要同学校教育教学的日常紧密结合起来，并不能仅仅依靠某门课程或独立开设的批判性思维相关的课程来实现，更不能陷入官能训练的窠臼。也就是说，在数学、艺术、语言或科学等不同学科领域乃至跨学科领域中，可以通过不同的任务类型来支持批判性思维的培养。批判性思维有特定领域的应用，但可以通过正确的任务类型在所有学科中加以培养。保持批判性思维培养过程的开放性，并通过学校课程和广泛的学习经验探索批判性思维培养的机制

与方法，是一种更为理智的方向。

第二，发展学生的批判性思维，真正理解批判性思维面向动态的真实问题解决的本质，为学习者提供参与性和开放性更强的学习任务与问题情境。不论各个领域或跨学科领域的批判性思维发展的取向及任务有多大的不同，它们都具有一个基本的共性：批判性思维是在一种强调学生参与、建构和开放探索的任务情境和问题解决的过程中形成的。这就意味着，这些任务越是能与学习者的经验、兴趣和现实生活的复杂性相关联，对发展学习者的批判性思维的内容要素就越有效用。这不仅是发展学生批判性思维所需要的教学文化，更与面向 21 世纪素养的课程和学习变革的转型趋势相契合——走向深度学习、走向迁移应用、走向自主自导和价值嵌入。

第三，实现批判性思维的有机嵌入，改变教学惯习与教学生态。在这个意义上，将批判性思维作为明确的学习目标，实施新的教学和评估方法，对教师和学生都提出了挑战。教师要跳出传统和更为安全的教学实践，从强调输出型的教学走向强调探究性、生成性的教学，进而能在既有的教学结构和开放性之间寻求更大的平衡。学习者要能够调整其学习策略，从寻求确定性答案的安全的学习过程走向挑战现实世界的不确定性问题，真正拥有学习的主动权和所有权，承担风险并主动反思。面向学生批判性思维培养的课程建设，需要从一种固定而惰性的学习转向动态而活性的学习，在这样的课程与学习生态中，教师和学生都没有唯一的安全解，而要在一片未知的海域持续探索、想象、行动与反思，去创造更多的可能性。

第六章

学生批判性思维的现状、影响因素与培养策略

　　前两章对面向学生批判性思维的课程建设和设计进行了阐述，包括批判性思维课程建设的趋势与特征、批判性思维课程设计的多元模式与策略。本章将分别采用量化调查及实验法等研究方法，对中学生和大学生批判性思维的现状、特点及来自教学的影响因素进行调查，并提出系统性的培养策略。

第一节　批判性思维的现状与影响因素:基于初中生的考察

本节依据控制—价值理论,在对初中生批判性思维现状进行调研的基础上,以初中科学学科为例,探索教学有效性对初中生批判性思维的影响及学业情绪的作用,以期为初中生批判性思维的养成提供对策建议。

一、研究缘起和构思

(一)研究背景

1. 批判性思维成为 21 世纪的重要素养

批判性思维被认为是深度学习的组成要素之一,一般观点认为,深度学习包括批判性分析、在概念间形成联系、创新性地解决问题等(Razzak,2016)。深度学习作为一种与浅层学习相对的概念,在 20 世纪 70 年代由伦斯·马顿(Ference Marton)和罗杰·萨尔乔(Roger Saljo)提出,要求学生具有高阶思维,能够对知识进行近远迁移,形成一种批判性思维,从而能够解决真实世界的问题(Marton 等,1976)。随着信息时代的到来,知识来源途径增加,学生面临着甄别各种信息的挑战,其对知识的掌握也不能仅仅停留在记忆的层面——批判性思维成为信息社会不可缺少的策略和工具。学生不能再仅仅依靠生搬硬套,而更多的需要进行举一反三,对知识进行策略性的运用。同时,随着国际竞争日益激烈,各国都在推进课程改革,终身学习、自主学习成为国际上的大趋势,作为深度学习能力重要内容之一的学生批判性思维培养的重要性得到国际社会的广泛认同,多个国家将批判性思维列入教育目标。在 21 世纪核心素养教育的全球经验中,批判性思维被列入学生必备的通用素养之一(李晶晶等,2017)。

我国同样在不断进行的课程改革中强调了批判性思维的重要性。新课改三维目标中"情感态度与价值观"目标强调要形成积极主动的学习态度(姚林群等,2011)。这个三维目标在实施中遇到了困难,尤其是在情感态度与价值观方面,因为传统的直接教学很难激发学生对学习及学业的积极情绪。"控制—价值理论"也提出,教学品质影响学生的学业情绪(刘阳等,2008)。而消极的学业情绪对学生的学习结果及批判性思维也存在一定的消极影响。

虽然学生批判性思维培养的重要性得到广泛认同,但是 K-12 阶段学生批判性思维和深度学习能力缺乏也是一个真实存在的困境(Razzak,2016)。其原因是多方面的,如对批判性思维的认知存在偏差——批判性思维不等于否定一切,而是在谨慎反思基础上的创造(董毓,2012)。基于有效教学对学生批判性思维培养的重要性,以及科学教学有效性不容乐观的现状,本部分试图探索学生所感知到的科学教学的有效性水平对学生批判性思维倾向的影响,以及学业情绪在这一影响过程中的中介作用。

2. 我国科学教学有效性不容乐观

多年以来,我国政府一直致力于消除应试教育所带来的弊端,期望形成以学生为中心的课堂教学,让学生成为主动学习者,促进深度学习的发生。为此,我国的课堂教学实践也不断尝试采用一些新的教学模式,如"翻转课堂""项目式教学"等,但这些教学模式的成效有待考察。有观点认为,翻转课堂所提倡的探究模式因为对"效率"和"结果"的迫切追求,缺少了与学生对话的耐心,最终成为一种"改良式的灌输教学"(朱文辉等,2019)。

相对于其他学科,科学是一门更加需要探究精神的学科,也是一门较容易以及较需要与真实环境相结合的学科,但当今的科学课依旧以课堂教师教学讲授为主,学生的主动探究行为不足。如在科学实验的探究性上,随着经济的发展,事实上越来越多的学校有能力为学生创造实验条件,但现状是较多科学实验仍属于验证性实验,即实验课程仍旧是以演示式实验为主,学生无法动手操作,并获得亲身体验,使得实验课程流于形式,缺乏探索和探究的过程(蒋永贵,2008;邱立岗,2020)。此外,课堂提问作为一种较常用的教学模式,在教学实践中也存在提问方式单一、提问内容质量不高,以及提问以教师为主导、学生被动回答的形式进行等问题(舒兰兰,2016;王芬燕,2010;蒋永贵,2008)。科学教材的编写同样缺乏创新,既没有留给教师充足的发挥空间,也无法激发学生的学习热情,创建合理有效的评价体系(蔡婷婷,2018;郭晴秀,2013)。以上各项研究均表明科学教学的有效性不容乐观,在培养学生探究能力及深度学习能力上有待加强,解决科学课堂教学有效性欠佳的问题迫在眉睫。

(二)研究目标、研究问题与理论模型

1.研究目标

本部分研究旨在探索初中生批判性思维倾向的现状、对科学课堂教学有效性与科学学业情绪的感知及几个变量之间的影响关系。基于实证研究的结果,从教与学的视角,对初中科学教学的有效开展、积极科学学业情绪的激发及初中生批判性思维倾向的培养提出对策建议。

2.研究问题

基于主要研究目标,本部分将围绕以下问题展开探索:

(1)初中生批判性思维倾向的现状如何?

(2)初中生教学(科学教学)有效性感知对其批判性思维是否存在影响?

(3)学业情绪在科学教学有效性感知影响初中生批判性思维倾向过程中是否起了中介作用?

(4)本研究对于促进初中科学教学有效性提升、培养初中生批判性思维倾向有何启示?

3.理论模型

为了探索初中生批判性思维倾向的现状、教学有效性对批判性思维倾向的预测作用以及学业情绪的中介作用,基于控制—价值理论,本研究构建了教学有效性对初中生批判性思维倾向的影响模型,如图 6-1 所示。

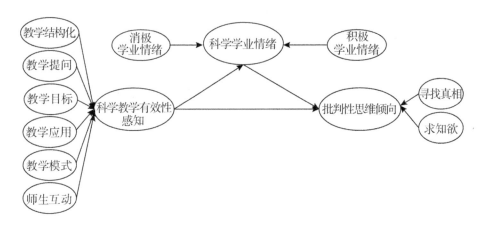

图 6-1　研究理论模型

(三)研究的理论基础与核心概念界定

1.理论基础

(1)控制—价值理论

控制—价值理论由莱因哈德·佩克伦(Reinhard Pekrun)提出,是用于理解情绪在学习中所起作用的一种较为全面综合的理论。其观点主要为:教学品质是学业情绪的重要预测变量之一,高品质的教学能够使学习者产生积极的情绪;反之,低品质的教学引发学习者的消极情绪,这一影响过程的重要中介变量是学习者通过学习活动所做出的价值评估(刘阳等,2008)。该理论的观点具体包括:

首先,学业情绪被认为与认知评估息息相关,认知评估首先决定了学业情绪的产生(Artino 等,2012)。而认知评估又分为两个方面,即价值评估和控制评估。其中价值评估是指对一项活动以及其结果的价值的评估,这种评估可以是内在的,如对一门学科的兴趣,也可以是外在的,如意识到这门学科对未来学习生活有很大的帮助。控制评估则是指对于一项活动的控制的感知能力,包含行动—控制预期以及行动—结果预期两个方面(赵淑媛,2013),即评估自己能否进行这项学习活动以及这项活动最后会产生什么样的结果的能力。虽然大部分认知评估都是有意识地发生的,但也存在一些无意识发生的情况,即反复发生的活动使得学生的情绪产生成为一种应激反应,如很多学生在听到要测验时都会感到紧张。

其次,学业情绪又会反过来作用于认知评估(Artino 等,2012)。该理论分为三大模块:个人因素、个人行为、学业成就。其中,成就情绪和认知评估属于个人因素模块,个人因素进而会影响个人行为,个人行为又最后作用于学业成就(如图 6-2 所示)。在该理论框架中,学业成就包含学业表现、自我满意度、持续性的动机 3 个方面;成就情绪则包括过程情感和结果情感。

最后,学业情绪对于最终学业成果的预测作用是较为复杂的(Artino等,2012)。若单从积极或消极一方面来看,积极的情绪自然是有利于学生更加灵活地运用深度学习策略,但若考虑到激发学生学习兴趣这一方面,就显得较为复杂。积极的情绪不一定能够激发学生的学习兴趣,消极的情绪也不一定就会消磨学生的学习兴趣,例如放松这一积极情绪,就会对未来的学习造成负面影响(Pekrun,2006)。所以当评估一种学业情绪的作用时,也应当充分考虑它的三个维度。

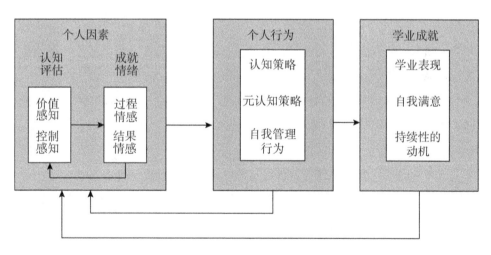

图 6-2　控制—价值理论框架

资料来源:Artino 等(2012)

(2)认知负荷理论

认知负荷理论是由澳大利亚的认知心理学家约翰·斯威勒(John Sweller)

于1988年首先提出来的。认知负荷理论认为，人的记忆分为长期记忆与工作记忆。长期记忆储存人类大部分的知识和信息，人们无法直接处理储存在长期记忆中的信息和知识，只有当长期记忆中的信息转换到工作记忆时，人们才能对该信息进行处理。工作记忆则是人们可以有意识地进行处理的区域，也是进行信息加工的区域。但工作记忆可以储存的信息量是有限的，其在同一时间内可以处理的信息量也是有限的。工作记忆仅能同时持有7条信息，只能在同一时间内处理2—3条信息（Sweller等，1998）。对于认知加工来说，工作记忆的容量也就显得尤为重要。

认知负荷理论认为，认知负荷是由所要处理的信息的要素之间的交互性决定的，若所要处理的信息各个要素之间交互性强则认知负荷较高，反之认知负荷则会较低。而教学所要达到的目的就是降低学生学习中的认知负荷。

该理论将认知负荷分为3种：内部、外部和关联认知负荷。内部认知负荷是指信息各个要素之间交互形成的负荷（陈巧芬，2007）。内部认知负荷是由学习主题的难度决定的，即信息各个要素之间的交互性强，该认知任务的难度就高，内在负荷就高。内部认知负荷是任务本身所具有的，无法被教学过程和方法改变。外部认知负荷是指不恰当的教学设计使得与认知加工过程没有直接关联的活动施加给工作记忆的负荷（唐剑岚等，2008）。外部认知负荷也被称为多余负荷，是与学习无关的，可以通过合理的教学方式去避免的一种负荷。关联认知负荷则是指在对认知任务进行实质性认知操作中所承受的负荷（唐剑岚等，2008），这些认知操作包括解释、举例、分类、推理、区分和组织等（Jong，2010）。外部认知负荷和关联认知负荷都是由教学设计决定的，外部认识负荷是由不佳的教学设计产生的，关联认知负荷则是由合理的教学设计产生的。所以，在教学设计的过程中应当尽量减少外部认知负荷，增加关联认知负荷。

2. 核心概念界定

（1）批判性思维倾向

批判性思维一般被认为包括思维倾向和思维能力两个方面，前者更多地采用自陈量表进行测量，后者更多地采用基于真实性问题解决的表现性评价等。本部分研究主要采用问卷调查法，因此对初中生批判性思维的探索主要也聚焦于批判性思维倾向，指初中生的一种人格倾向，包括寻找真相等因子。彭美慈等（2004）的《批判性思维能力测量表》及罗清旭等（2001）的《加利福尼亚批判性思维倾向问卷》，虽然在名称上存在差异，但均是基于《加利福尼亚批判性思维倾向量表》所进行的修订，测量了个体的 7 种批判性思维倾向。

（2）学业情绪

2002 年，莱因哈德·佩克伦提出学业情绪这一概念，并将之界定为"与学业活动与学业结果直接相关联的情绪"（Pekrun，2006）。学业活动包括一系列与学习有关的活动，如参加讲座等，由此产生的情绪就是与学业活动相关的情绪。学业结果分为成功和失败，因此产生的情绪就是结果相关情绪。所以在本部分研究中对学业情绪进行如下定义：学业情绪是指学生在进行学习活动的过程中以及因学习活动的结果而产生的各种情绪。科学学业情绪则是学生在进行科学学习活动过程中以及因科学学习活动的结果而产生的各种情绪。

（3）教学有效性

教学有效性是指教学能够达到高质量教学的程度。Kennedy（2016）认为高质量的教学与学生学业成果的提高有关，这种学业成果既包含学生的学习成绩，也包含学生积极情绪的获得。本研究将教学有效性分为以下几个维度：教学结构化、教学提问、教学目标、教学应用、教学模式、师生互动。所以本部分对教学有效性进行如下定义：教学有效性是指教师能够使用合适的教学模式，明确自身的教学目标，在合理的时间内保证课堂教学氛围活跃的情况下，将所要传授的知识准确传授给学生并能让学生实践运用。本部分研究的科学教学有效性感知指的是对科学课堂教学有效性的感知。

二、研究方法与设计

(一)研究取样

本次问卷调查采取随机分层整群取样的方式,取样依据主要为学校所在地和学生年级。本研究在城市、县城和乡镇各选取了一所初中,并在三所初中的各个年级各选择 1—2 个班级发放调研问卷。研究共发放问卷 601 份,收回问卷 599 份,回收率为 99.67%。回收后,剔除无效问卷 61 份,共得到有效问卷 538 份,有效率为 89.82%。其中城市回收问卷 248 份(46.1%),县城回收问卷 213 份(39.6%),乡镇回收问卷 77 份(14.3%)。

调查对象中,男生 271 名(50.4%),女生 267 名(49.6%);38.5%的学生为独生子女;初三学生占比最高(40.3%),初二学生其次(33.1%),初一学生最少(26.6%);在母亲学历方面,高中及以下最多,有 342 人(63.6%),博士研究生最少,仅 3 人(0.6%);在父亲学历方面,高中及以下最多,有 338 人(62.8%),博士研究生最少,仅 7 人(1.3%)。有效问卷的样本分布如表 6-1 所示。

表 6-1 样本分布特征

统计特征	类别	频数	占比/%
性别	男	271	50.4
	女	267	49.6
年级	初一	143	26.6
	初二	178	33.1
	初三	217	40.3
是否独生子女	是	207	38.5
	否	329	61.1
	缺失	2	0.4

统计特征	类别	频数	占比/%
母亲受教育程度	高中及以下	342	63.6
	大学专科	83	15.4
	大学本科	99	18.4
	硕士研究生	11	2.0
	博士研究生	3	0.6
父亲受教育程度	高中及以下	338	62.8
	大学专科	68	12.6
	大学本科	112	20.8
	硕士研究生	13	2.4
	博士研究生	7	1.3
科学学业成绩	前 1/3	164	30.5
	中间 1/3	241	44.8
	后 1/3	133	24.7
学校所在地	城市	248	46.1
	县城	213	39.6
	乡镇	77	14.3

注:$N=538$

(二)问卷设计

本次调研问卷分为四大模块,分别为基本信息、科学教学有效性感知、科学学业情绪、批判性思维倾向。在调研过程中,先通过 3 个选择题大致了解初中生科学学习的自我感知,包括科学学习的容易度感知、对科学教学的整体满意度和对科学课的喜欢程度,这三题归在基本信息部分。问卷的具体组成模块如图 6-3 所示。

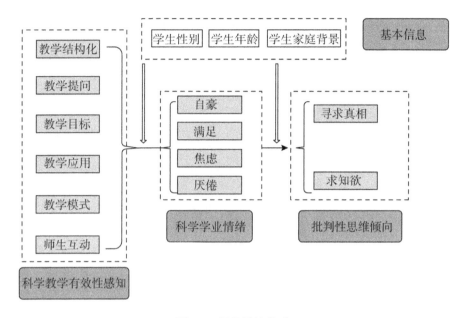

图 6-3　问卷模块构成

1. 科学教学有效性感知

科学教学有效性感知主要调查初中生所感知到的科学教学的有效性；主要以 Kyriakides 等(2012)编制的"用于调查教学有效性的学生问卷"作为测量工具。原问卷将教学有效性分为 8 个因素，分别是教学结构化、教学提问、教学目标、教学应用、时间管理、教学模式、作为学习环境的课堂和测试评价，共 51 道测题，其中包含 13 道反向计分题。为了精简测量，本研究中保留了教学结构化、教学提问、教学目标、教学应用、教学模式以及师生互动 6 个因素中的所有正向计分题，共 31 题。采用李克特五点量表计分，选项分别是"从未""偶尔""有时""经常""总是"，分别记为 1、2、3、4、5 分，得分越高，表明被试感知到的科学教学有效性水平越高。该量表内部一致性良好，内部一致性系数 α 为 0.954。

2. 科学学业情绪

董妍等(2007)将学业情绪具体分为 22 种情绪，并将其分别归入 4 个大类情绪，计算了各个子情绪因素对大类情绪的贡献程度(董妍等,2007)。

本研究采用董妍等(2007)编制的学业情绪问卷,选取每个大类情绪中贡献程度最高的情绪,共计4种子情绪来进行问卷调查(董妍等,2007)。在积极高唤醒中选取"自豪",在积极低唤醒中选取"满足",在消极高唤醒中选取"焦虑",在消极低唤醒中选取"厌倦"。

该模块共计28题,其中第1—5题为"自豪",第6—10题为"满足",第11—17题为"焦虑",第18—28题为"厌倦"。采用李克特五点量表计分,选项分别为"完全不符合""不符合""不清楚""比较符合""完全符合",分别计为1、2、3、4、5分,得分越高,表明被试在4种学业情绪上的程度越高。为提高该问卷的效度,删除因子载荷低于0.7的第5、6、11、12题。对该问卷进行信效度分析后发现内部一致性良好,内部一致性α系数为0.884。

3. 批判性思维倾向

批判性思维倾向的测量主要采用彭美慈等(2004)编制的《加利福尼亚批判性思维倾向问卷》,该量表是基于《加利福尼亚批判性思维倾向量表》的修订,测量了7种批判性思维倾向。本部分考虑到问卷的长度和耗时问题,选择了与科学学习较为相关的"寻找真相"以及"求知欲"两个模块来对学生进行测评。

该模块共计20题,其中前10题考查"寻找真相",均为反向计分,后10题考查"求知欲",其中第18、19、20题为反向计分题,研究对反向计分题均进行了正向转化。采用李克特六点量表计分,选项分别是"非常不赞同""不赞同""不太赞同""有点赞同""赞同""非常赞同",分别记为1、2、3、4、5、6分,得分越高表明被调查者的批判性思维倾向水平越高。在数据分析中,为提高问卷的信效度,删除第18、19、20题这3个反向计分题。调整后的问卷内部一致性良好,内部一致性α系数为0.807。

本部分研究采用验证性因素分析法构建了3个验证模型,对研究所采用的3种测量工具的效度进行了检验,验证性因素分析结果表明,3个模型的拟合指数均在可接受范围内,表明3种测量工具有可接受的结构效度。验证性因素分析结果具体如表6-2所示。

表 6-2　变量的内部一致性以及验证性因素分析

变量	χ^2/df	GFI	CFI	RMSEA	项数
科学教学有效性感知	3.836	0.817	0.895	0.073	31
批判性思维倾向	4.296	0.896	0.913	0.078	17
科学学业情绪	4.975	0.812	0.913	0.086	24

(三)共同方法偏差检验

本部分的研究数据均为采用自陈问卷的方式收集获得,虽然调查采用匿名等方式,但为了避免共同方法偏差的影响,先采用 Harman 单因素检验法对研究是否存在共同方法偏差进行检验。未经旋转的单因素方差分析共抽取了 11 个公因子(特征根大于 1),解释了 67.2% 的总变异,且具有最大特征根的公因子解释了总变异的 25.82%,低于临界值 40%。因此,本部分研究结果不受共同方法偏差影响。

三、研究结果

本部分对研究结果进行报告,主要包括各研究变量的描述性结果、相关分析结果、人口学差异结果、变量间的预测及中介关系分析结果。

(一)各研究变量的描述性和相关分析结果

采用描述性统计以及皮尔逊(Pearson)相关分析,得到各个研究变量的平均值、标准差以及各研究变量间的相关系数(表 6-3)。除此之外,对学生科学学习的自我感知进行描述性统计。

表 6-3　各变量子维度相关性分析（N＝538）

变量	1	2	3	4	5	6	7	8	9	10	11	12	13	14	15	16
1.教学结构化	1															
2.教学提问	0.78**	1														
3.教学目标	0.66**	0.63**	1													
4.教学应用	0.56**	0.53**	0.45**	1												
5.教学模式	0.69**	0.72**	0.59**	0.57**	1											
6.师生互动	0.68**	0.75**	0.63**	0.59**	0.79**	1										
7.自豪	0.08	0.06	0.12*	0.16**	0.13**	0.13**	1									
8.满足	0.16**	0.15**	0.23**	0.22**	0.22**	0.25**	0.57**	1								
9.焦虑	0.05	0.03	-0.04	0.08	0.00	-0.05	0.04	-0.21**	1							
10.厌倦	-0.25**	-0.29**	-0.28**	-0.04	-0.22**	-0.30**	0.09**	-0.01	0.30**	1						
11.寻找真相	0.05	0.10*	0.12**	-0.14**	-0.01	0.02	-0.16**	-0.07	-0.27**	-0.40**	1					
12.求知欲	0.42**	0.43**	0.45**	0.35**	0.48**	0.50**	0.19**	0.27**	0.02	0.27**	-0.01	1				
13.科学教学有效性感知	0.87**	0.88**	0.79**	0.72**	0.87**	0.89**	0.14**	0.24**	0.01	-0.28**	0.03	0.52**	1			
14.积极学业情绪	0.14**	0.12*	0.20**	0.21**	0.19**	0.21**	0.89**	0.88**	-0.10*	0.05	-0.13**	0.26**	0.21**	1		
15.消极学业情绪	-0.11**	-0.15**	-0.19**	0.03	-0.13**	-0.21**	0.08	-0.15**	0.83**	0.78**	-0.41**	-0.15**	-0.15**	-0.04	1	
16.批判性思维倾向	0.29**	0.34**	0.38**	0.10*	0.28**	0.32**	-0.01	0.11*	-0.20**	-0.49**	0.79**	0.61**	0.34**	0.06	-0.42**	1

注：* p＜0.05，** p＜0.01

1. 科学学习的自我感知

在调研过程中，先通过 3 个选择题，大致了解初中生科学学习的自我感知。

首先，在科学学习的难易度方面，几乎一半的学生觉得科学难度一般（46.0%），只有极少数（4.7%）的学生觉得非常不容易，5.2%的学生认为非常容易，22.2%的学生觉得科学学习不容易。所以，可以推断出当前科学教学的难度适中。其次，在对科学课的喜爱度方面，接近一半的学生表示喜欢科学（46.7%），表示不喜欢和非常不喜欢的很少，仅占 3.3%。这说明绝大部分学生喜欢科学这门学科。最后，在科学课的整体满意度方面，绝大部分学生都表示对科学教学满意，78.8%的学生达到满意及以上，仅有 3.9%的学生表示不满意（含非常不满意）。据此可以判断学生整体上对科学教学是满意的。具体如图 6-4、图 6-5 和图 6-6 所示。

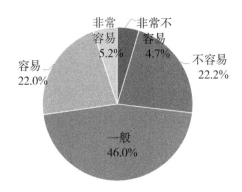

图 6-4　科学学习难易度自我感知

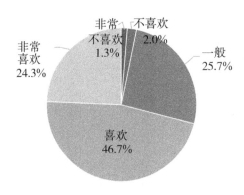

图 6-5　科学学习喜爱度自我感知

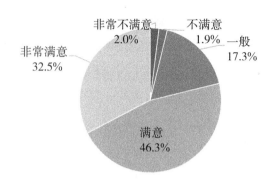

图 6-6 科学学习满意度自我感知

2. 科学教学有效性感知

初中生在科学教学有效性的整体感知水平上的平均值为 3.84(五点计分)。各研究变量间相关性分析结果(见表 6-4)表明,学生科学教学有效性感知与积极情绪呈显著正相关($r=0.21^{**}$),与消极情绪呈显著负相关($r=-0.15^{**}$),与批判性思维呈显著正相关($r=0.34^{**}$)。

表 6-4 各因素平均数与标准差分析

项目	教学结构化	教学提问	教学目标	教学应用	教学模式	师生互动	科学教学有效性感知
平均值	3.88	4.10	3.95	3.26	3.83	4.02	3.84
标准差	0.79	0.84	0.85	0.73	0.86	0.86	0.69

注:$N=538$

从教学有效性的各个构成因素来看,教学提问的得分最高,平均值为 4.10(五点计分),教学应用得分最低,平均值为 3.26(五点计分)。呈现的大小关系为:教学提问>师生互动>教学目标>教学结构化>教学模式>教学应用。可见,科学课堂中师生互动良好,但教学应用,即如何将知识运用到实践这一环节仍需加强。

3. 科学学业情绪

从学业情绪的整体情况来看,积极学业情绪的得分要高于消极学业情绪的得分(2.88>2.53;五点计分),说明学生在科学课堂中积极情绪的体验要多于消极情绪的体验,且均处于中等水平。具体分析发现,自豪的得分要高于满足的得分(2.91>2.85),焦虑的得分要高于厌倦的得分(3.16>1.91)。相关性分析结果(见表6-5)表明,消极学业情绪与科学教学有效性感知及批判性思维倾向均呈显著负相关;而积极学业情绪与科学教学有效性感知呈显著正相关,与批判性思维倾向无显著相关。但积极学业情绪与寻找真相之间呈显著负相关($r=-0.13^{**}$)。

表 6-5　各因素平均数与标准差分析(续)

项目	寻找真相	求知欲	批判性思维倾向	自豪	满足	积极学业情绪	焦虑	厌倦	消极学业情绪
平均值	3.86	4.60	4.23	2.91	2.85	2.88	3.16	1.91	2.53
标准差	0.90	0.99	0.57	1.05	1.01	0.91	1.05	0.93	0.82

注:$N=538$

4.批判性思维倾向

初中生批判性思维倾向变量的平均得分为 4.23(六点计分)。各研究变量间相关性分析结果(见表6-5)表明,初中生的批判性思维倾向与其科学教学有效性感知呈显著正相关($r=0.34^{**}$),与积极学业情绪呈正相关($r=0.06$,未达到显著水平),与消极学业情绪呈显著负相关($r=-0.42^{**}$)。

具体分析构成批判性思维倾向的两大因子,可发现学生的求知欲表现要优于寻找真相的表现(4.60>3.86),且都大致处于中等偏上水平。

(二)各研究变量的人口学差异结果

利用独立样本 t 检验以及单因素方差分析法(ANOVA)对人口学变量进行分析,结果如表6-6 和6-7 所示。

性别:不同性别的学生在积极学业情绪和消极学业情绪得分上存在显著差异。男生的科学积极学业情绪要高于女生,科学消极学业情绪则低于女生。

独生子女:是否独生子女在消极学业情绪得分上存在显著差异。非独生子女的消极学业情绪要高于独生子女的。

年级:不同年级的学生在批判性思维倾向得分上存在显著差异。初一学生的批判性思维倾向水平高于初三学生。

母亲受教育程度:母亲受教育程度不同的学生在科学教学有效性感知

和积极学业情绪上存在显著差异。在科学教学有效性感知上,母亲受教育程度为大学本科的要高于大学本科以下的;母亲受教育程度为大学本科以上的在积极学业情绪上高于学历为大学本科以下的。

父亲受教育程度:父亲受教育程度不同的学生在科学教学有效性感知、学业情绪等多个研究变量上均存在显著差异。在科学教学有效性感知、消极学业情绪以及批判性思维倾向方面,父亲受教育程度为大学本科的均大于大学本科以下的。在积极学业情绪方面,父亲受教育程度在大学本科以上的高于大学本科以下的。

学校所在地:不同学校所在地的学生在学业情绪及批判性思维倾向等研究变量上均存在显著差异。在积极学业情绪方面,城市学生得分高于县城学生;在消极学业情绪方面,乡镇学生要高于城市学生;在批判性思维倾向上,县城学生得分高于城市和乡镇。

学生科学学习成绩:不同科学学习成绩的学生在各研究变量上均存在显著差异。积极学业情绪和批判性思维倾向都是前 1/3 高于中间 1/3 以及后 1/3,同时中间 1/3 高于后 1/3。教学有效性感知上,则是前 1/3 的学生高于中间 1/3 以及后 1/3 的学生。在消极学业情绪上,后 1/3 的学生高于前 1/3 以及中间 1/3 的学生,同时中间 1/3 的学生又要高于前 1/3 的学生。

表 6-6　各因素人口学差异分析

变量	性别/t	独生子女/t	年级/F	科学学习成绩/F
科学教学有效性感知	无差异	无差异	无差异	前 1/3＞中间 1/3**、后 1/3***
积极学业情绪	男生＞女生**	无差异	无差异	前 1/3＞中间 1/3***、后 1/3***;中间 1/3＞后 1/3***
消极学业情绪	女生＞男生**	非独生子女＞独生子女**	无差异	后 1/3＞前 1/3***、中间 1/3**;中间 1/3＞前 1/3***
批判性思维倾向	无差异	无差异	初一＞初三*	前 1/3＞中间 1/3**、后 1/3***;中间 1/3＞后 1/3***

注:$N=538$;* $p<0.05$,** $p<0.01$,*** $p<0.001$

表 6-7　各因素人口学差异分析（续）

变量	母亲受教育程度/ANOVA	父亲受教育程度/ANOVA	学校所在地/ANOVA
科学教学有效性感知	大学本科＞大学本科以下*	大学本科＞大学本科以下**	无差异
积极学业情绪	大学本科以上＞大学本科以下*	大学本科以上＞大学本科以下**	城市＞县城*
消极学业情绪	无差异	大学本科＞大学本科以下**	乡镇＞城市*
批判性思维倾向	无差异	大学本科＞大学本科以下*	县城＞城市*、县城＞乡镇**

注：$N=538$；* $p<0.05$，** $p<0.01$

（三）学业情绪在科学教学有效性感知与批判性思维倾向关系中的中介效应

为了验证研究所构建的理论模型，探究初中生科学教学有效性感知与批判性思维倾向之间的关系，以及学业情绪是否在科学教学有效性感知对批判性思维的影响中起中介作用，本研究通过 AMOS 软件构建了中介模型来进行研究分析，这个中介模型以科学教学有效性感知为自变量，以积极学业情绪/消极学业情绪为中介变量，寻找真相/求知欲为因变量。其中科学教学有效性感知分为 6 个维度：教学结构化、教学提问、教学目标、教学应用、教学模式和师生互动。模型的路径系数如表 6-8 所示。

表 6-8　中介模型的路径系数

效应		师生互动	教学模式	教学应用	教学目标	教学提问	教学结构化	消极情绪	积极情绪
总效应	消极情绪	−0.548	0.282	0.317*	−0.188*	−0.148	−0.080	/	/
	积极情绪	0.292	0.039	0.006	0.188*	−0.292	0.008	/	/
	寻找真相	0.237	−0.275	−0.271	0.289*	0.377*	−0.136	−0.459**	−0.078
	求知欲	0.028	0.454*	0.111	0.203*	−0.192	0.002	−0.156**	0.186*
直接效应	寻找真相	0.008	−0.142	−0.125	0.217*	0.286	−0.172	/	/
	求知欲	−0.112	0.490*	0.160	0.138	−0.161	−0.012	/	/
间接效应	寻找真相	0.229	−0.133	−0.146	0.071	0.091	0.036	/	/
	求知欲	0.140*	−0.037	−0.048	0.064*	−0.031	0.014	/	/

注：* $p < 0.10$，** $p < 0.01$；模型的拟合指数为：$2/df = 3.09$，IFI $= 0.82$，CFI $= 0.82$，RMSEA $= 0.06$。

根据表 6-8，在教学有效性对批判性思维倾向的作用上，以学业情绪为中介变量时，教学目标显著正向预测积极情绪、寻找真相和求知欲，显著负向预测消极情绪。学业情绪在教学目标和师生互动预测求知欲的过程中起中介作用。消极学业情绪显著负向预测寻找真相和求知欲，积极学业情绪显著正向预测求知欲。

四、研究结论与对策建议

（一）研究结论

1. 初中生批判性思维倾向和科学教学现状

本研究发现，当前初中科学教学有效性感知的平均分为 3.84 分（五点计分），批判性思维倾向的平均分为 4.23 分（六点计分）。学生的积极学业情绪（$M = 2.88$）要略高于消极学业情绪（$M = 2.53$）。在所测 4 种情绪中，焦虑（$M = 3.16$）得分最高，厌倦（$M = 1.91$）得分最低，表明学生对科学并不厌倦，但有一定的焦虑感。具体表现在以下 3 个方面。

（1）教学应用模块薄弱

调查显示教学应用的平均分为 3.26 分（五点计分），在有效性教学 6 个模块因子中得分最低。具体分析该模块的题目，发现该模块中第 24 题（"老师给部分学生的练习题与其他人的不一样"）和第 26 题（"如果我比其他同学早完成题目，老师会立即给我布置另外的任务"）得分最低，分别为 2.28 分、2.33 分。说明在教学应用方面，教师缺乏因材施教的能力，布置的作业和题目缺乏层次性和阶梯性。

（2）寻找真相倾向较弱

调查显示，寻找真相这一批判性思维倾向的平均分为 3.86 分（六点计分）要明显低于求知欲倾向的得分（4.60 分）。这一结果与张梅等（2016）的研究结果类似。张梅等对大学生批判性思维做了调查，发现大二、大三、大四学生在寻找真相上的得分均要低于求知欲的得分（6.46＜7.09）。具体分析该模块的题目得分发现，该模块第 1 题（"面对有争议的论题，要从不同的见解中选择其一，是极不容易的"）平均分最低，仅为 2.89 分，说明学生很难根据自己的评判标准从多个不同的意见中选择自己认为正确的见解。

（3）学生焦虑情绪明显

调查显示，学生的焦虑情绪得分高达 3.16 分（五点计分），显著高于学生的厌倦情绪得分（1.91 分）。虽然学生的积极情绪得分要高于学生的消极情绪得分，但两者差距并不大。这一研究结果与李文桃等（2017）、王静（2016）的研究结果相似。其中，焦虑模块第 13 题（"有时觉得自己科学学习太差，对不起家人和老师"）得分最高，说明大部分学生对科学学习成绩的焦虑感来源于家长和老师。

2. 科学教学有效性感知对批判性思维倾向的预测作用

本研究基于控制—价值理论，探究了构成科学教学有效性感知的 6 个模块对批判性思维的预测作用，同时验证了学业情绪是否在其中起到中介作用。本研究有如下 3 个发现。

（1）教学目标显著预测学业情绪和批判性思维倾向

教学目标是科学教学有效性感知中唯一一个对学业情绪和批判性思维倾向都有显著预测作用的因素。教学目标显著正向预测积极学业情绪（$\beta=0.19^*$）、求知欲（$\beta=0.20^*$）以及寻找真相（$\beta=0.29^{**}$），显著负向预测消极学业情绪（$\beta=-0.19^*$）。这也充分说明了科学教学有效性感知中教学目标的重要性，在本研究中教学目标既包括教师要给出基础的教学目的，也包括要引导学生自主探索发现课程的最终目标。

（2）学业情绪对批判性思维倾向存在预测作用

具体来看，积极学业情绪显著正向预测求知欲，对寻找真相的负向预测未达到显著（相关分析中为负向显著相关）；消极学业情绪对于寻找真相及求知欲的负向预测达到显著水平。这些研究结果表明，学生的学业情绪对于批判性思维存在较大影响。至于积极学业情绪与寻找真相的负向相关，可能是因为寻找真相要求学生对事实抱有怀疑和质疑的态度，而积极学业情绪往往会使得学生处于放松的状态，更易受大众言论影响而削弱了质疑的精神。关于这个结果的解释也需要在未来研究中进一步探索。

（3）学业情绪起了一定的中介作用

研究结果显示，学业情绪在教学目标和师生互动预测求知欲的过程中起中介作用，即教学目标和师生互动通过影响学业情绪再进一步影响学生的求知欲。这一研究结果也进一步提示应该重视学业情绪的重要作用，特别是其对批判性思维倾向的影响。学业情绪会影响学生对学习开展深入探索的动机与热情，从而对学习结果产生影响。

3. 人口学变量的比较分析

（1）批判性思维倾向等研究变量在科学学习成绩上差异显著

研究结果显示，每个变量在学生的科学学习成绩上都呈现了显著的差异，除了消极学业情绪是成绩后 1/3 的高于中间 1/3 的高于前 1/3 的，其余因素都呈现出随着成绩升高的递增性。所以可以认为，科学学习成绩好的学生拥有更高的批判性思维倾向、积极学业情绪、科学教学有效性感知水平,以及更低的消极学业情绪水平。

(2)初一学生批判性思维倾向表现更佳

研究结果显示,初一学生在批判性思维倾向方面要显著优于初二和初三的学生。随着年级的升高,学生可能更多地将时间花在怎样提高答题正确率上面,而不是探究题目背后的原理。这在一定程度上也会导致学生探索精神的弱化。

(3)父亲的受教育程度差异性大于母亲的受教育程度

研究结果显示,父亲受教育程度在所研究的几个因素上都存在显著差异。父亲受教育程度高的学生在个人表现上更优异,这与凌光明等(2019)、Cheung 等(2001)的研究结果相似,即父亲最高学历更高的学生,其批判性思维倾向水平也更高。

(4)县城学生批判性思维倾向水平最高

研究结果显示,县城学生的批判性思维倾向水平要显著高于城市学生以及乡镇学生。先前的研究都发现城市学生的批判性思维倾向水平要高于农村学生,但尚无研究分析城市学生与县城学生之间批判性思维倾向水平的差异。城市在一定程度上拥有更好的教育资源,为什么城市学生的批判性思维倾向水平却没有达到相应的水平,这还需要进一步研究。

4. 各研究变量相关性分析结果

各变量相关性分析发现,科学教学有效性感知与批判性思维倾向、积极学业情绪与消极学业情绪都存在显著的相关性,批判性思维倾向与消极学业情绪存在显著相关性,但与积极学业情绪不存在显著相关性。

(1)教学应用与寻找真相呈现负相关

教学应用与寻找真相呈显著负相关($r = -0.14^{**}$),与求知欲呈显著正相关($r = 0.35^{**}$)。这可能有当前教学应用以做题形式实施的原因,且我国作业题基本以单一标准答案的形式呈现,也就使得学生过度相信标准答案和权威,从而缺少质疑的精神。与求知欲呈现正相关,则可能是因为学生在进行知识迁移的过程中会逐渐发现自身知识的欠缺,从而去弥补自身知识的漏洞,学生对未知知识领域的探索欲和求知欲相应增加。

(2)寻找真相与自豪情绪及积极学业情绪总分呈现负相关

寻找真相与自豪情绪($r=-0.16^{**}$)及积极学业情绪总分($r=-0.13^{**}$)呈显著负相关。这可能是因为,寻找真相意味着质疑,质疑不仅仅包含对权威的质疑,也包含对自身的质疑,而这种质疑也会在一定程度上降低学生自身的自豪情绪与整体的积极学业情绪。

(二)教学对策与建议

根据本研究的实证结果,可知教学目标对学业情绪以及批判性思维倾向都有显著预测作用;教学模式对求知欲有显著预测作用;在描述性统计中发现教学应用模块最为薄弱。基于上述研究结果,本研究针对教学模式、教学目标及教学应用3个模块提出教学建议。除此之外,在差异性分析中发现,男女生之间在学业情绪上存在显著差异,城乡之间在批判性思维倾向水平上也存在显著差异,所以本研究针对以上两点提出相应的对策建议。

1. 拓展教学模式

研究结果显示,教学模式这一因素对批判性思维倾向的求知欲有显著的正向预测作用,所以在课堂教学中应当注重教学模式的拓展,来激发学生的学习情绪。

学校应从传统的讲授式的教学模式中脱离,以学生为中心,让学生变成主动的探索者而不是被动的接受者;教师则应从灌输者的角色转换至引导者的角色。课堂中应该更多地启发学生,结合新媒体设备,采取更多生动的、能够调动学生积极性的教学模式。

(1)实验探究式教学

实验教学是一种常见的科学教学方式,科学是一门需要实践、需要探索的学科,它鼓励学生以亲身实践的方式来发现问题、探索问题、解决问题,让学生自发地学习。但同时要注意的是,实验室教学并不是演示式实验,实验教学的目的就是让学生亲身实践,学校应该更多地开展以探究为目的的实验,而不是仅仅以验证课本中的公式为目的的实验。

（2）小组合作式教学

小组合作式教学的主要目的在于加强学生之间的互相沟通与合作,促进小组成员取长补短,发挥自己的长处。在小组合作式教学中,学生扮演教师的角色,在小组内部消化与吸收知识,再将成果展现出来。此种教学方式既有利于加强生生互动,也有助于学生知识的近远迁移。

（3）案例式教学

案例式教学即为学生在课堂上提供真实的案例,供学生和教师讨论。案例式教学要求教师引导所有学生参与课堂,对所选案例发表自己的看法和意见。同时,案例式教学可以与户外探究的形式相结合,教师为学生提供一些真实情景的案例,让学生扮演一些真实角色。在身临其境中,学生既可以了解角色要做的工作和担当的责任,也能将课堂中学习到的知识运用到真实问题的解决中,完成知识的迁移。

2.明确教学目标

本研究发现,科学教学有效性感知的所有要素中,只有教学目标这一要素对学业情绪和批判性思维都起显著预测作用。这也说明了教学目标这一要素的重要性,教学目标的科学设计直接关系着学校教育教学质量(阳利平,2014)。

明确教学目标包含两个部分。一方面,教师自身要明确该节课堂所要达到的目的和教学效果,教师应该对自己课程的实施过程和实施结果有一个很好的规划,知道课堂的每一个阶段应该使用什么教学方式,从而达到怎样的教学目的。教学目标并不等同于课程目标,根据我国发布的《基础教育课程改革纲要(试行)》,课程目标要包含 3 个维度,除了保证知识的传授之外,也要注重知识传授的过程以及学生情感态度的形成。即教学目标要包含:①学生所应该学到的本学科在本阶段所包含的知识;②学生学会这些知识所需要的方式方法;③学生在课程学习过程中所要把握的如批判性思维倾向、意志力、自信心等要素。

另一方面,教师要引导学生去了解这节课的教学目标。这种引导并不是简单地告诉学生本节课的教学目的是什么,而是需要学生自己去探索与发现,教师可以给学生一些提示,作为学生的引导者帮助他们明确自己上这节课以及学习这部分知识、这门学科的目的和目标是什么。这种目标不应该仅仅包含获得良好的学业成绩,也应该包括对现实生活、未来学习工作的积极作用,如学生学习电路图的知识,是为了应对家中突发的停电现象等。学生对教学目标的感知也应向深层次发展,不应该停留在表面,任何深层次学习都要求学生在记忆、了解的基础上进行自我的理解和探索,从而实现转化。在教学目标上也应如此。学生不仅要知道教学目标是什么,更应该将教学目标与自身实际相结合,从自身的角度去理解自己所要付出的努力。

3. 改进教学应用

本研究发现,教学应用是教学有效性所有要素中最为薄弱的模块,同时其对消极学业情绪起正向预测作用。所以,改进教学应用,尽量避免学生在课堂学习中产生消极情绪也就尤为重要。

教学应用指的是将知识运用于问题解决即知识迁移的能力。所以较为方便以及常见的教学应用方式就是布置与授课知识相关的作业题。但在布置作业题的时候要注意作业的质量和数量。作业并不是越多越好,能让学生通过题目的练习,将学到的知识进行转化才是关键。所以在布置作业时,应该对作业的质量和数量进行严格的把控。崔学鸿(2012)发现,相比于课后作业,学生更喜欢课堂教学。所以教师在课堂教学中就可以引导学生进行知识的迁移和运用,相应减少学生课后作业量。除了作业的数量和质量,也应该注意作业的阶梯性,即要做到因材施教。让能力低者做高难度的题或者让高能力者做低难度的题都是没有效果的,所以在作业布置中也可以设置针对不同层级学生的题目。

除了传统方式的作业布置,学校也可以采取一些通过实地考察解决问题的作业方式。如今,传统的作业形式是让学生对学习产生消极情绪的一个重要原因,所以改变传统的作业模式是加强教学应用的一个有效方式。一方面,改变作业排版,丰富语言。可以在作业的题目排版中加入图片,或者采取富有趣味的语言、加入一些小故事等,以此来减少学生在完成作业时的厌倦情绪。另一方面,采取活动探究式的作业。如让学生参加户外活动,进行真实的角色扮演,来解决真实世界的问题。这是一种比做题目更加有效的方式。无论知识如何被吸收,其最终目的都是解决现实世界中的问题。所以直接在真实世界中将知识进行迁移转化是最有效的方式。

4. 削弱科学学习中的性别刻板印象

本研究发现,学业情绪在性别上存在显著差异,男生的积极学业情绪要显著高于女生,女生的消极学业情绪要显著高于男生。而在学业情绪与教学有效性感知的关系研究中又发现教学有效性感知的许多要素都与消极学业情绪存在负相关。所以关注男女生在科学学习上的情绪差异是有必要的,如何缩小男女生之间的情绪差异也是教师需要关注的问题。

男生在理科的学习上优于女生是教师和家长普遍持有的观点,这种刻板印象也是女生在理科学习上表现薄弱的重要原因。近年的研究发现,高中女生在理科学习上有赶超男生的趋势(孙志军等,2016),说明并不存在女生更擅长文科、男生更擅长理科这一现象。同时,有研究发现,很多教师并不认为男女生在理科的学习上存在差异,但是在实际教学中教师还是更愿意与男生讨论问题(赵毅,2013)。而这种无意识的行为才更会影响学生的学习情绪与自信心。所以,教师在课堂教学中应该尽量减少对男女生的性别暗示,这既包括显性的也包括隐性的。

在学业情绪的管理上,教师的行为也会影响学生的学业情绪。有研究证实,女生对消极学业情绪的注意度投入要高于男生。这也与女生更加细腻敏感有关,女生相比于男生更加容易产生情绪上的波动,初中又是学生的青春期,是学生情绪较为敏感的时期(王琳,2015)。所以,课堂教学应注重对男女生无差异对待,家庭、社会也应减少对"女生理科不如男生"的暗示,从而提高女生在理科学习上的自信心。

5. 重视乡村教育发展

本研究显示,在批判性思维倾向、消极学业情绪这两个方面,乡镇的表现均是最差的,这与郑光锐(2019)的研究结果相似。在批判性思维倾向水平上县城表现最佳,说明城市和县城之间的教育差距正在缩小,县城甚至有反超的趋势,但乡镇的教学现状仍旧不容乐观,需要加以关注。一方面,要完善乡村的教育设施。部分乡村学校缺乏多媒体设施或者实验器材。而实验器材又是科学教学中不可缺乏的教育器材。所以,应加大对乡村教育的经费投入,为乡村学校完善实验器材,保证每所乡村学校的学生都有机会亲身做实验,完成科学探索。另一方面,加大乡村教师的培养力度。目前,乡村教育中师资的吸引与培养存在诸多困难,对此,一方面要吸引优秀教师扎根乡村教育,另一方面要对在职乡村教师进行更有针对性的职后培训。

第二节 大学生批判性思维的现状特点 及培养策略探析①

上一节主要采用问卷调查法对初中生批判性思维的现状进行了探索,并以科学学科为例,检验科学教学有效性感知对批判性思维的影响,以及学业情绪可能起到的中介作用。本节以小组探究的形式,采用实验法及内容分析法,对大学生批判性思维的认知特点进行探索,在此基础上,对当前高校学生批判性思维培养不足的现象进行反思,并对高校批判性思维培养方式的重构进行相应的思考。

一、研究背景

在"加快建设创新型国家"的国家战略背景下,教育承担着创新型人才

---

① 本小节相关内容已发表。参见:叶映华,尹艳梅(2019).大学生批判性思维的认知特点及培养策略探析:基于小组合作探究的实证研究.教育发展研究(11):66-74.

培养的重要使命,作为创新型人格内核的批判性思维培养的重要性不言而喻。在社会生活、教育和人际交往等各领域,批判性思维都是至关重要的。具有较强的批判性思维能力的学生,在复杂的情境下能做出更优的决策,产生较少的认知偏差,有更好的学业表现,拥有更强的就业能力(Dwyer 等,2014)。但是学生的批判性思维能力和深度学习能力差是世界范围内普遍存在的一个现象,基础教育阶段与高等教育阶段的学生都存在这个问题(Razzak,2016)。

从动态过程性视角看,批判性思维既是过程,也是结果;从静态构成要素视角看,批判性思维包括批判性思维的技能与能力,以及使用批判性思维的内在动机、意愿、情感态度及倾向,前者是外显的技能或能力表现,后者是内隐的态度及倾向(Garrison 等,2001;Ismail 等,2018;罗清旭等,2001)。事实上,批判性思维的过程与结果都包含了技能和倾向的内容,或者说静态的构成要素体现在动态的过程中。以往关于批判性思维评估的研究,更多的是从静态技能或倾向的视角开发相应的测评工具,并开展相关研究;把批判性思维视为动态过程的研究更多集中于构建相应的基于过程的批判性思维评估的质性内容分析框架,如 Garrison 等(2001)提出的批判性思维四阶段内容分析框架,Gunawardena 等(1997)提出的在线讨论情境中批判性思维的 IAM(interaction analysis model)框架。在这些质性内容分析框架中,评估批判性思维质量或有效性的一个主要指标是认知的存在与参与。

以往的学生批判性思维研究,基于批判性思维过程的学生批判性思维认知发生的实证研究特点及关于批判性思维指导有效性评估的实证研究相对较少。本部分研究以高校大学生为研究对象,依据 Garrison 等(2001)提出的基于认知存在的批判性思维探究过程模型,采用实验法及内容分析法,采用小组探究的形式,从批判性思维过程的视角,探索在不同的批判性思维指导下,大学生批判性思维呈现的不同认知特点,从而剖析大学生批判性思维过程的认知发生特点,以及批判性思维指导的影响与作用,并在此基础上提出大学生批判性思维培养的系列对策。本部分研究的主要问题包括:

（1）不同的批判性思维指导下（无批判性思维指导及问题引导干预、有批判性思维指导干预、有批判性思维指导及问题引导干预 3 个探究小组）大学生批判性思维过程的认知发生差异。

（2）大学生批判性思维过程的认知发生特点及存在的问题。

（3）基于大学生批判性思维过程认知发生特点的大学生批判性思维有效培养策略探究。

在本研究中，认知发生指"学习者通过持续的反思和讨论，在批判性探究小组中建构和确认意义的程度"（Garrison 等，2001）。

二、研究方法与设计

（一）研究被试

研究被试主要是从浙江大学高年级本科生中招聘，研究者在校内论坛上发布实验被试招聘的帖子，共招聘 36 名被试，每 6 名被试随机组成共 5 组异质小组参加小组探究实验（另有 6 名学生参加了一组预实验）。研究者对实验形式、被试要求、实验时间等作了详细说明：

> 教育学实验，主要形式是小组讨论及问题解决，过程中需要录音，录音材料仅供研究用途。现需要招聘部分大学生参加实验，性别不限，专业不限。实验时长为 1.5—2.0 小时，实验报酬为 150 元。具体要求：年级要求大三、大四；请每位同学带上自己的电脑（一定要是电脑或者有键盘的平板电脑，二者择一）；实验时间详见各时间段分布，地点为紫金港校区图书馆研究空间。

30 名参加正式实验的被试人口学构成分布为：男生 21 人，女生 9 人；三年级 7 人，四年级 23 人；专业涵盖新闻学、广告学、化学工程与工艺、机械电子工程、电气、计算机、地理信息科学、海洋科学、园林、自动化、预防医学、生物科学、材料学等多个专业；被试的年龄在 20—22 岁，平均年龄为 20.67

岁。之所以以大三学生和大四学生为实验被试,是因为本研究的两个小组探究议题需要一定的专业知识支撑,适合高年级学生完成。

(二)研究内容与设计

1. 研究内容

首先,设计小组探究的批判性议题,议题的设计兼顾大学生学术研究和课程学习两个方面;其次,请各小组成员按照所参加小组的实验要求,在规定时间内完成议题的讨论并形成结论;再次,主要依据 Garrison(2001)提出的基于认知存在的批判性思维四阶段内容分析框架模型及指标体系,对小组探究过程进行内容分析并编码;最后,检验 3 种不同实验条件下不同探究小组批判性思维过程认知发生量的差异,并在此基础上分析大学生批判性思维过程的认知特点及存在的问题。本研究的两个批判性议题为:

议题1:科学研究(无论是自然科学还是哲学社会科学)鼓励
"发现真问题,解决真问题",但在研究实践中,要发现"真问题",即
找到有意义的研究选题并不容易(理论或实践意义)。请大家展开
充分讨论:在科学研究中,如何才能找到有价值的研究选题? 最后
以小组形式提交一份作业。

议题2:当今慕课(MOOC)普及化程度越来越高,也越来越受
到重视。但对 MOOC 的学习效果存在一定的争议。请大家展开
充分讨论:是否有方法可以让 MOOC 学习变得更有效? 最后以小
组形式提交一份作业。

依据 Garrison(2001)的框架模型及指标体系(见表 6-9),通过编码,确定各小组每个阶段的认知发生量(叶映华等,2019)。如学生拿到批判性议题 1 后,有小组成员表示困惑并询问"什么是真问题?",则第一阶段获得一条认知发生信息。

表 6-9　Garrison 等（2001）批判性思维四阶段内容分析框架模型及指标体系

描述语	指标	社会认知过程
	第一阶段：触发	
唤醒的	认识问题	提供背景信息，并以问题结尾
	疑惑感	①提问；②将讨论引向新方向的信息
	第二阶段：探究	
好奇的	分歧：网络共同体内	以前未经证实的矛盾观点
	分歧：一条信息内	一条信息内包含多个不同信息（主题）
	信息交换	个人陈述（描述、事实）（不作为结论证据）
	思考建议	作者将信息详细描述为探讨，如"这看起来对吗？""我是不是偏离主题了？"
	头脑风暴	增加观点，但不进行系统辩护与证明
	迅速总结	提出未经证实的观点
	第三阶段：综合	
实验性的	整合：小组成员间	联系背景信息，经过证实后达成共识，如："我同意，因为……"
		在其他观点的基础上发展新观点
	整合：一条信息内	经证明、辩护后提出初步假设
	关联信息、综合	将不同来源（课本、文章或个人经验等）的信息进行整合
	形成解决方案	提出明确的解决方案
	第四阶段：解决	
付诸行动的	在现实世界的替代性应用	无
	测试解决方案（为解决方案辩护）	编码

2. 随机多组后测设计

本研究采取随机多组后测设计，它是被试间设计的一种类型。30 名被试被随机分成 5 组，参与实验。未开展前测的原因是：首先，本研究的被试是通过招聘的方式在全校范围内随机选择的，被试的年级均为高年级，所组成的探究小组在批判性思维的水平上呈现一定程度的随机性；其次，实验前先大致向学生了解了其是否接受过批判性思维相关的指导或培养，除个别学生外，大部分学生表示没有接受过；最后，本研究的主要目的是探索大学生批判性思维过程认知发展的特点，为后续本土化批判性思维过程评估量化工具的开发提供研究基础，目前较少有本土化的针对批判性思维过程的测评工具。本研究包括1个控制组和2个实验组。

控制组：无批判性思维指导及问题引导干预，直接进行议题讨论。

实验组1：有批判性思维指导干预。

实验组2：有批判性思维指导及问题引导干预。

在实验组1实验条件下，批判性思维指导包括：批判性思维定义介绍（动态和静态两种定义）、批判性思维技能构成要素理论介绍［Facione等（1994）和Wade（1995）提出的两种不同的批判性思维技能构成要素理论］、批判性思维在社会生活中的正反两个实例呈现。

在实验组2实验条件下，较之实验组1，在每个阶段增加了一个引导性问题，分别是：①这个议题蕴含的重要问题是什么？②你的信息来源渠道是否足够多样？收集到的信息是否足够可靠？③有没有其他可能的结论？④这个结论一定准确吗？这个结论可用吗？

有一个探究小组完成了控制组实验任务，各有两个探究小组完成了实验组1和实验组2的实验任务。每个探究小组完成全部两个议题，在编码时，将议题1和议题2分开编码。

（三）研究程序与数据分析方法

1. 研究程序

先收集被试的人口学信息，包括年龄、专业、性别、年级等；之后，根据不同实验组的实验要求，如实验组1和实验组2先学习半小时批判性思维的基础知识（可进行讨论），控制组无任何干预，学习结束后回收批判性思维相关资料（实验组2在小组探究过程中同时结合问题引导）；请探究小组对议题逐一展开讨论（第1小组先讨论议题1，再讨论议题2；第2小组顺序相反），每个议题的讨论时间不超过45分钟；讨论过程中允许查阅资料，但需要叙述所查阅资料的途径与类型;实验结束后,要求被试对实验内容保密。

在正式开展探究小组实验前,研究者先招聘了一组被试开展预实验。预实验组被试在实验组1实验条件下完成2个实验议题的讨论,预实验的目的是确定整个实验程序是否可行,被试在批判性思维指导情况下,在小组探究过程中的认知发生量情况等,从而修正正式实验的实验程序。如按照预实验的议题讨论完成时长情况,研究者把正式实验每个议题的讨论时间限定在45分钟以内。

2. 数据分析方法

本研究对批判性思维过程中不同认知阶段认知发生量的评估方法主要采用内容分析法。在本研究中,探究小组对议题的探究过程主要通过录音方式进行记录,之后把录音材料转换为文字。由两位研究生进行背靠背编码,把探究过程中的质性探究资料信息,依据 Garrison 等(2001)提出的指标体系,分解为一个个分析单元,以确定认知发生量。因为 Garrison 等(2001)的指标体系相对较为抽象,在第一轮背靠背编码后,又进行了面对面的讨论,对编码过程中遇到的一些困惑进行充分沟通,达成更为细致的编码标准。面对面讨论后,开展了第二轮背靠背编码。

最后,对批判性思维过程4个阶段所产生的认知发生量进行统计,形成量化结果。为了探究不同实验条件下各探究小组在批判性思维认知发生量上的差异是否达到显著水平,研究采用 χ^2 检验进行各组差异检验。

三、研究结果与结论

本研究5个探究小组共形成8.2万字的小组探究资料信息。两名研究生通过第一轮背靠背编码、面对面讨论、第二轮背靠背编码的方式,对所形成的资料进行内容分析和编码。研究编码的基本标准是:在小组探究过程中,是否提供了新的信息,或者是否提出了新的观点。围绕同一个信息或同一个观点进行的重复讨论不进行重复编码。

(一)研究结果

1.不同实验条件下批判性思维认知发生量的差异检验结果

本研究中 5 个探究实验小组在议题 1 上的编码结果,以及 3 组实验条件下议题 1 的批判性思维 4 个阶段认知发生量的 χ^2 检验结果,如表 6-10 所示。χ^2 检验按不同实验级别的总认知发生量进行检验(因为实验组 1 和实验组 2 各有 2 个探究小组完成了实验,因此在进行 χ^2 检验时,对控制组的认知发生量进行双倍处理,将实验组 1 的 2 组相加,实验组 2 的 2 组相加),将两名编码者的编码结果进行合并处理。

表 6-10 不同实验条件探究小组在议题 1 上的编码结果及差异检验

实验阶段	编码者 2					编码者 1					χ^2 (总体)
	控制组	实验组 1a	实验组 1b	实验组 2a	实验组 2b	控制组	实验组 1a	实验组 1b	实验组 2a	实验组 2b	
触发	4	5	8	6	6	8	7	12	7	6	
探究	15	30	31	27	21	17	25	34	24	26	
综合	7	2	14	9	7	6	13	22	10	10	25.33***
解决	0	0	0	2	0	0	0	1	0	2	
总体	26	37	53	44	34	31	45	69	41	42	

本研究中 5 个探究实验小组在议题 2 上的编码结果,以及 3 组实验条件下议题 2 批判性思维 4 个阶段认知发生量的 χ^2 检验结果见表6-11。

根据表 6-10 和表 6-11 的 χ^2 检验结果,在实验组 1 和实验组 2 实验条件下,探究小组的总认知发生量均要显著高于控制组条件下总认知发生量,χ^2 检验达到 0.001 水平显著。即有批判性思维指导干预组、有批判性思维指导及问题引导干预组被试的批判性思维认知发生量要显著大于无批判性思维指导与无问题引导的控制组。但是 2 个实验组的认知发生量并不存在显著差异,在议题 1 上,只有有批判性思维指导干预组的批判性思维认知发生量要多于有批判性思维指导及问题引导干预组的认知发生量。

表 6-11　不同实验条件探究小组在议题 2 上的编码结果及差异检验

实验阶段	编码者 2					编码者 1					χ^2（总体）
	控制组	实验组1a	实验组1b	实验组2a	实验组2b	控制组	实验组1a	实验组1b	实验组2a	实验组2b	
触发	3	11	7	7	9	6	9	7	9	6	
探究	22	29	27	33	32	19	30	28	32	20	
综合	1	9	7	7	5	4	13	10	7	8	22.43***
解决	0	0	0	1	1	0	0	0	0	1	
总体	26	49	41	48	47	29	52	45	48	35	

2. 研究编码的信度检验

为了确定编码结果的信度水平,研究者使用霍斯提(Holsti)的信度系数(coefficient of reliability,CR)对两名编码者编码结果的一致性程度进行评估,CR＝(两名编码者一致同意的编码数×2)/总编码数。编码者一致同意的编码指的是两名编码者给予访谈资料中相同的材料内容相同的编码。

如,以议题 1 为例,两名编码者均认为控制组成员 2 的发言"刚才我看到这个题目的时候,我先查一下什么是真问题。真问题的话必须满足两个条件,第一个是逻辑上能够自洽,第二个是实践中能够举证"是触发阶段的认识问题;两名编码者均认为控制组成员 4 的发言"第二点,我想到的是查阅文献,看看你的同行,他们在研究什么问题,那么也可以去开拓一下,借鉴一下他们的思路,这或许也能发现有价值的研究选题"是探究阶段的头脑风暴。

由表 6-12 可知,在议题 1 和议题 2 上,两名编码者编码一致性程度为75.4％和80.1％。在编码一致性程度的信度检验中,研究者采用了较为严格的编码标准与方法,对 8 万多字的小组讨论材料进行了逐句编码,编码一致性以"句子"一致为标准。在 Garrison 等(2001)的研究中,共通过三门课程探索批判性思维的阶段,以及每个阶段的认知发生特点与认知发生量。三门课程中,两名编码者编码一致性程度的 CR 值分别是 0.45、0.65、0.84。因此,本研究中,对于议题 1、议题 2,两名编码者编码一致性程度的 CR 值0.75 和 0.80 在可接受水平之内。

表 6-12　编码结果一致性程度(两名编码者编码一致的认知发生量)

实验阶段	议题 1					议题 2				
	控制组	实验组 1a	实验组 1b	实验组 2a	实验组 2b	控制组	实验组 1a	实验组 1b	实验组 2a	实验组 2b
触发	4	5	8	6	4	2	7	6	7	6
探究	13	23	26	19	20	15	26	25	27	21
综合	5	2	10	7	7	1	9	7	4	4
解决	0	0	0	0	0	0	0	0	0	1
总体	22	30	44	32	31	18	42	38	38	32
信度	$CR=0.75$					$CR=0.80$				

3. Garrison 等(2007)的指标体系外的其他认知发生指标

在 Garrison 等(2007)的指标体系之外,本研究还获得了一些其他认知发生指标,以议题 2 的小组探究结果为例,其他认知发生指标如表 6-13 所示。这些在 Garrison 等(2007)指标体系外的要点体现了大学生批判性思维过程的一些独特性,如:在小组探究的问题触发阶段如何通过小组分配实现认知减负;在整个探究过程中的思维妥协或顺同;在整体方案提出后对方案的确认。还有一个明显的特点是,在小组探究过程中,控制组被试有 1/3 的时间处于沉默状态。

表 6-13　本研究获得的其他认知发生指标

认知发生指标	控制组	实验组 1a	实验组 1b	实验组 2a	实验组 2b	合计
小组建设/时间安排	0	2	0	4	2	8
发现问题,没有办法,放弃探讨	0	0	3	0	1	4
情绪化描述	0	0	2	1	0	3
完善方案/确认方案/质疑解决方案	0	5	5	3	2	15
自我质疑/不自信	0	0	1	1	0	2
开放性、肯定他人	2	3	1	0	2	8
合计	2	10	12	9	7	40

（二）研究结论

1. 大学生批判性思维的认知发生特点

Facione 等（1994）认为，批判性思维倾向包括好奇心、系统性、分析性、求真性、开放性、自信心、认知成熟等 7 个指标。这 7 个指标与批判性思维的认知过程相关。依据本研究的结果，大学生在批判性思维的认知发生上呈现以下 4 个共性特点。

一是思维沉默。一方面，思维沉默表现在思维的"正向沉默"上，特别是控制组，从拿到问题到讨论结束，有一半时间处于沉默状态。2 个实验组在实验开始时也有一段时间的沉默。这部分表明我国高校大学生缺乏思维的主动性，或思维动机不强，存在思维启动困难。另一方面，思维沉默表现在"反向沉默"上，在问题解决上主要依据主观经验，不过多考虑证据，触发阶段认知发生量较少。即对问题的澄清度不足，拿到问题后，迅速进入探究阶段，提出自己对问题的一些基于经验的看法，交换信息很少，很快直接进入综合阶段，拿出一个解决问题的框架，较少关注框架准确性的验证。

二是思维妥协。思维妥协是指消极接受小组（或小组其他成员）的观点，而内心对小组观点是不认同的。在批判性议题的小组探究过程中，各小组表现出来的较为相似的一个特点是"人际影响超越理性认知"，当意见不一致或自己的观点不能被接受时，为了避免人际冲突的产生，会出现"我不认同，但我也不发言反驳了，表面消极接受小组的观点，但内心坚持自己的观点"的现象。

三是思维顺同。思维顺同指原来不认同小组（或小组其他成员）的观点，但通过信息交换、头脑风暴等小组探究后，逐渐放弃或改变自己的观点而认同小组观点的合理性。在批判性思维任务解决的小组探究过程中，部分成员在社会认知上出现了思维沉默，部分成员产生了思维妥协，但也有部分成员产生了思维顺同。结合批判性思维的"开放性"倾向，如何既包容吸收他人的观点，又坚持自己观点中的合理性成分，将成为批判性思维教育中的关注点之一。

四是思维固着。依据对 2 个议题小组探究过程各阶段认知发生量的差异结果，第 4 个阶段即解决阶段的认知发生量几乎没有。即当小组探究形成一个结论后，很少有成员意识到所获得的结论的现实替代应用，或者对结论的可行性及准确性提出测试建议，呈现出思维固着、缺乏思维反思的特点。

2. 不同批判性思维指导下大学生批判性思维过程的认知发生差异

本研究对 3 种不同批判性思维指导下探究小组在不同批判性思维阶段的批判性思维认知发生量进行了编码，并采用 χ^2 分析法对 3 种实验条件下批判性思维认知发生量的差异进行了检验。结果表明，有批判性思维指导干预、有批判性思维指导及问题引导干预的探究小组在批判性思维认知发生量上整体显著高于无批判性思维指导及问题引导干预小组的批判性思维认知发生量；而有批判性思维指导干预、有批判性思维指导及问题引导干预两个小组之间的批判性思维发生量差异不显著（在议题 2 上不显著，在议题 1 上则是有批判性思维指导干预组的批判性思维认知发生量更高）。上述结果表明，批判性思维指导对于学生批判性思维能力及倾向培养有重要作用——不管是通过独立的短期课程方式，还是在其他课程中融入批判性提问等方式。

3. 对大学生批判性思维过程阶段特点的新认知

本研究还获得了一些在 Garrison 等（2010）的指标体系之外的认知发生指标，这些指标也部分体现了大学生批判性思维的特点。基于这些结果，本研究提出了关于大学生批判性思维过程阶段特点的一些新看法，包括：在第一阶段"触发"，可增加"认知减负"指标，即拿到批判性思维任务时，或者在问题解决过程中，既要学会做"加法"，也要学会做"减法"。在小组探究中，"减法"更多地指进行任务分配；在个人探究中，多指对无用信息或无关信息的删减。在第二阶段"探究"，可增加"问题融入"指标，即充分调动原有的信息，吸收新的信息，主动融入小组探究和问题解决，使整个批判性思维过程能够实现信息的畅通，避免"妄下定论""思维放弃"等现象。在第三阶段"综合",可增加"质疑/完善整体解决方案"指标,目前 Garrison 等(2007)模型中关于质疑更多发生在探究阶段,在综合阶段较少关注。但事实上,在综合阶段,当一个方案整合出来后,在测试及应用前,还是会有大学生质疑方案,因此,可在第三阶段增加质疑指标。第四阶段的应用及测试方案,目前整体上都比较缺乏。

因此,批判性思维的 4 个认知阶段并不是固定不变的,从触发、探究、综合到解决,在具体的问题解决情境中,综合可能会出现在探究之前。同时,4 个阶段也不是并列的关系,而是一个递进的过程。4 个阶段互相影响,互相促进。

本研究同时表明,很多探究小组在批判性思维认知过程中最多达到的是第一和第二阶段,即触发和探究阶段,很少达到第三阶段(综合)和第四阶段(解决),特别是无干预的对照组。因此,我们也可以把触发和探究阶段称为批判性思维的一阶(低阶)认知阶段,把综合和解决称为批判性思维的二阶(高阶)认知阶段。为了促进批判性思维过程质量的提升,应该实施以下策略:促进一阶认知(低阶认知)量的增加,促进二阶认知(高阶认知)质的发生。

(三)基于批判性思维过程认知发生特点的大学生批评性思维培养的教学策略

本研究中,对 2 组实验组学生进行了批判性思维的指导干预,研究结果表明,有批判性思维指导干预的实验组(包括实验组 1 和结合问题引导的实验组 2),与无批判性思维指导的控制组相比,在批判性思维过程中有更多的认知发生量。这也表明批判性思维是可以通过有效的教学得以培养的。基于批判性思维过程认知发生特点的大学生批判性思维培养的教学策略如下。

第一,创新教学文化。批判性思维的形成及其认知发生量与个体成长的外部环境有很大关系。大学的教学文化是否开放、是否鼓励创新直接影响大学生批判性思维能力的发展。大学应营造学生发挥主体性、教师注重启发引导的大学课堂氛围,改革以教师讲授和学生接受为主的教学模式,创新大学教学文化。

第二，改革学生评价模式与方法，提高思维评价与创新元素在评价中的权重。要扭转对大学生评价以书面考试、总结性评价为主的倾向，创新学生学业与思维发展评价的多元方法，更全面、更科学地评价大学生的素质发展。在评价方法上尝试运用多种方法综合运用，并对积极探索创新与独创性等因素给予恰当的评价权重。

第三，构建有利于学生批判性思维培养的学习环境。在课堂与教学之外，大学在课外学术活动、社会实践等其他更广泛的教学与学习环境中应当同步建设安全心理扭转，为大学生批判性思维的生成与发展提供辅助。

第四，注重教师的引导作用，重视教师批判性思维教学能力的提升。学生批判性思维有效培养的一个重要前提是教师批判性思维能力及教学能力的提升，教师对问题的批判性理解与把控，影响了在引导过程中给出的引导问题的质量以及对学生讨论方向、信息渠道开拓的把控。

第五，恰当运用现代教育技术，培养大学生批判性思维。现代大学的功能正因信息技术而发生改变，大学生的学习与生活更是全面融入了信息技术。要充分利用移动互联网、社交媒体、网络课程等条件，将大学与大学生习惯与喜欢的科技结合起来。

第六，建设一批高质量的批判性思维培养的独立式、嵌入式或综合式课程。一些高校已经通过各种方式开设提升大学生批判性思维能力的课程，如浙江大学开设的"期刊论文写作与学术报告"课，通过交叉学科导师团大讲堂的形式，结合小组讨论、报告训练等多种不同的教学方式，在促进学生科研能力提升的同时隐性地提升了学生的批判性思维能力。

第七章

基于计算机支持的论证可视
化工具开展大学生批判性思
维培养的实践研究

  前一章分别探讨了基础教育和高等教育阶段学生批判性思维的现状特点及来自教学相关的一些影响因素,并提出新的教育技术环境对学生批判性思维可能产生的新的影响。第七、八章将对基于计算机支持的大学生批判性思维培养的设计和有效性进行探索。

第一节　计算机支持的论证可视化
工具(CSAV)介绍

一、论证可视化工具的发展历程

1826 年,理查德·惠特利(Richard Whately)在一部逻辑学著作中首次提到了论证图(argument mapping)的概念(van Gelder,2011)。惠特利认为用"树"或"逻辑划分"的形式来展示论证过程中的逻辑分析是一种非常清晰和方便的方式。不过,这种方法并没有得到推广,原因是人们在面对复杂论证时需要太多前提条件的描述。之后,美国法律学者约翰·亨利·威格摩尔(John Henry Wigmore)于 1913 年提出了一种图表法,通过生成复杂的法律论证来分析法律案件中的大量证据,以此帮助分析者得出结论(Davies,2012)。

1958 年,哲学家斯蒂芬·图尔敏(Stephen Toulmin)出版了一部很有影响力的著作《论证的用途》(The Uses of Argument),其中提出了一个简单的论证映射方案,使用简单的视觉模式区分了声明(claims)、数据(data)、证明(warrant)、支持(backing)、反驳(rebuttals)和限定词(qualifiers)。在论证过程中,论证者通过将事实性的数据(D)作为论据/证明(W)来证明他们的主张,限定词(Q)表示的是数据对主张的支持程度,而反驳(R)用于反对这个主张。图尔敏认为不存在评估论证的通用规则,主张任何评估论证的有效性都取决于问题的本质。虽然图尔敏的论证模型已经很有影响力,但它的缺点是只考虑了论证一方的内容,如果要考虑辩论双方的情况,该方法就会有缺陷。而且,证明和支持有时难以区分,因为证明往往很隐晦。

20 世纪 90 年代开始,随着计算机和一些专业设计软件的发展,论证图逐渐流行起来（van Gelder，2011）。该领域的代表人物是罗伯特·霍恩（Robert Horn），他制作了一系列的复杂辩论图，特别是关于"计算机能思考吗"这一话题。霍恩认为，在信息技术的支持下，视觉语言具有增加人类"带宽"的潜力，即吸收、理解和更有效地合成大量新信息的能力。

近年来，一些致力于生成论证图的高质量软件工具和程序，如 AGORA、Rationale、Carneades、SenseMaker 和 Convince Me（Peters 等，2011）不断被开发并用于增强人们的批判性思维、推理和论证能力的实践中。

二、计算机支持的论证可视化工具（CSAV）及其效果研究

计算机支持的论证可视化工具（computer-supported argument visualisation，CSAV）是一种论证可视化工具，主要用于帮助各个层次的学习者提升批判性思维（Alvarez，2007；Billings，2008；Hitchcock，2017）。研究表明，CSAV可以有效应对学习者的认知过载问题（Dwyer 等，2011；Rider 等，2014）。认知过载指任务对认知资源的需求程度过高，Sweller 等（2019）确定了大约 7种在设计教学时可以用来克服认知负荷的策略，可视化是其中的一种。

CSAV 能够有效提高议论文写作效率（Elsegood，2007；Hoffmann，2018）。图形组织已经被证明对学生议论文写作能力提升有积极的影响。在写作前和写作中，如果提供策略性信息规划和论证线性化工具，学习者的论证写作水平会有显著提高。CSAV 是一种高级形式的图形组织，它为学习者提供了一个论文规划环境，帮助他们规划其论点的结构和文本，帮助他们在实际写作期间充实利用论点的每个部分。此外，使用 CSAV 也是一种可以提高推理质量的策略，因为它有助于放慢批判性思维教学的速度，从而给学习者更多的反思时间。学生也因此更有可能发现自己在推理过程中的不足、自己的偏见以及局限，从而进行纠正。

除了 CSAV，常见的思维图工具还包括概念图和思维导图。

三、计算机支持的论证可视化工具 Rationale 介绍

Rationale 是一个论证可视化工具,能够帮助学生将自己头脑风暴的内容转化为有证据支持的推理,最后构建出清晰而结构化的论证内容。通过方框内容和箭头的使用,Rationale 支持快速构建、修改、查看和共享推理图(van Gelder,2007)。任何学科或主题中的推理都涉及论证关系、主张及其相关的支持证据。Rationale 使用方框和箭头将人们的论点和论据可视化,从而帮助人们进行推理。

如图 7-1 所示,Rationale 包括许多方框,用以显示支持理由和反对意见的详细信息。在 Rationale 中,论证结构的不同部分有不同的名称,包括论点、支持主张的理由、反对和支持反对的理由、反驳和支持反驳该反对的理由等。方框中可以呈现引用、事实、个人经历、专家意见或大众信仰等内容。论证图的形成需要学习者在该工具中填写各信息单元(方框)的内容。方框的颜色决定了它们所扮演的角色,不同观点用不同颜色框来区分。学习者通过填写方框内容以及用箭头将方框连接起来,以此将自己头脑中关于论证的想法表达出来和组织起来。Rationale 可以为学习者提供内容组织、推理、分析图以及论文规划图等资源。

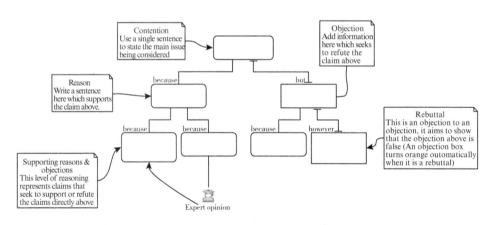

图 7-1　Rationale 中的论点推理结构

通过使用 Rationale,学生可以学习推理和批判性思维的基础知识。学生以视觉空间的表现形式解释和交流大量的命题信息和复杂的推理。教师向学生展示如何使用 Rationale 的方框和箭头来完成一个论证过程,然后学生学习使用 Rationale 来完成一个论证过程。Rationale 允许学生和专业人员通过一种简单的方法来对任何主题进行图解推理,并学习推理和批判性思维的基础知识,从而提高人们的思维能力。

Rationale 中的论文计划编辑页面(见图 7-2)用来指导学生书写与课程内容相关的议论文。其中的推理指示词或短语,如"it follows from""because"可以帮助学习者轻松提取推理结构的框架,而指示词如"however""but""although"等可以帮助学习者识别反论点。

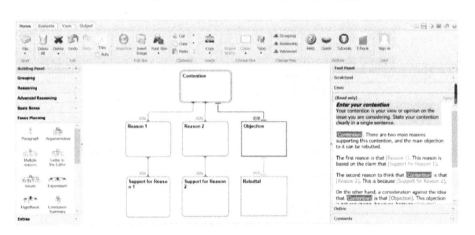

图 7-2　Rationale 中显示的论文计划编辑页面

与概念图和思维导图软件不同,Rationale 是专门为辩论写作训练提供的论证可视化工具(van Gelder,2007)。它的目的是在学习环境中增进学习者对论点的分析,进而产生良好的推理,以提升学习者的批判性思维。Rationale 平台上支持学习者为辩论中的论点提供各种证据,包括共同信念、数据、例子、专家意见、个人经验、出版物信息、网站信息、引用、定义、断言和统计数据等。论证是辩论得出结论的重要前提。利用该工具,学习者可以构建一个较好的论证结构。作为一个提升批判性思维的工具,

Rationale 能较好地支持论证过程。

已有的研究表明,CSAV 有助于提升大学生的批判性思维(van Gelder, 2011)。究其原因,教师在教学中使用论证图工具,将学习者的论点分组或单独表示出来,以帮助他们掌握基本概念和论点的构建,从而提高学习者的推理能力(Rapanta 等,2016)。

论证图是一种批判性思维培养的有效教学策略,它使学习者可以在不考虑上下文的情况下将思维可视化。在教学干预中使用论证图的学者证实,论证图总体上能提高了学习效果,尤其是提升了学习者的批判性思维技能(Davies,2009)。

第二节　将 CSAV 作为培养批判性思维通用方法的课程教学设计与实施

一、研究设计

(一)课程介绍

"现代教育技术"是浙江大学教育学院公共事业管理和教育学专业二年级本科生的必修课程,课程时长为 16 周,每周 2 次(3 课时/次),每节课时长 45 分钟。本研究在课程的后半段(2018 年春夏学期的后 8 周)将 CSAV 作为通用方法进行教学内容设计,目标是培养学生批判性思维中的论证分析技能。课程内容用英语讲授,考虑到所有学生的英语学习年限为 8—14年,具备较好的英语听说读写能力,本课程以英语作为母语的留学生(也是本课程的设计者)直接进行英语授课。

(二)教学设计

课程以戴维·梅里尔(David Merrill)的首要教学原理为教学设计依据,目的是基于该综合教学设计模型的学习环境促进复杂学习的发生。教学设计遵循首要教学原理中提到的五大原则,即以问题为中心、激活先前知识、呈现新知、应用新知和整合新知(见表 7-1)。

表 7-1　将 CSAV 作为培养批判性思维通用方法的"现代教育技术"课程教学内容设计

教学设计原则	将 CSAV 作为通用方法的内容设计
以问题为中心:当学习者专注于解决现实世界的问题时候,学习便发生了	教师向学生介绍批判性思维的定义及内涵,介绍批判性思维训练的预期结果和论证分析的技巧,重点解释如何通过论证分析来呈现批判性思维。教师还向学生介绍如何使用 Rationale 工具来练习不同的批判性思维技能。 为了让学生能够运用论证分析的技巧来理解批判性思维的概念,教师向学生呈现问题情境,例如,学生们在购买基于 OS 操作系统的计算机或基于 Windows 操作系统的计算机时会遇到的问题。 问题 1:我是否应该买一台苹果电脑。在这个练习中,我们将尝试一起思考,并提出一连串的理由或论点,证明你为什么需要一台 Mac 电脑,或者提出反对的理由。然后评估你的理由,并决定哪一个理由是有效的。 问题 2:我们的决定受我们的信念的影响。想想是什么会让你相信"Mac 电脑比 Windows 电脑更好"这句话? 提示:考虑一些支持和反对的理由,判断你是否同意这些理由。
激活先前知识:当学习者先前的知识和技能被激活时,学习便发生了	教师提前准备一些问题,用于帮助学生将所学的新知识与已有的知识进行有意义的关联。所选问题可以来自教科书内容,目的是将新主题的概念与学习者先前学习的知识联系起来。学生讨论的问题可以从简单到复杂。或者让学生思考在计划和评估技术融入课程或学校系统时应该考虑哪些因素。教师组织学生在课堂上通过生生交流和师生交流来讨论这些问题。 之后,教师让学生回忆高中时的议论文写作,以激活他们所学的议论文知识。接下来,教师告知学生在使用 Rationale 构建论证图时,学生们要根据工具使用说明呈现内容,将陈述句写在方框中,这有助于学生理解为什么他们必须在写作前先思考。这个平台可以帮助他们更有计划地学习,以及学习如何抑制冲动行为。
呈现新知:当向学习者展示新知识时,学习便发生了	为了更好地在"现代教育技术"课程中融入批判性思维的内容,教师要针对论证结构中的特定内容提供清晰的说明(例如,哪个方框中可以放哪些类型的句子),这有助于学生思考不同的信息在论证中扮演的角色。教师也要告知学生如何识别未阐明的假设和表述不当的主张。学生在准备将他们想要传递的信息转换到方框时需要学习如何表达各种陈述语句。 在此阶段,在学生呈现论点(问题)的不同部分(声称、理由、反对和反驳)时,教师可以在 Rationale 中做示范。例如,为表明这些不同部分都需要用陈述句,老师通过在方框中写一个声明的内容来演示陈述句的表达。通过 CSAV 工具的使用示范,学生也可以了解到连接词不允许出现在方框中。

教学设计原则	将 CSAV 作为通用方法的内容设计
应用新知:当学习者将所学到的与所授科目相关的新知识和技能付诸应用时,学习便发生了	学生专注于如何在与教育技术相关的问题中应用或识别批判性思维的具体要点。例如,教师向学生一篇关于人工智能辩论的文章,让学生找到不同论点以及它们是如何相互关联的。教师可以根据需要引导学生阅读文章,并引导学生去总结文章中作者的论点结构。之后,教师可以准备几个相关的和更具有挑战性的问题,让学生有更多机会参与知识的应用。 在 Rationale 工具中,教师向学生提供一幅不完整的论证图,让他们使用可视化工具,以个人或小组的形式来完成。之后,教师逐渐减少指导。
整合新知:当学习者能够将新知识整合到现实生活中,就像在课堂设置的情况下,通过小组讨论、反思和捍卫新学习的知识时,学习便发生了	教师要求学生就一个给定的话题或他们选择的话题形成论点,并在论证图上表示出来,之后将论证图上的论证内容转化成文本。例如:你认为科技改变了学习的本质吗?请解释为什么这样的回答。 教师向学生提出更多的任务要求。学生使用可视化工具来完成论证分析任务,展示他们对技巧或论证分析的理解。 任务示例:用可视化地图说明你的答案。学生确保清楚地定义自己的主张,给出支持主张的理由。记住,要平衡你的论点,提供一个或多个反对理由来支持你的反对立场。最后,在你的反驳中提供一个平衡的结论。

具体而言,课程采用教师讲解和学生主动学习相结合的方式进行。每周的两次课中,第一次是教师讲授"现代教育技术"课程的章节内容,第二次是将 CSAV 作为通用方法的课程教学活动实施。教师在第一周会告知学生接下来几周时间内教师将指导学生通过使用 CSAV 工具 Rationale 来训练他们的论证分析技能,目的是提升他们的批判性思维水平。在第 2—7 周,根据前测中学生论证分析和议论文写作的结果,设计并实施有针对性的论证分析和议论文写作训练活动,教师首先向学生介绍论证和批判性思维所需要的重要组成部分,教师通过使用与学生日常生活相关的例子或问题进行描述。接下来,教师教导学生如何系统地提取论点结构,在阅读文本的基础上,确定主要论点,找出推理指示词,剔除导致认知超载的无关信息,从而提取出文章整体结构的推理要素,然后在论证图上将相关内容反映出来。

（三）研究对象

本研究以参与"现代教育技术"课程学习的 41 名大二学生为研究对象，其中女生 38 人，男生 9 人；公共事业管理专业 16 人，教育学专业 29 人，财务管理专业 1 人，机械工程专业 1 人。

（四）研究工具

前后测使用的工具是学生完成的论证分析内容以及类似全国大学英语四级考试（CET）中的议论文写作内容。问卷采用的是 Dwyer(2011) 的批判性思维问卷以及 Lin(2018) 的议论文写作问卷。访谈内容主要围绕课程是否对学生的论证分析和议论文写作有帮助。

（五）数据收集与分析

8 周课程中的第 1 周，学生主要完成了前测，前测内容是让学生完成 1 篇论证分析和书写 1 篇议论文。在第 8 周的最后一次课上对学生进行后测。前测样本量为 41 个，后测样本量为 31 个。在第 4 周，教师对学生进行中期干预评估，主要采用中期干预访谈、议论文写作以及批判性思维和 CSAV 主题的自我评价问卷，以了解学生对该课程的印象。

为了保证前测和后测评价的难度水平相同，后测评价中使用的文本和议论文文本均取自学生的课程材料。除了论证定义中包含的要素，学生能够快速概括的错误陈述也被用作评价学生任务完成的标准。学生在 Rationale 中呈现的论证分析主要包括论证结论、反驳（反对的观点）、理由和证据来源。对论证分析的评价规则如下：如果学生识别出论证中作者的一个论点（结论），那么得 1 分；如果没有识别出，则得分为 0 分。如果学生识别出作者的一个支持或反对的意见或理由，那么得 1 分，识别得越多，得分越多。

在议论文评价方面，为了确保评价的客观公正性，学生的议论文由两名英语教师打分。其中一位是大学英语考试考官，另一位是高中英语教师且具有英语硕士学位。如 Woodrow(2011) 所描述的，CET 作文评价量规是一个测试学习者 6 个写作水平（分别为 0、2、5、8、11、14 行）的综合量表，其分数从 0—14 分不等,0 分代表写了很少的单词,14 分代表写了一篇高分的文章。在这个评价标准下,前测中多达 25 名学生成绩低于 7 分。但是,后测中 20 名学生的成绩在 8 分以上。在参加预测试的 41 名学生中,有 10 名学生没有参加后测,因此,他们的数据没有纳入统计。

二、研究发现

如表 7-2 所示,通过对课前和课后学生论证分析的 4 个维度(作者的论点陈述、作者支持的理由及证据来源、作者反对的理由及证据来源、个人的结论)和整体表现的比较,发现将 CSAV 作为通用方法的课程实施后,31 名大学生在论证分析的"作者反对的理由及证据来源"$[t(31)=6.49]$ 以及"个人的结论"$[t(31)=2.21]$ 两方面有显著提升($p<0.05$),同时,31 名大学生在论证分析的整体表现方面有显著提升$[t(31)=5.30, p<0.05]$。

表 7-2　课前和课后学生论证分析中各维度的质量比较

论证分析		人数	M	SD	df	t	p
作者的论点陈述	前测	31	0.90	0.30	30	1.98	0.06
	后测	31	0.74	0.45	1		
作者支持的理由及证据来源	前测	31	1.71	1.30	30	0.88	−0.39
	后测	31	1.97	0.95	1		
作者反对的理由及证据来源	前测	31	0.42	0.50	30	6.49**	0.001
	后测	31	2.19	1.56	1		
个人的结论	前测	31	0.61	0.67	30	2.21*	0.035
	后测	31	1.03	0.80	1		
整体表现	前测	31	3.58	1.77	30	5.30**	0.001
	后测	31	5.90	1.74	1		

注:$p^*<0.05$,$^{**}p<0.01$

如表 7-3 所示,通过对课前和课后学生议论文质量(评分参考大学英语考试中的作文评价标准)的比较,发现将 CSAV 作为通用方法的课程实施后,31 名大学生的议论文质量有显著提升$[t(31)=4.14, p<0.05]$。

表 7-3　课前和课后学生议论文质量比较

测试	人数	最低分	最高分	M	SD	df	t
前测	31	0	13	7.32	0.48	30	4.14^{**}
后测	31	5	13	9.61	0.39	1	

注:$N = 31$;** $p < 0.01$

三、讨论与结论

本研究旨在检验将 CSAV 作为培养学生批判性思维通用方法的课程教学实施效果。最后主要考查学生的论证分析技能是否发生变化,论证分析技能主要通过论证分析和议论文写作两个任务的完成质量来考察。

前测结果显示,学生在论证分析中不太愿意识别作者反对的观点,在论文写作中也不愿意呈现反对的观点,前测中学生几乎没有出现"主张"(claim)的内容。在课程实施后,学生在论证分析中识别作者反对的观点以及写作中呈现反对观点的次数有明显提升,这要归功于 CSAV 的特点,即它需要学生明确找出并填写论证分析中的不同部分内容(Woodrow,2011)。就如之前的研究所说的,CSAV 的使用具有刺激—反射和自我校正的作用。

通过使用 CSAV,本研究中的学生能够在论证分析中识别作者的主张,也能在自己的论文写作中呈现自己的主张。不过,虽然学生能识别作者的主张,在他们的文章中也能呈现自己的主张,但有些识别或表达是错误的,这主要是由于学生错误地使用了推断信息或支持理由的证据来源。这表明,尽管采用 CSAV 辅助教学,论证结构的某些语言特征可能比语言特征本身更难习得。

Davies(2009)认为,区分论点的所有组成部分和理解教学语言是非常复杂的工作,而亚洲的教育文化容易促使学生死记硬背,因此,学生在评论文章与理解论点方面面临挑战,CSAV 则能够帮助他们学习批判性思维。正如 van Gelder(2007)所说的,CSAV 提高了推理技能,因为它强加了比传统方法更有目的性的练习,使得论证结构更容易理解。

本研究证明了 CSAV 有利于培养学生的批判性思维单一技能（论证分析）。经过课程学习,学生在论证分析和写作中能够提供更多的理由来支持他们的主张,甚至提供了反对的观点,这在前测中几乎没有出现过。

本研究的结果证实了 Harrell 等(2015)的研究发现,即接受过论证训练的学生在课程表现上明显优于未接受过训练的学生。接受过训练的学生倾向于列出更多的理由来支持他们的论点,提供更多的证据来源来支持他们的理由,他们的理由和证据来源之间比较匹配,他们能提供明确的解释说明这些理由和证据来源能支持最终的结论,并提出可能的反驳意见。

不过,由于本研究中的课程是英文授课,使用学生第二语言来教授可能会妨碍学生批判性思维的发展。本研究发现,如果是第二语言授课,内容应尽可能简单,文本不要太长。

第三节 将 CSAV 作为培养批判性思维融入方法的课程教学设计与实施

一、研究设计

(一)课程介绍

本研究依托的课程是杭州师范大学开设的本科课程"现代教育技术",课程内容包含以下 5 个主题:①获取和使用基于信息技术的多媒体教学资源;②PPT 制作;③制作微课及快速网页设计系统(工具);④智能课堂环境;⑤游戏化和地平线报告。课程在 2018—2019 学年的秋冬学期实施。

(二)教学设计

本研究采用随机分组的形式将学生分为两组,即实验组和对照组,实验组和对照组都是由同一名课程讲师讲授。课前,研究员对任课教师进行了很好的指导,确保实验组采用将 CSAV 作为培养批判性思维融入方法的课程整体设计(见表7-4);而在对照组研究员并没有提到批判性思维。任课教师被充分告知教学干预的目的以及在干预过程中涉及的6个主题的教学活动设计。两个班各实施了7次,每次持续2小时。

表7-4　课程四阶段和师生教学活动设计

阶段	原则	师生教学活动
课程介绍	激活旧知,呈现问题	教师介绍每节课的目标和为课程选择有针对性的思维技巧。例如,在第一课中,教师在介绍了课程目标后,给学生呈现哈尔伯恩的5项批判性思维技能并解释其含义和重要性,告知学生这些批判性思维技能如何帮助大家学习教育技术知识。最后,教师提出问题,学生进行小组合作
内容的呈现,为学习者提供思考词汇	表现出积极和富有技巧的思维	基于学生的反馈,在安排小组分享前,教师通过示例等教导学生如何借助语言、知识和技能在给定任务中运用批判性思维。各小组成员可以通过各种形式提供反馈,或在不同小组提出不同观点时对他们的观点进行总结
帮助学生思考他们的想法	运用新知	教师提出一些需要深思熟虑的问题,引导学生反思自己的想法。例如,教师可能会问与这5种技能中的任何一种技能相关的问题。以"可能性和不确定性分析"为例,教师的问题是:"如果使用设计糟糕的PPT会发生什么?"提问能让教师知道学生做的正确与否,以及如何纠正。教师鼓励学生使用Rationale进行练习,这有助于他们进行有目的的反思
课程总结	知识整合和迁移	教师向学生提出日常生活任务,目的是让学生将课堂所学知识整合到生活中。例如,教师向学生提供一篇有关中国微课的新闻报道,让他们使用Rationale工具分析其中的内容。此外,学生每次完成任务,教师都要求他们总结他们用于分析文章的批判性思维技能

具体而言,实验组的学生被分为11组,每组4人或5人。在课程实施之前,首先为学生创建了Rationale和Moodle账户,以方便他们访问和使用这两个平台,教师还给学生提供关于如何使用Rationale的视频。课程中也指导学生如何使用Rationale创建思考地图,以及如何使用Moodle访问并下载和上传老师要求他们在每节课上完成的任务。学生通过几个小组合作完成的活动来练习使用Rationale分析教育技术问题,以提升哈尔伯恩强调的5项批判性思维技能,即语言推理,假设检验、论证分析、可能性和不确定性、解决问题和决策(见表7-5)。

表 7-5 5 项批判性思维技能及对应的学科能力和问题示例

批判性思维技能	学科能力	问题示例
语言推理:有助于人们识别和避免任何情况下没有说服力的证据	识别术语的歧义; 识别设计不当的教学材料中的错误; 理解基于"现代教育技术"课程计划的可能的结果	某人/某物的优点是什么?这意味着什么? ……对……的影响如何? ……可以用于……?
假设检验:让人们根据给定的假设进行观察和开展实验,并评估给定假设的有效性	确定能促进学习的多媒体资源选择方案; 考察用于得出结论的观察是否充分,例如,在准备多媒体课件时,你的观察让你从下载的图像、视频、PPT 或 pdf 中发现了什么? 在进行归纳时,检查样本量是否足够、是否存在可能的偏差	如果……会怎么样? 如果……会是什么? ……如何影响……? 这部分内容和我们之前学过的内容有什么关系? 我们是否有很好的理由去概括、总结和推断?
论证分析:让人们阐述和检查自己和别人的论点的可靠性和优势	认清与现代教育技术有关的主要论点; 从给定的数据集中推导出精确的陈述; 对教学实验研究所得结论的有效性进行质疑; 对给定的问题提供不同的看法	问题或解决方案是什么?支持它的理由是什么? 你能就……提出反对意见吗?
可能性和不确定性分析:有助于预测人们日常决策和问题解决中成败的概率	预测某事发生的概率; 识别出教学实验研究所得结论和研究假设的关系; 意识到做决策需要更多的信息; 做出有效的预测	你如何预测多媒体资源的选择会带来成功或失败的学习结果? 要对……做出决定还需要哪些其他信息?
解决问题和决策:允许识别和创造新的、替代性决策和解决问题方法	找出解决问题的几种替代方法; 研究用科技解决教与学问题所需的重要步骤; 评估教育技术问题相关的解决方案; 根据证据做出决定; 在解决教育技术相关的问题时使用正确的类比	……类似于什么? 你有足够的证据做出合理的决定吗? 有什么替代方法适合解决这类问题?

图 7-3 是学生使用 Rationale 对课程 PPT 中的推理进行评估的示例。研究人员全程参与课程的实施，以确保课程按照设计实施。

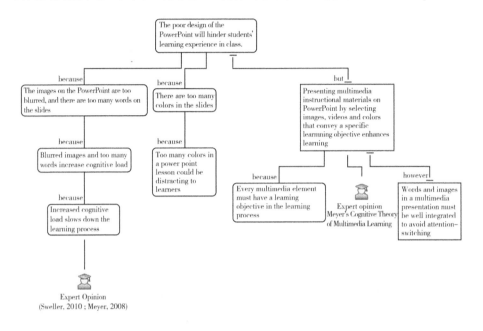

图 7-3　使用 Rationale 对课程 PPT 的推理评估示例

不过，CSAV 不是课程中主要采用的教学策略，除了 CSAV 策略，本研究中实验组还采用了以下 3 种策略：①为学生布置真实的活动，让他们在真实活动中使用 CSAV 工具进行学习，例如，为第三世界国家的一所学校设计一个网站；②采用抛锚式教学；③采用小组讨论，为学生提供分享观点的机会。这 3 种策略会帮助学生提升其与学科内容相关的批判性思维，而 CSAV 工具帮助学习者在学习时制订计划和进行自我纠正，以减少他们在分析中出错的机会。

（三）研究对象

本次研究的参与者是杭州师范大学中文专业的 93 名三年级学生，他们都选修了"现代教育技术"课程，年龄在 19—22 岁。采用随机分组的形式将 93 名学生随机分成两组，实验组共 48 名学生（44 名女生、4 名男生），对照组共 45 名学生(41 名女生、4 名男生)。

（四）研究工具

课后学生完成测试,包括笔试和实践考试。笔试要求学生根据"现代教育技术"课程涉及的主题,为信息技术环境下的一堂课制订教学设计计划。实践考试要求学生根据各学科的教材和教学设计,制作多媒体课件进行课堂演示。

Halpern Critical Thinking Assessment(HCTA)测试针对的是通用批判性思维技能测试,但在本研究中它用于评估主题批判性思维技能,共包含 20 个项目,每个项目都是基于各种现实生活问题,如健康、教育、政治和社会政策。每个场景由两种评估格式组成:构造的响应(构造的响应项)和要从其中选择的答案的短列表(强制选择项)。本研究采用 Cronbach's $\alpha =$ 0.78 和 0.81 的前测和后测的建构回答和强迫选择格式组合。此外,本研究使用的是其翻译版,由 1 名硕士研究生、1 名博士研究生和 2 名语言教师组成的团队进行了中文翻译。翻译后的版本由另一位专家进一步进行双重检验,以确保其有效性和可靠性(见表 7-6)。

表 7-6　HCTA 选项及学习活动样例

HCTA 选项的样例	学科主题相关的学习活动样例
一些大学正在考虑一项新的毕业要求,即每个学生必须做一些有意义的公共服务才能毕业。用不超过 5 句话的篇幅解释你对这个提议的立场	在探索了"小组地图旋转"和"技术信息"这两部分是如何在链接 https://genzhe-cmm-xuewangye. kuaizhan. com 中实现后,用不超过 5 句话给网页设计师新手提建议

为了测量小组讨论中的个人、小组表现和态度,使用 Dawes 等(2004)的"一起思考日记"问卷进行测量,它是一种结构化的日记,专门用于在小组讨论中精确估计不同类型的行为。

（五）数据收集与分析

在课程开始前和结束时,研究者安排实验组和对照组学生做批判性思维问卷。实验组的 48 名学生均完成前测,39 名学生完成后测;对照组 45

名学生均完成前测,31 名学生完成后测。

在课程实施过程中,让学生完成自我评估问卷,评估他们自己在小组讨论中的个人、小组表现和态度。

在课程结束两天后,研究者从实验组随机抽取 6 名学生(1 名男生、5 名女生)进行了访谈,以此了解学生对课程的态度和看法,以及他们在小组讨论中的个人和小组表现。访谈由 7 个开放式问题组成,研究者创建了一个微信群,每个学生发布他们对 7 个问题的答案。

二、研究发现

表 7-7 给出了实验组和控制组 5 项子技能的前后测平均值、标准差、t 值和 p 值。实验组和对照组在 5 个批判性思维子技能的前测差异无统计学意义。实验组与对照组的 5 项批判性思维子技能的后测均值和标准差均有显著差异:①假设检验(实验组:$M=22.28,SD=4.09$。对照组:$M=19.00,SD=4.70$);②问题解决(实验组:$M=33.46,SD=3.99$。对照组:$M=31.16,SD=4.98$);③论证分析(实验组:$M=24.18,SD=6.05$。对照组:$M=24.16,SD=4.21$)。然而,两组在语言推理(实验组:$M=15.97,SD=2.62$。对照组:$M=16.00,SD=2.22$)和可能性/不确定性(实验组:$M=9.74,SD=2.07$。对照组:$M=10.29,SD=2.49$)指标上几乎相同。

表 7-8 显示了实验组和对照组的配对差异。配对样本 t 检验也显示实验组的后测得分显著高于前测,$t(38)=-6.02,p<0.001$,假设检验;①$t(38)=-4.07,p<0.001$;②语言推理,$t(38)=-3.51,p<0.001$;③论证分析,$t(38)=-2.72,p<0.001$;④可能性/不确定性,$t(38)=-3.03,p<0.05$;⑤问题解决,$t(38)=-4.41,p<0.001$。尽管如此,与测试前相比,对照组在测试后的语言推理和论证分析方面表现得更好。

表 7-7　实验组和对照组前后测的 t 检验

批判性思维子技能	组别	N	前测	后测	t	p
			$M(SD)$	$M(SD)$		
假设检验	实验组	39	20.00(4.73)	22.28(4.09)	−4.079	0.001*
	对照组	31	18.87(3.98)	19.00(4.70)	−0.163	0.872
语言推理	实验组	39	8.26(2.88)	9.74(2.07)	−3.512	0.001*
	对照组	31	9.42(2.08)	10.29(2.49)	−2.840	0.008*
论证分析	实验组	39	21.46(6.11)	24.18(6.05)	−2.724	0.010*
	对照组	31	22.52(4.63)	24.16(4.21)	−2.378	0.024*
可能性/不确定性	实验组	39	14.79(2.98)	15.97(2.62)	−3.036	0.004*
	对照组	31	15.52(2.32)	16.00(2.22)	−1.107	0.277
问题解决	实验组	39	29.54(5.54)	33.46(3.99)	−4.414	0.001*
	对照组	31	30.29(5.04)	31.16(4.98)	−1.256	0.219

注：* $p < 0.05$

表 7-8　实验组和对照组的配对比较

批判性思维子技能	MD	SD	T	df	p
假设检验	−1.33	4.05	−2.75	69	0.008*
推理言语	−1.21	2.28	−4.45	69	0.001*
论证分析	−2.24	5.30	−3.54	69	0.001*
可能性/不确定性	−0.87	2.44	−2.99	69	0.004*
问题解决	−2.57	5.08	−4.24	69	0.001*

注：实验组,$N = 39$;对照组,$N = 31$

　　学生的课程成绩也显示实验组学生的成绩略优于对照组学生。根据 Levene 方差齐性检验,假设实验组和比较组相等[$f(1,103) = 0.107, p = 0.74$],均数检验显示 $f(103) = 1.04, p = 0.302$。比较平均值显示,实验组优于对照组,实验组($M = 85.52, SD = 3.23$)和对照组($M = 84.85, SD = 3.38$)的平均差异为 0.67。表 7-9 给出了实验组和对照组课程成绩的描述性统计和独立样本 t 检验结果。

表 7-9   实验组和对照组的课程成绩描述性统计

组别	N	M	SD	MD	F	p	df
实验组	52	85.52	3.233	0.67	0.107	0.30	103
对照组	53	84.85	3.382				

注:$p>0.05$

对实验组的论证分析技能的前、后测试分数进行配对样本 t 检验(见表 7-10)。结果显示,与前测($M=21.46$;$SD=6.11$)相比,学生在后测中表现更好($M=24.18$;$SD=6.05$),$t(38)=2.72$,$p=0.010$。

表 7-10   学生论证分析的前后测表现比较

测试	N	M	SD	t	p
前测	39	21.46	6.11	2.72	0.010*
后测	39	24.18	6.05		

注:* $p<0.05$

此外,在教学过程中,教师安排学生填写自我评价问卷,以了解他们对小组讨论的态度、想法以及他们在各小组中的贡献。在全程参与的 39 名学生中,研究者最终选择了 20 名参与者的问卷记录进行主题分析。总的来说,学生对小组讨论中的个人贡献感到满意,他们认为小组讨论会促使他们思考,甚至会改变他们对某个概念的想法,这有助于他们在整体批判性思维和单项批判性思维技能上作出积极表现。

最后,访谈结果表明,课程中安排的小组讨论和动手完成任务让他们有了较多的改变,小组讨论丰富了他们的思考,小组中同伴的反馈也非常及时。这证实了 Abrami 等(2015)和 Johannessen(2001)的发现,即对话可以提升学习者批判性思维水平。小组讨论激发了学生的思考,为他们提供了思考新想法的平台,学生参与越多,从中得到锻炼的机会也就越多。这也印证了戴维·梅瑞尔(David Merril)的首要教学原理中原则的有效性,即当学习者有机会展示他们的新知识或技能时,学习便发生了。

此外,学生认为 CSAV 对他们的思维能力和性格也有相当大的影响。一些学生认为,CSAV 的使用可以将他们的想法可视化,进而降低忘记的概率或减少犯错的机会,促使他们更为严密地思考。因此,学生表示自己组织想法的方式以及思维受到了影响,而另一些学生认为它只影响了他们组织想法的方式。

三、讨论与结论

实验组和对照组的前后测结果显示,无论是实验组还是对照组,后测表现都好过前测表现,这可能首先归因于学习过程中学生的成熟度增加和测试影响(在本例中是 HCTA 测试),这种解释与 Marsden 等(2012)的说法是一致的。他们的研究发现,不管采用哪种干预,学生在大学期间都会逐渐成熟。其次,重复同样的测试可以触发学生记住问题或创造性学习的意识,从而在第二次测试中取得更好的成绩。最后,由于"现代教育技术"课程本身已经涉及很多问题的解决,课程讲师使用传统的方法含蓄地教授学生一些批判性思维策略,而学生可能已经学会如何解决课程问题,甚至不知道他们正在使用批判性思维技能。和对照组学生相比,实验组学生的一般批判性思维技能有显著提升。实验组中学生的批判性思维提升力度更大的可能是课程的系统设计。这一结果与 HCTA 测试的学生批判性思维评估结果一致。结果表明,引导小组讨论真实问题、培训主题教学、使用 CSAV 工具练习可视化思维以及要求学生在完成任务后总结批判性思维技能,能够帮助他们掌握正在学习的技能。这一发现证明了 Abrami 等(2015)的元分析的建议是正确的。即外显式批判性思维教学策略的组合比单独使用个体策略的效果更显著。

将 CSAV 作为培养批判性思维融入方法的使用是否有助于提升学生学科知识相关的批判性思维技能以及他们的学业成绩? HCTA 测试结果也显示,实验组(CSAVIN)在进行一般认知批判性思维评估测试后,所有的批判性思维技能都有显著提高,而对照组(NoCSAVIN)仅在两项技能(口头推理和论证分析)上有显著提高。解决问题技能的高表现水平与 Dwyer (2011)的研究相反。在该研究中,通过 HCTA 测试测量的解决问题技能在实验组中没有看到任何显著的改善,在语言推理、可能性/不确定性方面观察到较低的平均差异,这可能是因为教师在灌输过程中没有向学生充分解释,因为现代教育技术学的课程内容本身有很多动手操作的任务,而这些技能被过度展示。此外,教学干预主要发生在下半学期,在前面的学期中学生或许已经训练了该技能。

前后测结果分析显示,使用 CSAV 可以较好地促进学生论证分析能力的提升,该结果与之前的一些研究发现保持一致(Eftekhari 等,2016;Harrel 等,2015)。Rationale 是一个论证可视化工具,实验组学生通过它可以练习将自己的思维可视化,因此,实验组的学生在后续的论证分析中表现得更好,这也再一次证实了之前的研究发现,即论证可视化过程中学生的思考和训练可以提高他们的批判性思维技能水平(Harrel 等,2015;van Gelder,2015)。

研究结果表明,实验组在总体批判性思维能力和所有 5 项批判性思维技能方面均优于对照组。HCTA 测试获得的对比结果表明,在后测中,实验组的总体批判性思维能力(尤其是假设检验、论证分析和问题解决)相较于前测明显优于对照组。这个结果表明,在 CSAV 融入方法中结合各种明确的教学策略,例如培训教师使用抛锚式教学、在小组讨论中让学生练习批判性思维技能、在系统的和基于模型的教学设计中使用 CSAV 工具来培养针对批判性思维的倾向技能,对于本科生的批判性思维提升是非常有效的。但是,这两个条件下的学生课程成绩得分只有微小的平均差异。比较的平均值表明,实验组($M=85.52,SD=3.23$)略优于对照组($M=84.85,SD=3.38$),其平均差(MD)为 0.67。

第四节　基于 CSAV 开展大学生批判性思维培养的实践反思

　　在教育环境中训练学生的思维日益受到重视。有关批判性思维的教学可以使学生对呈现在他们面前的信息有更深入的理解，而不只是简单的信息记忆。已有文献中有关批判性思维教学的研究更多地集中于教授日常生活中通用的批判性思维技能（通用方法）以及使用相关领域通用的批判性思维测试工具评估结果。相比较而言，与主题相关的特定领域的批判性思维技能提升仍值得深入探究。尽管现在研究已朝着主题批判性思维教学（融入方法）的方向转移，但已有研究尚未有探讨哪种教学方法对培养学生的主题批判性思维更有效。

　　一些研究表明，运用 CSAV 的教学策略比其他一些批判性思维教学策略能更有效地激发大学生的批判性思维。研究发现，与使用传统的独立批判性思维课程和计算机辅助教学结合写作指导的课程相比，基于 CSAV 的批判性思维教学会让本科生获得更大的进步。但这些研究并没有梳理出有效的促进大学生利用 CSAV 提升学习效果的教学设计和策略。

　　本研究认为，由于批判性思维涉及多种复杂的技能，所以其培养不仅需要单一的教学策略，更需要多个明确的教学策略的结合。在本研究中，使用 CSAV 支持主题批判性思维的培养方式可能会受益于系统的、基于模型的主题内容教学设计。因此，本研究的总体目标是进行两项混合方法的案例研究，其中一项研究将 CSAV 作为一种通用方法（CSAV-general），另一项研究将 CSAV 作为融入方法（CSAV-infusion），研究者在两个案例中利用这两种方法，研究系统设计的学习活动在促进大学生获得特定领域批判性思维技能方面的有效性。

　　本研究之所以使用系统的基于模型的方法设计批判性思维教学，是希望基于综合教学设计模型的学习环境设计能够促进复杂学习的发生。因此，本研究采用了首要教学原理模型来设计这两个案例中的教学干预，该模型强调系统性方法的重要性。已有实证研究表明，从主题教学中涌现出来的、经过实践检验的教学设计原则能够为设计旨在开发学习者高阶思维的学习环境提供明确的指导。

　　在两个案例研究中，学生访谈和自我评价的结果均显示他们对研究中采用的系统设计的态度和看法是积极的。但是，通过对两个案例的比较，研究者发现母语教授批判性思维会让学生更加自在。

　　这两个案例研究存在一些异同。两者都采用了系统的和基于模型的方法来设计上述批判性思维教学，利用 CSAV 的批判性思维教学的详细设计基于以下步骤：

　　（1）分析阶段。包括以下活动：确定批判性思维目标技能；确定可促进批判性思维发展的教学设计模型、选择 CSAV 工具（Rationale）并翻译HCTA 测试。

　　（2）设计和开发阶段。包括以下活动：分析主题内容；基于所选的教学设计模型和批判性思维评估测试设计锚定式学习活动；基于教学设计模型的学习活动的组织和排序（激活先验知识，演示、应用和集成新知识）；设计明确的教学策略（小组讨论，辅导）；基于批判性思维评估测试的评估标准或逻辑的 CSAV 活动。

　　（3）实施阶段。包括以下活动：对基于学科主题的教师进行实施课程设计的培训；实施设计的教学活动；教师通过为学习者提供思维词汇和清晰的例子明确强调批判性思维目标技能；通过指导学生如何利用 CSAV 工具有意识地、深入地开展思维可视化活动，以此来培养学习者的批判性思维倾向。

　　（4）评估阶段。包括以下活动：对学生的批判性思维技能进行前测；对学生进行 HCTA 测试；评估小组讨论的进度（在第 3、4、5 节课开展学生的自我评估问卷);对学生的批判性思维技能进行后测;对学生进行 HCTA 测试;开展针对实验组学生的访谈。

这两个案例研究的参与者都选修了"现代教育技术"课程。这两个案例研究所采用的教学策略包括:能够刺激批判性思维的真实且与情境相关的学习任务;教师对与课程相关问题的解决方案的反复展示;为学生提供独立练习解决有意义的课程问题的机会。同时,无论是在小组讨论还是在全班小组讨论中,学生都有反思和辩护自己的课程问题解决方案的机会。学生能够得到教师及时的指导和纠正反馈。

通用方法和融入方法的主要区别在于,前者专注于训练学生的单一项批判性思维技能,即论证分析,其结构成分包括论点、结论(争论/立场/主张)、理由、反对、推论、指示词、证据来源,以及谬论或错误。前者的教学内容是研究者基于首要教学原理教学设计模型设计并开发的,内容是学生先前学习过的"现代教育技术"课程内容,教学由研究者实施。从教学开始到每堂课结束,CSAV 都是主要策略。前者采用的是单组前后测的设计。后者侧重于对学生 5 项批判性思维技能(假设检验、论证分析、语言推理、可能性/不确定性、问题解决)的训练。该教学由教育技术学专业任课教师按照设计好的课程内容实施。在每节课的最后部分,教师会使用 CSAV 作为提升学生批判性思维的一种策略。融入方法采用了两组(CSAVIN 组和NoCSAVIN 组)前后测的设计,其中只有 CSAVIN 组接受了运用 CSAV 的设计课程。

本研究的发现有力地表明利用 CSAV 促进大学生批判性思维技能发展的一种可能策略是系统的基于模型的教学设计。在教学设计中,无论是运用通用方法,还是运用融入方法,CSAV 都可用以促进大学生批判性思维的发展。

第八章

基于在线协作平台开展
大学生批判性思维培养的
实践研究

　　"浙大语雀"是一款专业的云端知识库工具，是"研在浙大"线上科研的核心平台之一。它的核心建设目标是实现学校科研资源共享和成果共享，以解决传统科研中的资源独立维护、硬件设备拷贝等一系列共享问题，通过提供集中化、专业化、私有化、灵活化的知识共享平台，保障数据安全、提高科研效率以及拓宽科研边界。

　　本章将继续以"浙大语雀"在线协作平台为例，开展基于在线协作平台培养大学生批判性思维的实践研究。

第一节 在线协作平台"浙大语雀"介绍

一、"浙大语雀"的主要功能

作为一个支持在线协作的平台,"浙大语雀"的主要功能包含以下 4 种:创作功能、组织功能、共享功能、隐私功能。具体而言,创作功能不仅具有支持文档和表格编辑的编辑器功能,允许插入和编辑多种类型的素材,如思维导图等,还能够提供多种类型的素材,如文档模板等(见图 8-1)。组织功能主要分为团队协作和知识库的管理(见图 8-2)。共享功能指各团队成员可以在"浙大语雀"平台协作创造,并进行成果发布,从而实现知识的流动与实时共享。隐私功能是指"浙大语雀"可以提供一个私密的创作空间,同时通过细致的权限设置来实现成果的私密化,以提高数据的安全性。

该平台具有丰富的编辑内容,可以实现表格、图片、思维导图等不同格式文件的共享和共同编辑。该平台还具有更安全的数据存储功能,具有 ISO 安全认证体系等。更强大的线上管理功能也是该平台的一个特色,线上项目都能在线存放,形成一个强大的知识库。

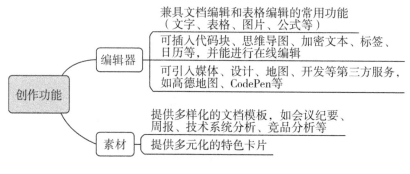

图 8-1 "浙大语雀"的创作功能示意

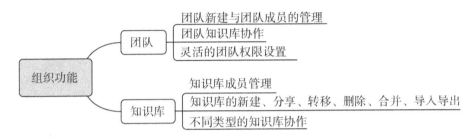

图 8-2 "浙大语雀"的组织功能示意

二、基于在线讨论工具的论证教学实践研究

虽然 Cáceres 等（2018）认为是论证本身而不是技术对学习的影响更大，因为论证的核心是让学生以争论的形式明确写下他们的观点来引导他们反思其过程和结果。但是，技术的应用确实为论证的开展提供了更多便利。相比于面对面的口头论证，技术的应用除了便于学生对各类材料、设备等的反复操作（Erdem 等，2015），还具有以下几点优势。

首先，在线讨论工具支持异步交流，这为学生深入思考提供了充足的时间（毕景刚等，2020；Maurino，2006），促使学生在深思熟虑后提出合理的见解（Ko 等，2008）。例如，为了对比在线角色扮演论证中同步和异步的差异，有研究以 10 名在职教师为研究对象，基于数字教育方法课程开展了在线角色扮演的合作论证，具体实验设计分为准备、异步辩论、反思 3 个阶段。准备阶段主要包含选择站方和角色，如论题"公立学校正在让美国学生失望，因此应该被拆除"，支持方扮演当地企业主、保守派家长、家庭学校创始人、市议会成员和保守派专家的角色，反对方扮演高度贫困学校的家长、公立学校的学生、纳税人、校长和老师。异步辩论阶段主要是让不同的角色在线开展异步辩论，要求每个参与者至少上传 3 个帖子和回复 3 个帖子。异步辩论共持续 7 天，直到所有参与者在网上都发表和回复帖子，并使用聊天室开展协同同步辩论。老师同时参与异步和同步论证，也为异步和同步论证提供脚手架和指导。异步辩论结束后是反思阶段，小组会有一个同步的讨论，参与者代表相互交流意见,并对各自的论证过程进行评论。研究通过问卷、访谈和反思报告收集数据,结果表明,异步论证要比同步论证在深入交流、促进反思和增强交互方面更有效,因为异步的方式可以追踪想法的发展过程(Zhang,2016)。Crowell 等(2014)开发了一门课程,然后以 56 名学生(六年级、七年级和八年级)为研究对象,学生连续 3 年以每周 3 次的频率参加该课程。实验组的同学使用网络聊天的应用"谷歌 Chat"开展异步在线论证,对照组采用传统的线下全班讨论的方式。结果表明,实验组学生的论证能力远高于对照组。Mitchell(2019)通过对问卷和访谈数据的分析,发现在线异步论证能够有效提升学生的批判性思维和小组合作性,但是并不能有效提升学生在课程中的参与性。

其次,自动评价和反馈能够通过对学生论证过程中产生的数据的分析,为后续论证的科学改进提供重要参考。例如,为了提高学生在线论证的参与性,Kim 等(2018)设计了包含 3 个阶段的在线论证支架,一是辩论产生阶段(个人),主要是学生活动,包含理解辩论题目、建立初步的辩论机制;二是辩论交互阶段(协作),即通过交互不断补充和完善论据;三是融合阶段(个人),将论证汇总成最终的成果。有研究设计了一个智能技术支持的协作论证学习平台,有单独的反馈模块,当学生的论证偏离主题时,平台能够及时提醒,并引导学生转向正确的主题开展论证。实践结果表明,该学习平台能够显著提升学生的学习效果(Huang 等,2016)。类似地,也有研究设计了一个供工程专业学生使用的、嵌入于 Moodle 课程与学习工具互操作性标准中的辩论评估系统。该系统基于机器学习算法,具有词汇标记、句法标记和论点标记等功能,能够智能地对学生的论证内容和论证水平进行识别,并提出针对性的改进建议,帮助学生提高期末项目报告的问题陈述、辩护和结论等方面的质量。准实验研究的结果表明,该系统确实能够显著提高学生的辩论能力(García-Gorrostieta 等,2018)。

最后,一些可视化的工具能够促使思维过程由内隐转向外显,并促使学生及时反思,同时也能增进个体间的知识密集型交流(赵国庆,2009)。目前而言,思维导图、论证图、概念图都是论证可视化的表现形式,但是,相比于思维导图和概念图,论证图关注的点更为具体和"小",即针对一个观点展开论证,更加重视论据以及论据之间的逻辑关系(Davies,2011)。具体而言,计算机支持环境下论证图的研究如表8-1所示。

表 8-1　计算机支持环境下的论证图研究

研究文献	实验设计	实验对象	测量方式	结果
Butchart 等(2009)	自主研发的能够对论证图自动反馈的平台,对论证图的每一个步骤进行反馈和提示	大学生	问卷	批判性思维提升
Tsai 等(2012)	作者设计的工具(a web-based CA application)支持画论证图	5年级学生	问卷	论证表现提升
Dwyer 等(2012)	在实验组,由小组先在 GIS 平台(Geographic Information System)画出逻辑图示,然后由专家通过 Skype 远程指导。指导频率大概是两周一次,学生依据专家指导修改自己的逻辑图示。每次下课后,实验组学生在 Rationale 上完成一套论证图的练习,然后以电子邮件的形式发送给教师。课程参与情况依据学生通过邮件发送给老师的练习数量来测量	大学生	问卷	批判性思维提升,完成练习的数量与批判性思维并无显著相关性
Eftekhari 等(2016)	采用准实验的方式将学生分为三组:一组是纸笔作论证图;一组是基于软件 Rationale 作论证图;一组是采用传统教学方式	大学生	问卷	利用 Rationale 制作论证图的小组的批判性思维水平最高
Chiang 等(2016)	采用准实验的方式将学生分为三组:一组是采用传统教学方式;一组是在作者研发的平台 CAERS 上制作概念导图;一组是在 CAERS 上制作论证图	六年级学生	访谈	议论文阅读理解能力提升
Rapanta 等(2016)	老师利用 45 分钟的时间先教学生如何开展论证,然后给学生留出 15—20 分钟制作论证图	大学生	内容分析	学生论证的弱点是反驳不充分,没有足够的证据支持

续　表

研究文献	实验设计	实验对象	测量方式	结果
Eftekhari 等(2018)	采用准实验的方式将学生分为三组:一组是用纸笔制作论证图;一组是基于软件 Rationale 制作论证图;一组是采用传统教学方式	大学生	问卷	基于 Rationale 制作论证图的学生在记忆和理解方面表现最好,在语言熟悉度和论证图大小方面与其他学生没有显著差异

从表 8-1 可以看出,对于研究对象而言,大部分是大学生,传统上,大学的角色是培养独立的、批判性的思考者(Halpern,2014)。此外,在信息时代,学生更需要有批判和鉴别能力,能够判断证据的可信度,分清事实与意见。接受高等教育的学生具有独立思考的能力,并且倾向于挑战他人的看法(Yang 等,2008)。Chou 等(2018)的研究表明,网络学习环境下的批判性思维研究最多涉及本科生。

在测量方式上,大部分研究使用的是量化的问卷,问卷虽然能够大批量地处理很多数据,而且研究中量化的数据表明学生的批判性思维有提升,但是其对参与者过程性的内容分析关注比较少。Bahar 等(2012)也指出,对于高阶思维的评价而言,开放性问题是比较适合的测量方式,因为开放性问题的回答要求学生从多个角度全面地、创造性地思考问题,而内容分析法是分析学生开放性问题答案的有效方式。

对于结果部分而言,有一些研究是直接提升学生的批判性思维,有一些是通过间接的方式来提升。比如论证能力,Halpern(1998)认为,论证能力是批判性思维能力的一部分。Lai(2011)将识别争论中歧义的能力定性为批判性思维技能,指出论证有助于培养学生的批判性思维。那些倾向于进行批判性思考的人的两个主要特征,分别是怀疑主义和辩证思维(Harpaz,2010)。心理学家认为,由于论证涉及更高层次的思维技能,结合有效的理由和反驳替代方案,产生高质量的答案,因此论证是可以培养学生的批判性思维的。很多研究发现,论证有助于学生批判性倾向的形成,论证在批判性思维方面的目标主要在于鼓励学生从多种角度看问题，鼓励学生对回答问题的各个视角的优缺点进行开放性讨论和批判，通过理性推理来解决这些观点之间的分歧，并将讨论的结果用语言等表述出来，从而获得学习上的成就（Asterhan 等，2007）。鉴于此，教师应鼓励和要求学生在各种课堂上进行论证，让他们把论证视为有趣的、与己有关的和生动的教学方法。实际上，学生也非常喜欢论证这种教学法。

值得注意的是，对于结果部分而言，参与者的发言量也是研究者关注的一个话题。可视化被证明能够提高参与者有意义的参与性（Eftekhari 等，2018）。此外，软件也被证明能够提升人们的参与性（Carrington 等，2011）。因此，计算机支持下的论证图能够有效提高学生发言的积极性。

整体而言，在计算机支持的论证图构建过程中，学生越是积极发言，其批判性思维越是能够得到锻炼。学生积极参与论证图的构建能够促进概念理解（Kabataş 等，2020），概念性的知识理解能够促进有意义学习的产生，而有意义学习被认为是思维活跃的高质量、高效率的学习方式。此外，构建论证图过程中需要学生正确地挑选论据、厘清论据之间的逻辑关系以及全面地作出总结，概括出结论，因此，学生经历该过程也能够带来范围广博的学习，这对批判性思维也有益处。从这个角度来看，在论证图的构建过程中，发言次数越多则越有可能促进有意义的学习，进而活跃参与者的思维。Dwyer 等（2010）的研究表明，擅长语言和空间推理的学生更倾向于参与论证以锻炼其批判性思维。van Gelder 等（2004）的研究表明，在计算机支持的学习环境中，学生的论证图练习时间与其批判性思维成正比。一般而言，发言量越多，论证图就越大，这也从侧面反映出学生有比较强的参与性。

但是，也有一些研究表明学生的参与性与其批判性思维并没有相关性，在该研究中，参与性是依据学生完成论证图的数量来衡量的。究其原因，可能是参与者缺乏关于论证图的相关练习（Dwyer 等，2012）。此外，研究表明，人们不能在短时间内合理地吸收和消化论证图里面大量的内容（Dwyer 等，2013）。换句话说，如果论据里面包含的内容比较多，学生就需要花费更多的时间去深入理解。Dwyer（2011）的研究表明，当测试学生的回忆时，在较小的论证组的学生比在较大的论证组的学生表现得更好。尤其是当论题不能吸引学生的兴趣时,以上情况就较为严重,参与者可能需要花费更多的时间去消化论证内容。而实际上,对于参与者而言,无论他们构建的论证图是大还是小,每个人的时间都是一样的。

三、论证教学的策略、模型和框架

依据论证教学的组织方式不同,有研究将论证教学策略初步总结为5种形式(凌荣秀,2018),每种策略的具体表现如表 8-2 所示。

表 8-2　典型的论证教学策略

序号	策略形式	简介
1	"提问表"策略	在小组对话论证的过程中,为每位参与者提供"提问表"(question chart)
2	"主张表"策略	"主张表"(assertion chart)的设计理念一般是参考图尔敏论证模型中的论证因子来设计。例如:哪里可以找到支持我的观点的解释,别人对我的质疑有哪些?
3	"两难情境"策略	个体针对矛盾情境进行分析和思考,通过收集资料和证据形成自己的观点与想法,之后将这些想法与他人进行深入讨论或论证
4	"角色扮演"策略	扮演某一种角色,以这一角色的立场为出发点,为此角色提出主张、理由等
5	"竞争理论"策略	自己的观点与科学概念不一致,它们之间形成了"竞争理论"

资料来源:凌荣秀(2018)

也有研究在比较了课堂中论证活动的性质、目的和涉及的科学性质后,将论证式教学策略分为 3 种类型(Cavagnetto,2010),如表 8-3 所示。

表 8-3　3 种论证式教学策略

序号	策略类型	简介
1	浸入式教学策略	将论证活动整合到学生科学实践中,促进学生学习和理解。通常借助一些脚手架,比如小组合作、提示等来促进论证的学习
2	结构式教学策略	主要讲授论证的结构,并要求学生将论证应用到各种解释性的实践活动中

续　表

序号	策略类型	简介
3	社会科学式教学策略	让学生理解社会和科学的相互作用,以此来学习科学论证,强调社会因素(包括道德、伦理等)在科学论题中的影响,关注科学和社会之间的相互作用

资料来源:Cavagnetto(2010)

　　目前也有一些研究关注论证教学模型的探究(见表 8-4),旨在发挥论证教学的最大优势,提高学生的学习和论证效率。

表 8-4　论证教学模型

研究文献	模型名称	简介
Duschl 等(1999)	SEPIA(science education through portfolio instruction and assessment)	将课程和评估模型结合在一起,包含课程—教学—评价的过程,以促进学生进行反思性推理,并促进教师对此做出反馈。SEPIA 单元设计的研究重点是促进学习者的迁移,包括:①核心科学概念;②推理和评价知识主张的策略与标准
Walker 等(2012); Walker 等(2013)	原版 ADI(the argument-driven inquiry)	阶段 1——明确任务和研究问题; 阶段 2——小组的学生基于某种方法收集数据; 阶段 3——每个组形成初步论证,将过程记录在白板上; 阶段 4——学生将初步论证共享,大家对初步论证进行批判; 阶段 5——每个学生写一个研究报告; 阶段 6——学生对他人的报告进行双盲评议; 阶段 7——学生对收到的评审进行思考,并将最终修改的版本交给老师
Grooms 等(2014); Grooms 等(2015)	新版 ADI	阶段 1——明确任务和问题,开展工具对话; 阶段 2——设计方案和收集数据; 阶段 3——分析数据和初步展开论证; 阶段 4——论证; 阶段 5——反思性讨论; 阶段 6——写探究报告; 阶段 7——双盲评议; 阶段 8——修改和上交报告

续　表

研究文献	模型名称	简介
Kujawski (2015)	PCRR （present, critique, reflect,refine)	阶段 1——呈现； 阶段 2——批判； 阶段 3——反思； 阶段 4——提炼
McNeil 等(2012)	CER（claim-evidence-reasoning framework)	它是指向科学素养培养的科学论证框架,这个框架基于一个问题/现象,或者是一个科学实验等。学生的回答或解释应当包括三部分:答案或观点(C)、证据(E),以及将证据与观点联系起来的推理(R)。这个完整的过程可以称为"构建解释"

Asterhan 等(2016)从大量的论证实践中总结了三节点论证教学框架(见图 8-3),主要包含论证的抑制和促进因素、实际对话的特点以及学习的效果。

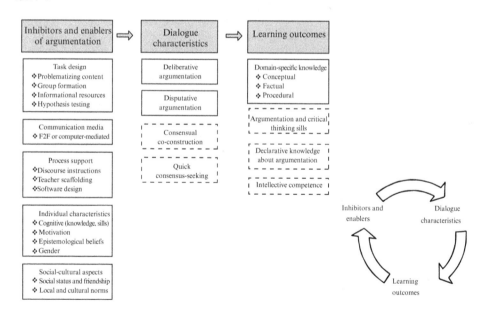

图 8-3　三节点论证教学框架

首先,论证的抑制和促进因素主要包含任务设计、交流媒体、过程支持、个体特征、社会和文化因素 5 个维度的内容,具体情况如表 8-5 所示。

表 8-5　论证的抑制和促进因素

	任务设计
有争议的内容	论题必须有争议性。如一些非结构化的、没有固定答案的社会和道德方面的论题。要想得到有争议的论题,学生也要积极提问、提出建议,而不仅是消化一些事实性的知识、过程和答案。因此,对于教师而言,辩题不一定要开放,但是对于学生而言,辩题一定要具有开放性,能够让他们寻找到资料去论证
组队	论证是一种对话性的活动,要确保参与者从多个角度全面考虑不同意见、想法和观点的差异,就需要将具有不同知识基础、想法或意见的学生分组,产生社会认知冲突。但是,仅仅根据最初的认知让两个(或更多的)学生形成小组并不能确保他们在对话中真正地去探索不同观点的差异性。比如,讨论者在讨论中引入了不同的想法,语言互动和模棱两可的语言使用可能会在对话参与者之间造成"共识的错觉",认为他们提出了类似的解决方案并达成了一致。此外,有些小组的目的就是快速达成共识而不是逐步探索
信息资源	为了更好地支持对分歧的讨论,需要额外的工具或资源作为辅助,一种简单直接的方法是让学生写下来。也可以借助表达工具,例如图片、表格或 V 形图,让学生写出其主张、反驳的理由
假设检验	也可以利用假设检验,即学生可以讨论不同的答案,然后用客观的测试设备(如秤、计算器、实验)来测试这些不同的答案

交流媒体

与短暂的口头谈话不同的是,第一,基于计算机的文本对话能够留痕,便于之后的检索和审查,能够促使学生基于内容进行反思。第二,以计算机为媒介的交流通常促使交流紧跟主题,更有条理。较之面对面交流表达更为清晰。第三,以计算机为媒介的交流给参与者提供公平的参与机会,鼓励更多人参与到论证中。第四,以计算机为媒介的交流能减少交流者的拘谨感,促使他们更倾向于暴露个人立场。因为如果反对和批判某些人的观点,会被他们认为是一种"挑衅",进而威胁彼此之间的关系,被批判的人也不会被当作有能力的人和知识渊博的人,进而导致其社会存在感下降,而以计算机为中介的交流可能会提供一个"缓冲",让参与者变得不那么拘谨以及更倾向于表达和回应批评

过程支持

话语指导	根据参与的论证类型指导学生,因为论证既可以作为一种商议性的活动,也可以作为一种具有争论性的活动,也就是说,论证的目标是不是赢得论证(争论的)或合作探索哪个想法更有说服力(协商)

续　表

个体特征	
教师脚手架	整体而言,教师提出引导性的脚手架,如提示学生用证据来支持他们的论点、表扬挑战他人观点的学生等,要比具体内容的脚手架,如提供明确的内容和说明更为有效。老师不控制参与者的讨论,但通过一些引导给参与者提供指示。虽然在线教学环境和传统教学环境不同,但初步发现表明,在线学生辩论的质量确实因为教师的实时在线监控和干预而提高
软件设计	目前已经开发了许多软件工具以支持实时的论证。如:论证结构的可视化;为论证提供开头和对话参考模板;自动分组,促进产生最大的思想分歧
认知(先验知识和论证技能)	先验知识:为了驳斥对方观点,参与者不能对讨论的话题及其领域一无所知,高先验知识的参与者可以巩固现有的知识结构并通过挑战和反驳进一步提升,而低先验知识的参与者可能会发现问题并减小知识差距。 辩论技能:对于论证技能而言,大部分人处于初级阶段,只有少部分人达到熟练和精通的程度。 存在的主要问题有:学习者发现很难区分证据和解释;学习者不能为观点提供足够的证据;学习者倾向于支持自己的证据而忽视对方主张的驳斥论据
动机	影响动机的一个变量是成就目标。成就目标关注当学生遇到挑战和困难时做出的不同反应。成就目标影响学生的冲突解决。成就目标分为两大类:掌握目标和成绩目标。当学生关注掌握目标时,其目的是不断进步,努力获得有价值的技能和知识理解;相比之下,当学生追求成绩目标时,他们认为成功是对他们的能力的证明,尤其是相对于他人的能力,因此他们努力表现出优越水平
性别	男性和女性在论证倾向上有所不同,总体而言,男性群体的论证更倾向于争议性、对抗性的,而女性学习者表现出相反的倾向,表现出更多的共识构建。当然,这些推论还需要在具体的教学实践中进一步验证
社会和文化因素	
社会关系和友谊	友谊的质量、关系感和同伴接受是所有年龄学生都关心的问题,学生可能认为批判与不同意同伴的观点是不友好的,甚至与保持和谐友谊的目标相悖,因此,他们也尽量避免分歧和批评
地方文化规范	论证的顺利实施要把握好何时、如何以及对谁的问题。论证是一个需要技巧和实践的活动,参与者要意识到论证的价值和必要性。除此之外,学生对他们在什么时候和谁在一起论证的看法可能取决于多种因素,如期望性质——是在社会活动中开展论证,还是在科学课上?如文化背景:在某些文化中,反驳和批判可能比较受欢迎或者不受欢迎。

其次,对话特征主要包含争论性论证、商议性论证、协商一致的共同建构、快速寻求共识4个维度。在争论性论证中,演讲者捍卫一个观点,并通过驳斥替代方案来说服对手,试图改变对手的主意。其目标是以牺牲对手为代价赢得胜利,不惜任何代价捍卫自己的解决方案,证明对方是错误的。相比之下,商议性论证试图理解对方的想法,将不同的想法合并在一起对比考虑,合作探索哪个想法更有说服力。争论性论证和商议性论证都要具有批判性的推理,前者的特点是竞争激烈的言辞和缺乏合作商讨的知识建构。在协商一致的共同建构中,讲话者通过扩展、阐述或解释想法,都可以做出口头贡献。而他们可能会提出对于片面论点的理由,但是他们不去挑战或批评,也不把不同的选择放在一起进行比较。快速寻求共识主要指试图避免冲突,听从他人的意见。

最后,学习的效果主要包含领域内的知识(包含概念性知识、事实性知识、程序性知识)、论证和批判性思维技能、关于论证的陈述性知识、智力能力4个维度。

第二节 基于在线协作平台的大学生辩论活动设计及实施效果

一、研究设计

(一)课程介绍

"学习科学与技术"是面向大二学生的必修课,课程时长为8周(2021年3月—2021年4月),每周课程时长为4课时(2课时/次课),第1—2周是课程知识以及辩论的准备阶段,第3—7周是辩论课,第8周是个人反思的展示。课程旨在介绍当前国内外学习科学与学习技术领域理论和实践的新进展及新成果,具体内容包含6个模块:学习科学的理论基础、技术支持的学习、技术支持的教学、学习科学研究方法、学习评价、未来学习。课程评价主要包含 4 个部分：学生提出辩题（10％）、线上准备辩论（50％）、小组辩论展示（20％）、个人反思（20％）。

表 8-6　5 次辩论课的辩论主题

辩论次别	辩题
第 1 次	技术的发展扩大/缩小了地区间的教育差距
第 2 次	①教育产业化利大于弊/弊大于利 ②教育学是否应该作为本科专业
第 3 次	①应该更多地培养学生的非连续文本/长篇连续性文本的技能 ②幼儿园是否应该被纳入义务教育
第 4 次	①小学更需要全科/专科教师 ②小学教育阶段艺术教育应该以正式课程/非正式课程为主
第 5 次	初中阶段不同学习层次的学生应该分班/不分班教学

（二）教学设计

第 3—7 周的辩论课，首先是教师讲授课程内容，这也为学生后续提出辩题以及开展辩论打下基础，其时间是课中，环境主要是线下。接着是学生通过"学在浙大"的讨论区提出辩题并选择辩题，5 次辩题的具体情况如表 8-6 所示，其时间是课后，环境主要是线上。然后是不同小组针对所选辩题通过"浙大语雀"开展线上辩论，其时间是课后，环境主要是线上。最后是小组辩论展示与师生评价，教师分别从辩论组织和辩论内容的角度进行评价，学生给辩论小组打分，获胜方具有较高的平时分。其时间是课中，环境主要是线下。

（三）研究对象

本研究以浙江大学参与"学习科学与技术"课程学习的 42 名大二学生为研究对象，其中女生 37 人、男生 5 人。

（四）研究工具

1. 批判性思维的测量

批判性思维的测量主要包括两种方式。第一种是问卷法。利用《加利福尼亚批判性思维倾向调查问卷》对实验组和对照组学生的批判性思维进行前后测,具体而言,该量表分为寻找真相等7个维度(彭美慈等,2004)。该量表主要适用于大学生,也可用于中学高年级学生。

第二种是内容分析法。采用 Newman 等(1995)的批判性思维分析框架对学生的论证内容进行编码。该编码体系包含相关性、重要性等10个维度,对于每个维度而言,符合描述标准的记作 X^+,不符合的记作 X^-,最后的计算公式为$(X^+ - X^-)/(X^+ + X^-)$,最终的数值为-1—1,数值越大代表批判性思维深度越高。

2. 批判性思维的过程测量

研究主要选取 Murphy(2004)的批判性思维 5 个过程对学生的论证内容进行编码分析,以评价学生在论证过程中批判性思维的过程。该编码体系将批判性思维分为 5 个过程,分别为辨识(recognize)、理解(understand)、分析(analyze)、评价(evaluate)、创新(create),分别记为 R、U、A、E、C。各个过程又分为多个二级标准,本研究只采用 5 个一级编码过程,各过程及其编码、含义如表 8-7 所示。

表 8-7 批判性思维过程编码

批判性思维过程	编码	本研究中的符号	含义
辨识	R	1	辨认或识别存在的话题、矛盾、问题等
理解	U	2	探究相关的信息和观点等
分析	A	3	深入寻找有关问题并阐明、组织已有信息,鉴别未知信息,剖析该话题、矛盾或问题,找到其基本的逻辑构成
评价	E	4	批判或评价信息、知识或观点
创造	C	5	产生新知识、观点或方法,并加以实施

3. 课程体验反馈的调查

本研究通过半结构化访谈和课程学习反思作业两种调查方式来收集学生的课程体验反馈。反思的内容依据 Asterhan 等(2016)提出的三节点论证教学框架中的"学习的效果"进行分析,即论证教学所带来的学习效果主要包含领域内的知识、论证和批判性思维技能、关于论证的陈述性知识、智力能力 4 个维度。对于访谈而言,访谈提纲主要包含 3 个部分,分别是学生对整体教学设计的感受、对线上可视化论证的感受、对辩题选择方式的感受。访谈提纲的具体情况如表 8-8 所示。

表 8-8　半结构化访谈提纲

序号	主题	内容
1	学生对整体教学设计的感受	①对整体的教学流程——教师讲授、学生提出辩题、学生选择辩题、线上准备辩论、辩论展示和师生评价,你是否满意?请说明原因。 ②哪个教学环节最有助于提升你的批判性思维?
2	学生对线上可视化论证的感受	①你是否适应线上可视化论证的形式? ②和面对面线下辩论相比,线上可视化论证给你的感受是怎样的?请说明原因。 ③你认为"浙大语雀"在支持协同的可视化辩论过程中发挥了怎样的作用? ④思维导图是否有助于提升你的批判性思维?请说明原因。
3	学生对辩题选择方式的感受	①你认为大家提出辩题然后选择辩题的方式对你的思维训练是否有帮助?请说明原因。 ②你觉得指导小组成员的论证对你的论证表达有什么影响?

对于课程学习反思作业而言,主要是让学生以电子文档的形式写下自己在整个春季学期学习的感受,并没有做特殊要求。

（五）数据收集与分析

基于上述的研究设计和实施结果,本研究主要收集到以下几个方面的数据进行分析:批判性思维前后测问卷数据、在线可视化论证的内容数据以及学生对课程体验的反馈信息(访谈和反思)。

批判性思维前后测数据分析主要采用 SPSS 20.0 工具,对前测和后测数据分别进行描述性统计,对前测和后测数据进行配对样本 t 检验,以了解学生的批判性思维在测试前后有无显著差异。

为了了解学生过程性批判性思维的变化情况,本研究也收集了质性数据(即以小组为单位在线可视化论证的数据),主要采用内容分析法,利用编码的方式由两名教育技术学博士生同时编码,并对编码结果的信度进行检验。

为了课程教学的后续进一步改进,学生课程体验的反馈信息主要通过访谈和反思报告收集。对于访谈而言,从每个小组中随机挑选 2 名学生作为代表进行深度访谈,10 个小组共计 20 名学生,访谈数据由研究者统一归纳整理,进而提取关键信息。对于学生课程反思而言,所有学生以电子文档的形式在课程结束后提交自己的反思,字数没有限制,反思内容由研究者统一归纳整理,进而提取关键信息。

二、研究发现

(一)问卷描述性统计的基本数据

图 8-4 展示了前测和后测中不同批判性思维水平的人数的具体情况,前后测中批判性思维处于低水平(＜210 分)的人数相同,都是 2 人。在较低批判性思维水平的范围内(210—280 分),后测人数少于前测,分别为 28 人和 34 人。对于较高批判性思维水平的范围而言(280—350 分),后测人数多于前测,分别为 5 人和 3 人。前测和后测中均没有学生的批判性思维水平达到高水平。

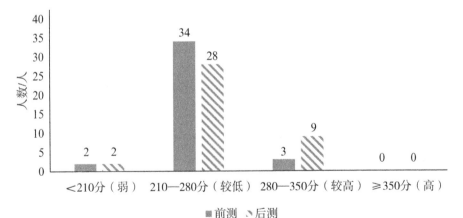

图 8-4　学生批判性思维水平前后测数据对比

整体而言,前后测中批判性思维低水平的人数没有变化,通过8周的课程学习,一部分学生(6人)的批判性思维水平由较低上升为较高。前后测中一直没有批判性思维达到高水平的学生出现。

鉴于本研究是以小组为单位开展的线上可视化论证活动,本研究又以小组为单位对小组的批判性思维水平前后测进行了对比,考虑到第2、4、10组均有一名学生的问卷数据缺失,因此不纳入本研究考虑的范围。

从表8-9可知,当小组人数为4人的时候,其小组批判性思维有升(第1、5、6、8、9组)有降(第3组),当小组人数为5人的时候,其批判性思维是下降的(第7组)。

表 8-9 小组批判性思维水平前后测对比

组别	人数/人	趋势	前测/分	后测/分
第1组	4	升	960	1057
第2组	4(3)	升	751	798
第3组	4	降	1005	984
第4组	4(3)	升	770	1105
第5组	4	升	957	1045
第6组	4	升	958	1025
第7组	5	降	1315	1294
第8组	4	升	1009	1107
第9组	4	升	1019	1010
第10组	5(4)	降	1027	921

(二)问卷配对样本 t 检验数据分析

配对样本 t 检验的结果表明,学生在"整体批判性思维"以及其7个子维度上均没有显著差异($p>0.05$),说明在经历了线上可视化辩论教学后,学生的批判性思维并没有得到显著提升(见表8-10)。

表 8-10　学生批判性思维水平前后测配对样本 t 检验结果

维度	类型	人数	均值	标准差	df	t	p
整体批判性思维	前测	39	3.45	0.20	38	-0.70	0.486
	后测	39	3.49	0.28	38		
寻找真相	前测	39	3.05	0.35	38	1.64	0.110
	后测	39	2.89	0.57	38		
开放思想	前测	39	3.27	0.34	38	-0.06	0.951
	后测	39	3.27	0.41	38		
分析能力	前测	39	3.97	0.34	38	-0.40	0.694
	后测	39	4.00	0.34	38		
系统化思维	前测	39	3.57	0.38	38	-0.17	0.869
	后测	39	3.59	0.43	38		
自信心	前测	39	3.98	0.42	38	-1.78	0.083
	后测	39	4.21	0.54	38		
求知欲	前测	39	3.62	0.45	38	-1.49	0.144
	后测	39	3.77	0.48	38		
认知成熟度	前测	39	2.67	0.39	38	-0.23	0.817
	后测	39	2.69	0.52	38		

（三）学生在线可视化论证内容的批判性思维分析

两位博士生使用 Newman 等（1995）的批判性思维内容分析框架对小组在线可视化论证内容进行独立编码，编码的信度为 0.77，表明编码结果是可信的。

表 8-11 展示了小组 5 次线上可视化论证的批判性思维深度和发言数量，从表中可知小组的批判性思维深度值呈现上升趋势，分别为 0.81、0.85、0.86、0.89 和 0.90。发言次数有增有减，分别为 212 次、329 次、293次、361 次和 321 次，共计 1516 次。每次论证的具体发言和批判性思维如表8-12 和表 8-13 所示。具体的编码过程如表 8-14 所示。

表 8-11　小组 5 次线上可视化论证的批判性思维深度和发言次数

辩论次别	批判性思维深度	发言次数/次
第 1 次	0.81	212
第 2 次	0.85	329
第 3 次	0.86	293
第 4 次	0.89	361
第 5 次	0.90	321

表 8-12　第 1—3 次的可视化论证中每个小组的批判性思维深度和发言次数

组别	第 1 次		第 2 次		第 3 次	
	批判性思维深度	发言次数/次	批判性思维深度	发言次数/次	批判性思维深度	发言次数/次
1 组和 2 组	0.75	44	0.84	64	0.88	45
3 组和 4 组	0.80	42	0.83	76	0.88	66
5 组和 6 组	0.83	49	0.87	88	0.87	89
7 组和 8 组	0.82	31	0.88	59	0.82	60
9 组和 10 组	0.83	46	0.78	42	0.82	33

表 8-13　第 4—5 次的可视化论证中每个小组的批判性思维深度和发言次数

组别	第 4 次		第 5 次	
	批判性思维深度	发言次数/次	批判性思维深度	发言次数/次
1 组和 5 组	0.89	108	0.91	76
2 组和 10 组	0.93	41	0.91	46
3 组和 6 组	0.87	72	0.90	45
4 组和 8 组	0.87	81	0.88	81
7 组和 9 组	0.87	59	0.88	73

表 8-14　第 1 次辩题编码示意

第1次辩题:技术的发展扩大/缩小了地区间的教育差距	
缩小了。以云南禄劝第一中学为代表的 248 所贫困地区中学通过视频直播教学,和重点中学成都七中同步上课,适当共享教育资源,拉升了贫困地区中学的升学率,也相应降低了本地生源的流失。2019 年云南禄劝第一中学网络直播班一本上线率达到百分之百。	R+(相关性)I+(重要性)A +(清晰性)O+(拓展性)C+(批判性评论)J+(合理性)W+(狭隘理解)
这是点对点的帮扶,而优质资源是有限的,不能满足所有劣势校的需要。	R+(相关性)I+(重要性)A +(清晰性)J+(合理性)C+(批判性评论)W+(广泛理解)
这一状况也是可以通过对技术的灵活应用来解决的。这个课堂也可以是异步的,类似 MOOC 这样的形式,优质资源就可以实现一对多。	R+(相关性)I+(重要性)A +(清晰性)J+(合理性)C+(批判性评论)W+(广泛理解)
有研究分析 MOOC 课程学习结果,发现弱势家庭的子女课程参与度与完成率显著更低。	R+(相关性)I+(重要性)N+(新颖性)A +(清晰性)J+(合理性)C+(批判性评论)W+(狭隘理解)
多项数据显示,在 MOOC 各类课程中注册的学习者能够完成自己所修课程的比例一般不超过 8%,部分结果甚至比这个比例低得多,说明即使是在发达地区,学习者的课程参与度和完成率也低。这说明不是 MOOC 等技术本身的问题,而是学习者利用技术自主学习的动机不强,以及弱势家庭的家长更少对孩子进行激励督促等非技术原因。	R+(相关性)I+(重要性)O+(拓展性)A +(清晰性)J+(合理性)C+(批判性评论)W+(广泛理解)

(四)学生批判性思维深度与发言次数的相关性分析

参与者共计发言 1516 次,参与者的批判性思维深度与其发言次数的相关性如表 8-15 所示。可以看出,学生的批判性思维深度与其发言次数不具有显著相关性($p>0.05$)。

表 8-15　学生的批判性思维深度与发言次数的相关性分析

因子		数量	深度
批判性思维深度	Pearson 相关性	1	0.839
	显著性(双侧)		0.076
	N	1516	1516

续　表

因子		数量	深度
发言次数	Pearson 相关性	0.839	1
	显著性（双侧）	0.076	
	N	1516	1516

（五）学生批判性思维的过程分析

第 1 次，第 1 组和第 2 组在线辩论活动产生 92 个有效单序列，具体如表 8-16 所示。该阶段产生的比较多的单序列包括辨识→理解（1→2）、理解→理解（2→2）、辨识→辨识（1→1），序列数分别为 18、18、13 个；没有到创造（5）过程的单序列。具体例子如表 8-17 所示。

表 8-16　第 1 组和第 2 组第 1 次论证的批判性思维过程行为转换频率

过程	1	2	3	4	5	总计
1	13	18	5	1	0	37
2	13	18	4	6	0	41
3	4	1	1	2	0	8
4	2	2	2	0	0	6
5	0	0	0	0	0	0
总计	32	39	12	9	0	92

表 8-17　具体例子

序列	例子
辨识→理解（1→2）	A：虽然农村教育信息化水平不断提升，但是教育差距并没有缩小（1）。OECD 2015 年发布的报告显示，伴随全球信息化的迅猛发展，大多数国家社会底层家庭子女已有更多机会接触互联网，但是学生之间的教育差距并未缩小，"新数字鸿沟"反而呈逐渐扩大的态势（2）。
理解→理解（2→2）	A：党的十八大以来，我国加快推进以"三通两平台"为核心的教育信息化建设，顺利完成"教学点数字教育资源全覆盖"项目（2）。全国中小学互联网接入率从 25％上升到 96％；多媒体教室比例从不到 40％增加到 92％（2）。
辨识→辨识（1→1）	A：这类硬件问题，只是极端个例（1）。但是除了设备问题，还存在信息化素养的差异（1）。

经过 GSEQ 计算得到的调整残差值如表 8-18 所示,无序列显著。

表 8-18 第 1 组和第 2 组第 1 次论证的批判性思维过程调整残差值

过程	1	2	3	4	5
1	0.95	0.32	0.91	−0.06	−1.00
2	0.58	0.79	0.40	−0.16	−1.00
3	−0.34	−0.07	−0.96	−0.13	−1.00
4	−0.94	−0.64	−0.13	−0.40	−1.00
5	−1.00	−1.00	−1.00	−1.00	−1.00

第 2 次,第 1 组和第 2 组论证活动产生 141 个有效单序列,具体如表 8-19 所示。该阶段产生的比较多的单序列包括辨识→理解(1→2)、理解→理解(2→2)、理解→分析(2→3),序列数分别为 23、22、14 个;没有到创造(5)过程的单序列。具体例子如表 8-20 所示。

表 8-19 第 1 组和第 2 组第 2 次论证的批判性思维过程行为转换频率

过程	1	2	3	4	5	总计
1	11	23	8	3	0	45
2	12	22	14	9	0	57
3	10	8	5	2	0	25
4	1	8	2	3	0	14
5	0	0	0	0	0	0
总计	34	61	29	17	0	141

表 8-20 具体例子

序列	例子
辨识→理解(1→2)	A:要实现这种"平等"的根本途径不在于阻止教育产业化,而是要通过教育产业化发展方式,促进教育权利的平等实现(1)。其一,允许一部分人选择教育机会(2)。

序列	例子
理解→理解 （2→2）	A:有数据表明,我国大学扩招的速度平均为 25%,高校毕业生增长速度超过经济发展速度 15 个百分点,加上高校人才培养模式与市场严重脱节等因素,就业难势在必然(2)。2005 年北京大学"高等教育规模扩展与劳动力市场"课题组在全国 16 个省份 34 所高校的调查结果显示,高校应届毕业生签约率为 33.7%(2)。
理解→分析 （2→3）	A:每年几百万大学生涌入市场寻找"饭碗",可仍有相当数量的毕业生难以就业,这给社会和家庭带来极大压力,也造成大量资源的浪费及诸多社会问题(2)。也许扩招的初衷是想减缓就业的压力,其实这是一厢情愿的很天真的想法,读完四年大学终究是要进入就业市场的(3)。

经过 GSEQ 计算得到的调整残差值如表 8-21 所示,无序列显著。

表 8-21　第 1 组和第 2 组第 2 次论证的批判性思维过程调整残差值

过程	1	2	3	4	5
1	0.95	0.20	0.57	0.18	−1.00
2	0.48	0.36	0.33	−0.26	−1.00
3	−0.04	−0.21	−0.94	−0.49	−1.00
4	−0.12	−0.27	−0.54	−0.26	−1.00
5	−1.00	−1.00	−1.00	−1.00	−1.00

第 3 次,第 1 组和第 2 组论证活动产生 82 个有效单序列,具体如表8-22所示。该阶段产生的比较多的单序列包括理解→理解(2→2)、辨识→理解(1→2)、理解→评价(2→4),序列数分别为 26、14、8 个;没有到创造(5)过程的单序列。具体例子如表 8-23 所示。

表 8-22　第 1 组和第 2 组第 3 次论证的批判性思维过程行为转换频率

过程	1	2	3	4	5	总计
1	1	14	5	1	0	21
2	6	26	4	8	0	44
3	0	7	0	0	0	7
4	1	5	1	3	0	10

续　表

过程	1	2	3	4	5	总计
5	0	0	0	0	0	0
总计	8	52	10	12	0	82

表 8-23　具体例子

序列	例子
理解→理解 (2→2)	A:例如,二年级有一个单元是让学生通过调查访问,了解自己的成长过程,然后让学生将调查访问的结果用各种方式表现出来(2)。教材展现了各种作业范本,有绘本式等,学生在制作过程中又学会根据时间顺序整理资料,发展了时间顺序意识,同时还发展了多元表征能力(2)。
辨识→理解 (1→2)	A:非连续文本表现形式多样(1)。如地图可以清晰展现建筑物的布局,而文字却难以让人建立直观印象(2)。
理解→评价 (2→4)	A:如借助地图可以清晰展现建筑物的布局,而文字描述却难以给人以直观印象。多样形式,读起来趣味性更强,有助于激发阅读兴趣,唤醒阅读意识(2)。多种形式情况下容易忽视文字,只注重图表等其他信息(4)。

经过 GSEQ 计算得到的调整残差值如表 8-24 所示,无序列显著。

表 8-24　第 1 组和第 2 组第 3 次论证的批判性思维过程调整残差值

过程	1	2	3	4	5
1	−0.37	−0.72	−0.06	−0.14	−1.00
2	−0.20	0.38	0.36	0.33	−1.00
3	−0.36	−0.04	−0.30	−0.25	−1.00
4	−0.98	−0.35	−0.82	−0.14	−1.00
5	−1.00	−1.00	−1.00	−1.00	−1.00

第 4 次,第 1 组和第 2 组在线辩论活动产生 100 个有效单序列,具体如表 8-25 所示。该阶段产生的比较多的单序列包括理解→理解(2→2)、辨识→理解(1→1)、理解→辨识(2→4)、分析→理解(3→2),序列数分别为 31、14、11、9 个;没有到创造(5)过程的单序列。具体例子如表 8-26 所示。

表 8-25 第 1 组和第 2 组第 4 次论证的批判性思维过程行为转换频率

过程	1	2	3	4	5	总计
1	5	14	5	0	0	24
2	11	31	8	4	0	54
3	1	9	5	3	0	18
4	1	2	1	0	0	4
5	0	0	0	0	0	0
总计	18	56	19	7	0	100

表 8-26 具体例子

序列	例子
理解→理解 (2→2)	A:无锡市区一所小学曾用"语数包班"的形式来试水"全科教师"模式。但是今年新学期开始,却因为种种困难而不得不暂时叫停。该校校长在接受媒体采访时曾坦言,学校的出发点是希望减轻学生的负担,一年的试点下来效果其实非常好,试点班上学生的各科平均成绩在市里都排名靠前(2)。但是学校还是面临全科教师对老师、教材的要求都非常高,老师需要花费大量的精力整合语数等分科教材的问题(2)。
辨识→理解 (1→2)	A:从世界范围来看,包班制是各国小学教育的普遍形式(1)。美国、英国、日本、瑞士、威尔士等国家的小学教育都是全科教师包班上课(2)。
理解→辨识 (2→1)	A:全科教学对于教师的个人能力要求过高。压力和负担过大,会使得教师的工作热情下降,难以达到预期的效果。而专科教师的压力和负担相比全科教师轻一些(2)。能力较强的教师往往更加倾向于到更高年级段进行教学(1)。

经过 GSEQ 计算得到的调整残差值如表 8-27 所示,无序列显著。

表 8-27 第 1 组和第 2 组第 4 次论证的批判性思维过程调整残差值

	1	2	3	4	5
1	−0.68	−0.79	−0.79	−0.12	−1.00
2	0.50	0.76	0.25	0.86	−1.00
3	−0.13	−0.57	−0.29	−0.08	−1.00
4	−0.71	−0.81	−0.75	−0.58	−1.00
5	−1.00	−1.00	−1.00	−1.00	−1.00

第 5 次,第 1 组和第 2 组在线辩论活动产生 137 个有效单序列,具体如表 8-28 所示。该阶段产生的比较多的单序列包括理解→理解(2→2)、辨识→理解(1→2)、理解→评价(2→4)、评价→理解(4→2),序列数分别为 31、24、23、14 个;没有到创造(5)过程的单序列。具体例子如表 8-29 所示。

表 8-28　第 1 小组和第 2 小组第 5 次论证的批判性思维过程行为转换频率

过程	1	2	3	4	5	总计
1	6	24	1	0	0	31
2	3	31	12	23	0	69
3	1	3	0	6	0	10
4	7	14	4	2	0	27
5	0	0	0	0	0	0
总计	17	72	17	31	0	137

表 8-29　具体例子

序列	例子
理解→理解(2→2)	A:分层教学的理论基础有孔子的因材施教理论、布鲁姆的掌握学习理论、维果茨基的最近发展区和支架式教学理论、巴班斯基的教育教学最优化理论(2)。美国教育家布鲁姆提出的掌握学习理论指出,集体授课只照顾了少数人,往往关注了优等生而忽视了大多数学生,只注重优等生培养的学校教育阻碍了多数学生潜力的发挥。将学生按层次分班能解决传统班级授课制只面向少数人的弊端,能照顾到更多的学生(2)。
辨识→理解(1→2)	A:分班教学不利于教育公平(1)。2019 年 11 月,教育部提出禁止分班考试,实行均衡编班,明令禁止中小学划分"快慢班",促进教育公平,让每一个学生都享受到同等的教学资源,让整体教育水平有一个更好的提升,让更多的学子未来可期(2)。
理解→评价(2→4)	A:在实际生活中,对大多数教师而言,今年带重点班、明年带普通班,或是同时带的几个班级横跨"快慢班"的情况比比皆是(2)。教师同时带"快慢班"的情况下,需要考虑到不同层次学生的需求,也需要多次备课,是否增加了教师的压力?(4)

经过 GSEQ 计算得到的调整残差值如表 8-30 所示,无序列显著。

表 8-30　第 1 组和第 2 组第 5 次论证的批判性思维过程调整残差值

过程	1	2	3	4	5
1	0.18	0.01	0.08	0.01	−1.00
2	0.01	0.07	0.07	0.01	−1.00
3	−0.81	−0.14	−0.22	−0.01	−1.00
4	−0.02	−0.93	−0.67	−0.03	−1.00
5	−1.00	−1.00	−1.00	−1.00	−1.00

5 次论证中,小组在线辩论活动产生 552 个有效单序列,具体如表 8-31 所示。该阶段产生的比较多的单序列包括理解→理解(2→2)、辨识→理解(1→2)、理解→评价(2→4)、理解→辨识(2→1),序列数分别为 128、93、50、45 个;没有到创造(5)过程的单序列。

表 8-31　第 1 小组和第 2 小组 5 次论证的批判性思维过程行为转换频率

过程	1	2	3	4	5	总计
1	36	93	24	5	0	158
2	45	128	42	50	0	265
3	16	28	11	13	0	68
4	12	31	10	8	0	61
5	0	0	0	0	0	0
总计	109	280	87	76	0	552

经过 GSEQ 计算得到的调整残差值如表 8-32 所示,无序列显著。

表 8-32　第 1 组和第 2 组 5 次论证的批判性思维过程调整残差值

过程	1	2	3	4	5
1	0.26	0.02	0.82	<0.01	−1.00
2	0.12	0.27	0.96	<0.01	−1.00
3	0.40	0.09	0.92	0.17	−1.00
4	0.99	0.99	0.89	0.88	−1.00
5	−1.00	−1.00	−1.00	−1.00	−1.00

(六)学生的反思报告分析

依据对 42 名学生的学习反思报告的主题分析,最终共得到 561 条编码记录。具体而言,领域内的知识、论证和批判性思维技能、论证的陈述性知识、智力能力 4 个维度的情况如表 8-33 所示。

表 8-33　学生反思的文本分析结果

一级维度	二级维度	三级维度	数量/条	
领域内的知识	学习科学与技术理解			30	
	研究方法		25	
	教学方式		16	
	论题知识		15	
	双语教学		18	
	技术支持的教学		12	140
	学习空间/环境		6	
	知识应用		6	
	建议	文献阅读	6	
		增加课堂测验	3	12
		回顾知识	2	
		实地体验	1	
论证和批判性思维技能	论据		30	
	逻辑性和理性		16	56
	全面思考		10	

一级维度	二级维度	三级维度	数量/条	
论证的陈述性知识	平台	不支持同时编辑	25	77
		思维导图清晰化展示	20	
		不能实时自动保存	7	
		思维导图不灵活	5	
		移动端无法编辑	5	
		共享	5	
		信息安全	3	
		自动标记	3	
		更新间隔时间长	2	
		卡顿	2	
	概念界定要清晰		12	365
	辩题	与课程内容联系不紧密	25	72
		科学性有待提升	15	
		拓展知识面	13	
		"学在浙大"不便捷	6	
		筛选机制合理	5	
		选择重复性高	5	
		以学生为中心	3	
	对抗	友好交锋	25	32
		强行加戏	5	
		不友好交锋	2	
	小组合作	相互学习	20	40
		均衡分工	15	
		评价改进	5	

续 表

一级维度	二级维度	三级维度		数量	
论证的陈述性知识	线上论证	充足时间和空间	30	81	365
		过程记录	25		
		思维更缜密	10		
		都发表想法	8		
		缺乏临场应变	6		
		攻击	1		
		耗时长	1		
	展示	锻炼表达能力	13	49	
		组间相互学习	10		
		与观众互动性不强	7		
		梳理思路	5		
		教师点评	4		
		内容重复	4		
		次数过多	3		
		时间太紧	3		
	评价不要量化			2	
智力能力	无				

1."领域内的知识"维度

在42名学生的反思报告中,有关"领域内的知识"机制的编码内容共有140条,在4个一级维度中频率位居第二。该维度下,学生"学习科学与技术理解"子维度最多(30条),其次是"研究方法"(25条),接着是"双语教学""教学方式"和"论题知识",分别是18、16、15条,然后是"技术支持的教学"和"建议",都是12条,"学习空间/环境"(6条)和"知识应用"(6条)则相对较少。

(1)学生"学习科学与技术理解"子维度主要体现在对学习科学与技术本质理解的深化、更多地了解学生学习过程中状态的转变、学习原则等方面。代表性的相关报告内容如下:

学生 1：学习科学由科学学习（science of learning）、科学指导（science of instruction）、科学评价（science of assessment）三部分组成。其中"学习"是由经验带来的知识上的转变。双通道、能力有限、积极地处理是学习的三大原则，为达到深度学习、探究型学习，必须在遵守三大原则的基础上调动学习者的学习积极性。"指导"是指导者为了促进学习而对学习者学习环境的操控。在学习的过程中，人会进行记忆、理解、应用、分析、评价、创造等 6 种不同深度的认知活动。为了使学习者在有限的认知处理能力里达到较好的学习效果，指导者应有意识地减少学习者在认知上的无关加工（extraneous processing），管理必要加工（essential processing），促进生成性加工（generative processing）。它试图创造出描述学习者在学习过程中的知识、特征和认知处理过程的工具。"评价"也是教学活动中的重要组成部分。评价分为教学前评估、教学期间评估、教学后评估 3 种类型。指导者应通过可靠、有效的评估方法对学习者在学习全过程中的记忆力、转换能力等进行评估，从而了解学习者的学习成果、学习过程与学习特质，以采取更具针对性的教学方法。

学生 2：学习科学与技术，在我看来，是"学习科学"和"技术"的融合，这门学问旨在不断地探索中交叉融合二者使其产生"1+1＞2"的效果。

学生 3："学习科学与技术"并不是一个容易理解的词语，简单来说，它是研究"学习"的学问。如此，学习这门课就类似于学习"学习"是什么样的、学习我们是怎么学习的，甚至再进一步，学习如何学习"学习"。由于学习课程本身就是学习行为，而学习的内容又是学习，在这种"套娃"式的学习中，我观察课程内容、观察自己和同学们的学习行为，不禁疑惑：是我们意欲研究"学习科学与技术"还是我们实际上在被"学习科学与技术"研究（我们是研究对象）？按马克思主义哲学讲当然是辩证统一、两者皆有，但我认为后者是主要方面，我们更倾向于变成了被研究的对象。

（2）学生"研究方法"子维度主要体现在民族志研究方法、基于设计的研究（design based research）、观察法等方面，代表性的相关报告内容如下：

学生1：对于民族志研究方法，我想到了之前看过的一本书——安妮特·拉鲁的《不平等的童年》。这本书就是运用民族志方法进行研究的，其调研过程有助于我更好地理解民族志的内涵和环节。安妮特·拉鲁和她的团队实地调研了88个家庭，涵盖中产阶层、工人群体与贫困家庭。她们对于各个家庭尽量不进行干预，只是观察家庭成员在自然常规状态下的一举一动："除非有流血事件或是严重的危险已经迫在眉睫，否则我们就只是和他们一起待着而不进行任何干涉。"正如老师上课所说的那样，运用民族志方法的调查者不能影响或干预被研究对象的行为，要自然地展开观察行动，而不能有意识地设计干预。此外，她们还查访了非常多的内容。在被研究家庭履行每日例行的琐事时，在他们参加学校活动时，在他们参与教会仪式及活动、有组织的游戏和竞赛时，在他们的亲戚来访时，安妮特·拉鲁及其团队都会进行追踪观察。这也体现了老师所说的，民族志工作者要尽可能在不同场合与被研究者接触，从而了解他们。

学生2：课程第4个模块涉及基于设计的研究（design based research，DBR）。这是教育技术领域非常独特的研究方法，具有务实、扎根、交互迭代与灵活、集成、情境化的五大特征。在课程开始之初，我认为DBR对情境具有较强的依赖性，可能存在信度和效度的问题，因此并不能理解为何要采用这种方法进行研究。后续的师生交流使我更多地认识到了这种方法的巧妙之处：能够在自然情境下进行有目的的干预，强调了实践情境的复杂性、动态性。它是对实验室中实验局限性的超越的一种尝试，因其更接近真实而更能解决实际问题。

学生3：第一是课堂观察。早在小学科学学习中老师就常教导我们观察的重要性，一直说要培养观察的能力，但鲜有具体方法的传授，很多时候觉得这是一种不能言传只可意会的事情。因而在课堂上讲到课堂观察这个点的时候，才知道观察也是有迹可循的。先进行观察目的和规划的确定，进入课堂进行观察记录，然后进行资料分析和解释。课堂上也讲到了具体的观察方法：田野笔记和记号体系分析方法。观察也可以是有方法、有具体标准的,讲授的不会是所有的方法,但能提供一种思路,从而在观察的时候能有自己独创的且有价值的记录。

(3)学生"教学方式"子维度主要体现在基于问题的学习、项目式学习、5Es学习环教学模式等方面。代表性的相关报告内容如下:

学生1:PBL同其他诸多概念一样,都是我在这门课上第一次听到和涉足的领域,从这个角度也能够窥一斑而知全豹——本门课程为我们提供了大量的新知识并培养、提高了各种我们平常没有得到太多拓展的能力。我认为,PBL作为一种基于建构主义理论的学习模式,也体现了对学生身心认知发展的心理学规律的遵从和学习方式的革新。

学生2:项目式学习有利于让学习者把所学知识运用到情境中,从做中学。学习者可以相互讨论、彼此质疑、积极建构知识。但我认为,它在我国中小学实施过程中产生了一些问题。项目式学习作为有深度、拓展性的学习方式,需要耗费老师、同学大量的时间和精力。而一些学校的学习项目在实施过程中演变成学生被动参与教师已经设计好的各个项目流程,并没有给予学生自主学习探究的机会。虽然项目结果看起来很好,但项目式学习的目的并没有实现,学生的自主学习、跨学科能力也并没有得到提升。我认为这并不算是真正的项目式学习,其实是在浪费时间。因此,若是要让项目式学习真正发挥出其作用,中小学教师需要抓住其初衷和本质,有组织实施项目式学习的能力。在教学中放弃传统的学科教授方法,全部以项目式学习来代替,在我国目前是不现实的,但可以在传统教学中拿出一部分内容和时间来做用时相对较短的项目式学习。教师需要意识到,提供给学生由教师自己设计的学习项目并非真正的项目式学习。教师应该成为项目管理者、教练、观察者、促进者等,但不应该成为主导者。

学生3:5Es学习环教学模式:参与(engagement)、探索(exploration)、解释(explanation)、精化(elaboration)、评估(evaluation)。

(4)学生"双语教学"子维度主要体现在提升了英文阅读水平、熟悉了更多的专业词汇,但也有同学持消极态度,认为双语教学加重了他们的学习负

担,容易造成课堂上学习的分神等问题。代表性的相关报告内容如下:

学生1:我对双语教学和老师希望我们掌握相关学术词汇的英语表达的想法表示支持,但是这门课是我们第一次接触学习科学与技术这个领域,用双语教学是否有一点点不合适? 拿我自己举例子,可能我的英语水平和班上另外一些同学比还是要薄弱,当我上课看PPT,碰到某个含义不太明确的单词时,就需停顿下来搜索。在这一过程中,很容易分神,以至于跟不上老师所讲。如果采用中文PPT,我即使一时分神,也可以迅速浏览屏幕上展示的内容,从而跟上节奏。我也注意到,在后面几个模块中,PPT内容使用中文的比例增加了。或许这代表着老师也体察到了我们的心情? 为了达到中英文双语教学的效果,是否可以采用以中文为主的PPT和课后布置英文文献阅读作业相结合的方式? 这既使英语水平较弱的同学上课更容易接受,又在课后进行知识的巩固和拓展,提升了学生对英语学术词汇的感知力。

学生2:这门课程的一个特点其实就在于它的双语教学,主要体现在老师的课件会更多地选择用英语文本来呈现。首先我很认可双语课程对我英文阅读能力的提升且在词汇的掌握程度方面有较大帮助,但可能由于我个人之前没有过多类似的双语课程经验,所以在学习过程中其实是有一定挑战的。一个比较大的困难点在于信息接收变慢了。虽然大部分单词看得懂也听得懂,但确实是在接收信息时需要多一个反应和转换的时间,并且记忆的深度减弱了。中文课件在帮助我回顾和记忆相关知识点时是比较重要的,即我在回忆到某个点时,那一块知识会以画面的形式出现在脑海中,比较不容易遗忘,也比较容易复习;但是换成英文之后,这种画面就无法呈现了,致使知识点的掌握一定程度上变困难了。这可能确实与我的英语能力有关,目前的英语水平还不适应这样的教学,但是正因如此,我才更需要这样的课程来帮助我提升对英文的抓取能力。

学生3:李老师分6个模块向我们介绍了这门课程的核心理论和前沿热点,并使用几乎全英文的课件。我十分支持这种做法,虽然英文看起来会比中文慢很多,但是这可以帮助我们学到很多专业词汇,对未来的学术交流很有帮助。一个鲜活的例子是,在本学期的另一门专业课上,我们被要求进行课程的国别研究,有小组就个别问题向瑞典的教育部门发了中文邮件,结果对方回复说看不明白。由此可见,掌握专业英语能力是非常重要的。

(5)学生"技术支持的教学"子维度主要体现在了解了更多基于技术的平台、体会到技术给教学带来了变革性的作用以及对智能技术融入教学应用的反思等方面。代表性的相关报告内容如下:

学生1:我了解到全球国内外最新的学习科学和技术,比如 HiTeach Sokrates 智慧课堂辅助系统、StarC 平台、"乐学一百"在线教学系统等。事实上,近年来线上的教学平台方兴未艾,从以猿题库、小猿搜题、作业帮等互联网产品为代表的在线教育 1.0 时期,到网课兴起,头部玩家开始铺天盖地花钱打广告,以获客和变现为主要特点的在线教育 2.0 时期。

学生2:第一个是关于老师提到的"机改作文"的概念。其实机改作文在实际中已经有很多的运用,我的"大英三"的课程读书报告就是通过"冰果英语"智能批改的。机器会根据字数、语法、标点、词汇以及高级句式的运用等多方面综合评估,给出一个分数,然后会指出文章中存在的问题以及改进的建议,我会根据它的建议进行多次修改,最终获得一个比较满意的分数。但是我觉得如果将它运用于初高中语文作文的批改还需要非常慎重地考虑。我认为语文作文不同于英语作文,英语作文往往强调一个实用文体的运用,而语文作文的命题不会像英语作文一样有一个明确的范围限制,出题人会给学生自由发挥的空间,让作文成为学生观点的输出口。如果采用了机器批改,由于程序设定的机械化,一些学生的精彩观点可能会因为没有程序预设而被埋没,而教师人工批改可以运用人的思维理性更好地给学生的作品打出一个较为合理的分数。但是这并不是说智能批改一无是处,我觉得可以将两者结合起来,比如运用机器专门查找学生的错字、语病、标点错误等问题,在合适的范围内制定标准进行扣分处理,老师专门负责浏览学生作文的大致思想,从文章内涵的角度进行更专业的评价。这样既可以让学生重视语言的运用，也让他们的思想表达不会被语言所牵连，老师在改卷时也不必顾虑其他问题，可以更轻松地专注于思想内容的评价。

学生 3：在课上我们也了解到目前有技术支持教学案例和教学系统，包括疫情期间各高校大规模的在线教学、基于平板的中学科学教学、希沃授课助手 STARC 平台、TEAM Model 智能型议课厅等。这些教学系统在后疫情时代的教育中将释放更大的动能。

(6)学生"学习空间/环境"子维度主要体现在将智慧学习环境的理念和学校内的配置结合、具体说明学习空间/环境改造给学习带来的便捷等方面。代表性的相关报告内容如下：

学生 1：我对课程中"学习空间/环境"模块印象最深刻的点在于智慧学习空间的打造。在紫金港校区，虽然我们的校园环境变得越来越好，但还是有很多地方并不能很好地满足学生的需要。例如，小组讨论的时候，我们很难在校园里找到一个适宜的位置。我们要进行小组讨论的时候，通常会在小剧场二楼，或是在安中大楼的一楼。但是这些地方照明不佳，没有空调，使得它们冬有严寒、夏有酷暑，条件糟糕。即便这样，在热门的时间点里还一座难求。看过很多的智慧校园空间设计(例如那种站着就可以进行短暂讨论的桌子)，我们希望这些优秀的实践经验可以被借鉴，为我们所用。

学生 2：我是一个非常在意学习空间的人，在之前的学习生涯中，学校的环境一直都是我择校时考虑的一个非常重要的指标。进入浙大后，我觉得紫金港校园的各种设施配备比较好，特别是东教学区新改造的教室和食堂非常舒适，只是我的课堂已经转移到了西教学区，没能赶上新设施的投用。关于西区教学楼，我特别喜欢五幢楼相连的设计，为学生转换教室提供了很大的便利。但是一些教室的桌椅我觉得可以进行翻新设计，桌面宽度太窄，电脑放桌面上后剩余的空间狭小，没有办法摆放其他物品，而且前后两排课桌之间的间隔太小，座椅不太符合人体的构造，特别不舒适。我个人对这个研究方向也非常感兴趣，日后希望有机会进行相关研究。

学生 3：关于"智慧学习环境"，老师提出了很多的建议：增加覆盖度、舒适度、环境识别度,增强中心凝聚力。学校的东教麦斯威餐吧其实就是一个可以作为智慧学习环境的地方,作为一个阶梯形的区域,有相应的充电设备,但是目前阶梯并没有发挥自己的作用,很少有同学在那里进行学习,阶梯中也可以增加彩色的棉垫,在增加环境辨识度的同时,提升学生学习的舒适度。同时,课堂中提出的贡献型教室、课题组研讨式学习(白板)、头脑风暴型教室、学术探究教室,确实感觉非常有意义。教育来自生活,其实在学校中就有很多的学习空间没有很好地被设计,比如在西教连廊处可以设计一些站立的讨论区,在每个教学楼内设立讨论教室,提供白板等供学生头脑风暴。值得高兴的是,近期去图书馆中发现一楼的休息区有一块白板,也有之前小组讨论的人留下的笔记,同时,西教中也有一些设有可移动桌椅的教室,教室的多样性在不断增加。宿舍楼下的讨论区也得到了很好的利用。我自己也在校长邮箱中提建议,更多地增设讨论型教室,增设适用于非正式场合讨论的设施,也希望浙大的教室建设更加完善。

(7)学生"论题知识"子维度主要体现在教育产业化的利和弊、分层分班教学的适用性、技术应用于教学的深层反思等方面。代表性的相关报告内容如下:

学生 1:以前,我对校外的培训机构、教育机构、民办学校等组织及其相关的事件并不敏感,将其视为想当然的存在。通过这次辩论,我认识到这实际上是教育产业化的体现。收获在于,辩论过程中,通过深入对方的辩论思路,了解到教育产业化的弊病,例如乱收费、增加中小学负担等等,这些弊病的存在使教育偏离了原有的道路。

学生 2:这次辩论启发我的另一点是,在未来的教育中因材施教必然是个大趋势,不管是分层分班教学还是不分层分班教学,我们双方都认为应该进行因材施教。问题在于,在当下或是未来,如果是分层分班教学,我们如何破解分班给学生带来的心灵创伤,以及对其身份认同造成误导;我们如何破解家长、社会对所谓的"优质教育"的过分追求,让他们充分意识到分层分班教学不是一种利益本位,不是为了让少数学生接受所谓更好的教育,而是让不同的学生都能享受合适的教育（方式），更好地成长。或许我们可以畅想分层分班教学如果实施得好，各个层次的班级都能有显著的进步，在整体水平提升的同时，逐渐缩小差距。

学生 3：我们的话题是"技术的发展扩大/缩小了地区间的教育差距"，作为支持"缩小"的一方，我们认为科技手段是解决"好教师下乡难"的重要抓手。

（8）学生"知识应用"子维度主要体现在学生利用思维导图等可视化手段对学习内容以可视化的方式展示等方面。代表性的相关报告内容如下：

学生 1：课堂上许多案例都是用量表、框架、流程图来解释某种现象，这就启发我在思考问题的时候可以借用适当的工具进行分析，帮助我在没有思路的时候找到框架做支撑，例如布鲁姆的认知金字塔在很多时候都能提供给我一个很好的切入点。

学生 2：5 次论证内容的关键词可视化展示如图 8-5 所示。

图 8-5　学生 5 次论证内容中的关键词可视化展示

学生 3：课程内容的可视化展示如图 8-6 所示。

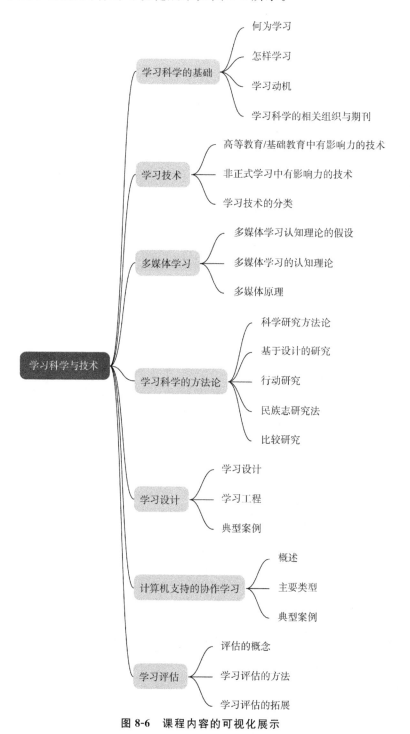

图 8-6　课程内容的可视化展示

(9)学生"建议"子维度主要体现在增加课堂测验、课前对知识进行回顾、增加文献阅读量,以及将知识应用于实践等方面。代表性的相关报告内容如下:

学生 1:我觉得我们缺少一定的课程内容落实。并不是所有的同学都会自觉去复盘课程内容,我自己在任务太多时也会把这门课程的 PPT、阅读材料放一放,因为我知道没有小测、没有练习,这种没有压力并不完全是减轻了我的负担,有时反而助长了我的倦怠,导致课程内容不能完全落实。因此,建议老师在每节课前抽几分钟对上节课的知识进行巩固和检测,这是推动同学们去落实课程内容的一种较好的方式。

学生 2:可以在每节课开始前对上节课的内容进行回顾,增强大家回顾课件的意识。

学生 3:个人很喜欢看与科技相结合的相关案例,包括各种高科技的学习空间。听老师讲故事也是非常有意思的事情。希望未来有机会实地考察该类场地,并深入了解这些技术对教学的影响。

学生 4:可以布置一些文献阅读任务,课外相关文献的查找和阅读,能更好地落实课程中所学的知识,否则很容易让课程的内容"左耳朵进,右耳朵出"。老师现在也有提供很多的相关文献,完全是同学们自愿自主阅读的方式。或许可以采取组会汇报一样的方式,每节课由一两位同学用 5 分钟汇报分享自己所读的一篇文献,其他同学通过这样的分享也能学习到更多的课外相关内容。

2."论证和批判性思维"技能维度

在 11 名学生的反思报告中,有关"论证和批判性思维技能"维度的编码内容共有 56 条,在 4 个一级维度中频率位居第三。该维度下,学生"论据"子维度最多(30 条),其次是"逻辑性和理性"(16 条),"全面思考"(10 条)出现较少。

(1)学生"论据"子维度主要体现在,在支持自己观点的时候体会到了论据的重要性。代表性的相关报告内容如下:

学生 1：还有就是老师总提的 evidence-based，作为一个逻辑思维能力不强的人，我很难说服别人，这让我常常感到无奈。但其实和逻辑一样，事实也能说服人，于是我每次想要表达观点的时候为了寻求认同一般会带上事实证据，这让我的观点得到了更多人的认可。

学生 2：我学会了我们需要通过证据来支持自己的观点（后面的辩论中同样如此：只有观点而没有证据支持，只能称为某个人的一己之见，不能上升到论点的高度）。

学生 3：我开始注重用数据和事实来支撑自己的论点。没有数据和事实的支持，一切论点都只是自己的想法和感受，自己提出的论点是站不住脚的，对对方辩友的反驳也是苍白无力的。有了数据和事实，论点才能是有据可依、有迹可循的，而不是凭空产生的一家之言。并且，要有最新的论据支撑，因为研究也会随着时代的发展不断深入发生变化；或是由权威的经得住时间考验的证据进行论证，因为的确有些证据展现出的真理是普遍适用的，不因时代较久远而丧失价值。

（2）学生"逻辑性和理性"子维度主要体现在不仅能够查找到论据，还能够对论据进行有逻辑性的组织处理等方面。代表性的相关报告内容如下：

学生 1：以往我在思考一个话题时，在搜集资料阶段如同一只无头苍蝇，输入关键词盲目搜索；在准备这几次辩论的过程中，我从队友的身上学会了在思考问题时可以先确立大致的框架，确定我们可以从哪几个维度进行切入（当然这几个维度的确立也应该事先查阅资料），确立好框架后再进行资料搜集。

学生 2：我以前思考辩题时只会想着有哪些论点、论据，现在我的思路变得更加具有逻辑性了，我会把我的观点分成不同的层次和方面。

学生 3：我们的资料整理工作也从最初文档里杂乱无章地堆砌，找到有用的就放进来，转变为将论点、论据相匹配，整理资料时就形成框架。这是文献阅读、文献整理能力提高的一种表现。

（3）学生"全面思考"子维度主要体现在看待事物不仅能够从支持的角

度看待,也考虑到其对立面,从不同角度看待问题,逐步实现思维的扩容等方面。代表性的相关报告内容如下:

学生 1:我猜测也许我们的思想本身就能够包容两种甚至更多的看上去相对立的观点,世界并不是非黑即白的,在这样一个复杂的、多元的环境里,辩论的存在让我们的思想一次次交锋、碰撞、擦出火花,在这个过程中,我们的思维逐步扩容,看待事情变得更加客观与全面,人与人之间多了理解与包容。我想这些才是辩论带给我们的最宝贵的财富。

学生 2:虽然会有所谓的优势持方与劣势持方,但是每一方都有足够的讨论空间与论述余地。而每个辩题总会有一个观点符合你的心证,那是你从出生到现在的所有经历造就的你对这个论点的认识,抽到了符合你心证的持方当然好,但是抽到了与你心证相反的持方,又何尝不是给了你一个从另一个角度认识这个问题的机会呢? 在你查资料、和队友讨论的过程中,会慢慢地从另一个角度构建起你对这个问题的理解。长此以往,你会对这个世界有更多元的认知,不是非黑即白,而是灰色的,他可以变成黑,也可以变成白。

学生 3:这几次线上辩论让我认识到选题也很重要。需要选择一些有意义的辩题,并且选择内心真正支持的观点。通过与小组成员的交流,甚至包括争吵,我明白了对事物的认识应该更加全面、客观、科学,不再像以前那样带有很强的片面性、主观性、随意性。

3. "论证的陈述性知识"维度

在 42 名学生的反思报告中,有关"论证的陈述性知识"维度的内容共有 365 条,在 4 个一级维度中位居第一。该维度下,学生"线上论证"子维度最多(81 条),同时,也是所有子维度中频次最高的一项,其次是"平台"(77 条)和"辩题"(72 条),"展示"(49 条)、"小组合作"(40 条)、"对抗"(32 条)和"概念界定要清晰"(12 条)均出现较少,"评论不要量化"最少,为 2 条。

(1)学生"线上论证"子维度主要体现在优势和劣势两个方面,前者包含清晰导图促使论证过程更清晰、资料能够在更大范围内共享等,后者主要包含不支持同时编辑、无法自动保存等。代表性的相关报告内容如下：

更新间隔时间长（2 条）：在这个辩论区的编辑时间上，有时候会出现一个漏洞，即对方明明已经编辑完、退出界面了，但是我方仍被提醒对方在编辑中不能进入编辑界面编辑，要反复进出好几次、刷新好几次才能恢复正常，这就造成了很多的时间浪费，不知这点是否能够加以完善。

卡顿（2 条）：就产品而言，个人认为如果想要增加师生们的使用频率，首先要加强平台的维护，因为在并不是很多人使用的情况下，"语雀"会经常出现卡住等问题。

思维导图不灵活（5 条）：我们想要对之前的论点论据进行补充，但"语雀"平台无法支持在中间插入一个单独的思维框，只能分支并列，导致我们需要对后面的一串方框进行移动，再添加，最后移动接上，整个操作过程比较麻烦。

不支持同时编辑（25 条）：我个人在使用辩论区时感觉比较遗憾的一点是，无论是组内的补充还是与对方的反驳，思维导图始终只允许一个人进行编辑，即无法多人同时使用，这无疑减慢了双方的辩论速度。因为其实作为同一个专业的学生，大家集中的空闲时段是相近的，往往一个人想要着手进行编辑时会发现无法进入，而有时我们也不知道正在处理的同学什么时候能完成其部分，导致辩论工作迟迟无法开展。

不能实时自动保存（7 条）：不能实时自动保存也是让人在编辑时有点没有安全感的，因为"语雀"平台确实不是特别稳定，经常一刷新页面直接崩掉了，真实的案例教训——我的室友（她在另一个班）花了一个晚上做的思维导图，因为没有保存，全部没有了，需要从头来过。这确实是一件非常有打击性的遭遇，以至于我在之后的思维导图编辑时，通常每完成一两格就会更新一次再重新点进来编辑，虽然操作上比较麻烦，但是希望能避免一些没保存的"惨案"。

移动端无法编辑（5 条）："浙大语雀"平台在手机端打不开，只能用 PC 端，这也让我们感到非常不方便，无法随时随地进行反驳。

共享(5条):"语雀"平台承担一种数据库的角色,提升了组内合作时文件管理的效率,实现了资源共享便捷化。

思维导图清晰化展示(20条):这个平台能比较清晰地将我们辩论的整个过程展示出来,将内容可视化,有利于后期对辩论的回顾和反思。

信息安全(3条):我认为"语雀"的安全性做得还是相当不错的,比如编辑密码的设计就可以保证数据安全,避免数据的流出。

自动标记(3条):后台统计数据,因为反驳均为红色,补充观点均为蓝色,可能会造成之后计分工作的困扰。如果"语雀"可以导出每个组发言的数量与内容,甚至组内每个人发言的详细数据,或许会利于统计分数。

(2)学生"概念界定要清晰"子维度主要体现在开始论证前,双方要对论题有明确的定义,且在同一个定义下开始论证活动。代表性的相关报告内容如下:

学生1:辩论的开始一般是明确定义。在日常讨论中我们并不会那么强调概念界定和范围,但是辩论必须确定。我们在辩论的过程中逐渐地学会了如何去界定一个概念,而这又和学术训练有所联系。在我们做课题的时候,首先我们要知道自己在讨论什么,这是很关键的问题。概念清楚明确,后面的讨论才有意义。有时我自己阅读一些论文的时候也会吐槽:"这篇文章连概念都不界定,它到底在讲些什么?"

学生2:对于辩题的范围界定仍然不够清晰,导致双方仅仅停留在很宽泛的领域,就比如"教育产业化利大于/小于弊"这个辩题,对方辩友把视角放在全世界,而我方则放在中国范围内。一开始定义就出现了分歧,导致后续的辩论没有实际意义。所以我希望老师在辩题确定后能给出一些缩小范围的有意义的方向。

学生3:我认为线上辩论还是应该遵循一定的规则,比如要求双方进行概念的界定,但不强求达成一致,而是明确双方的共识和各自的分歧。

(3)学生"辩题"子维度主要体现在自由提出辩题的优点和缺点两个方面,前者包含拓展自己的知识面、体现了以学生为中心的思想,后者包括辩

题缺乏科学性难以开展辩论、辩题内容与老师课堂上所讲的内容脱节等。代表性的相关报告内容如下:

科学性(15条):抛辩题并不是一件随意、简单的事情,看似普通、寻常的"提问"其实有诸多讲究。如最后一节课上分享反思的几位同学所说,抛出一个辩题的同时,提问者也需要思考:这个辩题是否具有讨论的价值? 辩论双方的地位与优势是否相对平等? 辩题的拟定是否严谨? 其中是否存在提出者尚未考虑到的漏洞? 辩题所述是否符合当下的教育现实? 辩题所涵盖的范围是否过于广泛以至于辩论过程难以聚焦以及详细展开? ……将"抛辩题"这项任务交给学生,的确能够锻炼同学们发现问题、提出问题的能力,但也使得提出的大部分辩题质量不高、存在水分。

拓展知识面(13条):抛辩题的时候我会仔细找找时事新闻或者是固有的一些教育问题,这些问题可能是平时不会深入关注但大家又感兴趣的。通过辩论的形式让自己或者让大家进行辩论,不管怎样,我都能收获不少知识。

以学生为中心(3条):其实这门课虽然同样使用了"辩论"这个形式,但和我之前上过的课程的辩论都不太一样。这也正是我最喜欢这门课的地方之一。在之前的课上,我们所有的辩题都是由老师指定的。例如,在"高等教育学"课堂上,我们辩论了两次,一次是关于高等教育国际化/本土化,一次是关于通识教育、专业教育哪个更重要。这些辩题都是老师直接确定的。而在这里,我们自己给自己的辩论确定问题,就有了一系列的好处。这样产生的辩题以学生为主体,反映了学生在现阶段所关心、思考、困惑的问题。

与课程内容联系不紧密(25条):辩题与课堂理论联系不密切,大家提出的问题往往是最近看到的教育类新闻或者是比较关心的教育问题。针对这几个问题,我认为可以换一种形式,比如由老师提出几组辩题,或者每一小组提出一个辩题,由大家投票表决。

筛选机制(5条):辩题要点赞数高才能被选中(我不知道别人对此有何种感想,但我自己真的觉得我的辩题被选中是一件很光荣的事情,就像上电视了一样！），所以我每次都绞尽脑汁去想那些大家都会关注、又能讨论出深度的辩题。然后，很幸运地，自己的辩题2次入选，其中有一次，有小组真的选择了我提的辩题进行辩论（"教育学是否应当作为本科生学习的专业"），然后那天就特别开心，有成就感。

重复度高（5条）：虽然每次辩论前可供选择的辩论议题都有3—5个，但每到小组展示环节时大家才会惊奇地发现，大家的选题都有惊人的相似性，不是所有小组都选中同一个主题就是选中其中两个主题。这样的情况会导致原来一些比较有价值、值得讨论的议题沦为废题，而且大家在同一个辩题下展开的辩论其实还是有很大的同质性的，因此在分享环节也经常会讲到同样的观点和论据。一方面，这浪费了宝贵的展示分享时间；另一方面，台下的同学听讲兴致也很低。

提出方式有限制（6条）：关于辩题的抛出和点赞等，由于大家平时登录"学在浙大"平台的频率有限，可以考虑在钉钉群或者微信群内发起投票，提高参与度。

（4）学生"对抗"子维度主要体现在优点和缺点两个方面，优点如双方以友好的方式开展论证等，缺点如双方的论证方式不友好、为了取得论证的胜利而强行添加与论证不相关的内容等。代表性的相关报告内容如下：

友好交锋（25条）：虽然辩论的客观目的是"赢"，但经过这几次辩论，我认为辩论的魅力不在于说服对手认可我的观点，而在于双方在深入思考了这个问题并吸收对方的想法之后对问题形成一个更具批判性与辩证性、更全面的看法，并在此过程中锻炼了自己的逆向思维能力和分析总结能力。这里面其实也有个隐藏的原因，就是双方都比较熟悉，所以不想搞得太难看。

强行加戏（5条）：我们一直在有意识地将辩论线拉长。在辩题的选取方面，我们会更乐于选取易于寻找事实类、数据类论据的辩题，而不太乐于选取思辨性辩题。在辩论的过程中，我们为了显得时间很长，有时会将一些逻辑并不融洽的论点、论据放在一条线上，导致辩论的逻辑性和整体性出现了问题。

不友好交锋(2条):对方不管是否建构好观点体系,为了先写而互相挤线,再加上网络的评论式环境,我们的辩论就走向了"网络互怼"乃至"键盘侠对喷"。很多反驳没有抓住前文逻辑,用语也很激烈;很多支持和前文也不在一条线上,有的支持只是堆砌资料。

(5)学生"小组合作"子维度主要体现在组员间能够彼此学习和促进,进而督促成员不断改进,以及小组在论证的时候有均衡的组员分工,进而促使论证顺利开展。代表性的相关报告内容如下:

充分了解,相互学习(20条):我们小组的4个人其实在辩论前互不相识,但通过辩论活动大家建立了友谊,我对每个人的特质也有了基本的了解。就我们小组的辩论而言,我认为也是一次共同成长的经历。总而言之,从小组成员身上我学习到了挺身而出、砥砺前行的品质,期待下一次合作!

评价改进(5条):在辩论的过程中,我们采取小组合作的方式进行,大部分同学都能认真参与到整个辩论的准备和开展过程中,但少数同学并没有付出时间和精力参与到整个辩论中来,存在"划水"的问题。

均衡分工(15条):组员分组开展论文资料查询工作,分工明确,任务完成质量好。更令人欣喜的是,完成模块性任务后,所有资料都交由总结同学进行汇总,总结后形成模块性报告,为展示报告的撰写节省了时间和精力。这培养了我们小组各成员努力求知的主动精神、积极探索的精神、实事求是的科学精神与严谨的科学态度。

(6)学生"线上论证"子维度主要体现在线上环境为他们提供了充足的时间和空间去思考、给予他们均等的发言机会、论证过程留痕便于后续的追踪和思考等方面。当然,线上论证也存在一些问题,比如不能锻炼临场应变的能力等。代表性的相关报告内容如下:

充足时间和空间(30条):首先,线上辩论的形式更便捷。在大学,凑齐八九人在相同的时段进行线下讨论往往非常困难,而线上的形式使辩论可以在每一个成员的空闲时刻进行,突破了时间上的局限。其次,线上辩论的形式延长了辩论的时间。辩论不必在固定的10—20分钟内完成，在几天时间内大家都可以围绕辩题随时展开讨论，这使传统辩论中的技巧性色彩减少，对于论点的讨论程度得以加深，对于辩题的理解程度得以加深。

都发表想法(8条)：提升成员的参与程度。传统辩论可能会将每一位成员的发言机会置于不均等的位置；而云辩论让每个成员在这方面保持平等，每个成员都可以随时随地添加他们的视图。同时，每个成员的编辑数量和质量是公开的，在某种程度上起到了督促每个成员积极地、高质量地参与辩论过程。

临场应变(6条)：线上辩论缺失了线下辩论的紧张感，导致对辩论者思维灵敏度和即时反应能力的考查有所缺失。

过程记录(25条)：打字辩论并非单纯的对话式的你来我往，其最大的意义是构建了一张完整的思维导图，从而记录下辩论过程中所有的细节，并为我提供了重新研究与反思的机会。

思维更紧密(10条)：线上辩论也让我们有时间逐字逐句地斟酌对方辩友的反驳是否确切精准地"打"到我们的点上，有无偷换概念、因果颠倒（这些在辩论中都很普遍）等现象。这也是很好的一种思维品质。

攻击(1条)：线上辩论的过程中，学生主要采用打字输出的形式，辩论者可能会化身"键盘侠"，采用不理智的言语进行攻击。我们小组在辩论过程中就曾遭遇这样的情况，本应是理性的讨论，由于部分论点论据的过分"失智"，逐渐走向"唇枪舌剑"。因为一场线上辩论而伤害同学之间的和气与团结，这是同学、老师都不愿意看见的。

耗时长(1条)：需要每天都关注在线辩论的进度。

(7)学生"展示"子维度主要体现在优势和劣势两方面，前者如锻炼了自身的表达能力、促进组间相互学习、再次清晰地梳理论证思路等，后者如过多的展示次数给个人带来比较大的压力、学生展示的时候和台下听众的互动性不强等。代表性的相关报告内容如下：

梳理思路(5条)：准备展示本身给了我们一个复盘的机会，这对厘清整个辩论的思路是有帮助的。

组间互相学习(10条)：在查看其他小组的"语雀"辩论思维导图时，我发现有一个小组的思维导图模式很值得借鉴。他们在用文字将论点和论据标注起来，使得整个思维框架很清晰。例如，在某个论点前写上"论点1"并加粗，在论点这个框框后面再添加论据的框框，标上"论据1""论据2"并加粗。个人觉得，如果老师后续要再看这门课的话，可以让同学们采用这种思维导图画法，让论点、论据更为清晰。

锻炼表达能力(13条)：通过辩论的形式进行知识的学习，很好地锻炼了我的思维能力和语言组织能力；后续课堂上展示思维导图的环节，有效提高了我的总结归纳能力与口头表达能力，真正加深了我对这些问题的理解。

次数过多(4条)：我希望能提一个小意见，每周一次的辩论可能稍微有些繁重，或许可以每隔一周辩论一次，因为太频繁的辩论辩到最后其实大家都有一些疲倦了，当大家为了应付的时候辩论就失去它本真的意义了。

时间有限(3条)：辩论展示时间有限，每周四的展示时间一共是90分钟，这就意味着分到每个小组的每个持方基本上是3—5分钟，而且所有小组展示完之后老师的点评时间其实是很紧张的。

互动不强(7条)：但是在展示阶段，少数同学将自己置于辩论教学之外，不仅不关注台上同学的展示，甚至做出一些与辩论式教学毫不相干的事情。我觉得任何一个学生都不能将自己当作辩论式教学的"局外人"。

内容重复(3条)：由于展示内容大同小异(很多小组选的辩题都一样)且展示的形式较为单调(都由一人陈述观点)，每周四的展示课容易导致"上面的同学在展示，但下面的同学并没有好好听"的局面。

教师点评(4条)：展示课时，我认为教师积极回应学生的展示是很好的一种做法，让我觉得自己的成果被肯定；并且老师提供了很多延伸拓展的建议或者事例，这也给大家提供了继续思考的方向。

(8)学生"评价不要量化"子维度主要体现在量化的评价标准容易导致盲目地追求发言量而忽略发言内容的行为，进而降低论证质量等方面。代表性的相关报告内容如下：

学生1：对辩论的评价难以量化，为了追求分数，大家一味地想要增加论证的内容篇幅，很容易忽视辩论的逻辑性。因此我认为辩论的评价机制应该做出适当的调整。当然如何评价辩论也应该征求大家的意见决定。

学生2：我个人认为辩论最重要的是逻辑，而非论据，给不同颜色的方框赋不同分数的做法的合理性有待商榷。

（七）学生的半结构化访谈分析

首先，对于整体的教学设计而言，大部分学生对整体的教学流程（教师讲授、学生提出辩题、学生选择辩题、线上准备辩论、辩论展示和师生评价）比较满意，因为这样的教学设计不仅让他们学到了基础知识，也锻炼了他们的综合能力和高阶思维。很多学生认为在查找资料、准备辩论以及绘制思维导图的过程中自己的批判性思维得到了锻炼和提升。

其次，对于线上辩论的形式而言，大部分学生比较适应该形式，在他们看来，和线下面对面的辩论相比，线上的形式给予他们更多的准备和思考时间，但是线上辩论中交流的异步性削弱了辩论的氛围感。另外，基于思维导图的可视化形式让辩论思路更清晰。虽然"浙大语雀"平台能够为可视化辩论提供支撑，但是该平台还可以继续完善：一是支持多人同时在线编辑以加快辩论的进度；二是增加消息个性化提示功能以弥补异步交流带来的距离感和延时性等方面的不足。

最后，对于辩题选择而言，大多数学生认为自由选择辩题能够给他们带来更广阔的思考空间，同时也能够提升自身学习兴趣和激发深层次的思考。但也有学生表示有些辩题的可辨性和科学性还需要增强，教师在整个教学过程中的干预性还有提升空间，建议教师和助教对自己选出来的辩题进行再次斟酌与筛选，进而提高辩题的科学性与合理性。

第三节　基于在线协作平台的大学生论文阅读活动设计及实施效果

本小节继续探讨基于在线协作平台的大学生论文阅读活动设计及实施效果,内容主要包括研究设计和研究发现两个部分。

一、研究设计

(一)课程介绍

"学习科学与技术"是面向大二学生的必修课,课程时长为 8 周(2021年 3 月—2021 年 4 月),每周课程时长为 4 课时(2 课时/次课),第 1 周是课程知识及辩论的准备阶段,第 2—7 周是辩论课,第 8 周是个人反思的展示。课程旨在介绍当前国内外学习科学与学习技术领域理论和实践的新进展及新成果,具体内容包含 6 个模块:学习科学的理论基础、技术支持的学习、技术支持的教学、学习科学研究方法、学习评价、未来学习。课程评价主要包含 4 个部分:选择文献以及线上辩论准备(60%)、辩论展示(20%)以及个人反思(20%)。

(二)教学设计

对于第 2—7 周的辩论课而言,首先是教师讲授课程内容,这也为学生后续选择文献以及开展辩论打下基础,其时间是课中,环境主要是线下。接着是学生选择文献并通过"浙大语雀"开展线上辩论(见图 8-7),6 次辩题的具体情况如表 8-34 所示,其时间是课后,环境主要是线上。最后是小组辩论展示与师生评价,教师和学生分别从辩论组织、辩论内容的角度进行评价,其时间是课中,环境主要是线下。

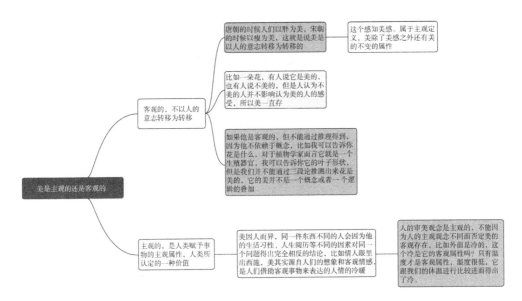

图 8-7　学生课后在"浙大语雀"平台线上辩论示意

表 8-34　6 次辩论课的辩论主题

辩论次别	辩论主题
第1次	数字游戏创造提升学生能力（三方面：专注度、批判性思维与学业成绩） 通过授予数字游戏设计权激励学生：提高集中度、批判性思维和学业成绩
第2次	远程操作、计算机模拟、线下实验3种实验室形式的学习过程和效果 在虚拟环境中基于探究的生态系统科学的深入学习——比较虚拟和物理概念图的效果
第3次	基于技术系统概念模型对新颖性和系统性思维进行评估
第4次	提升学生的情感和学业成绩——ECOLE教学法的教学设计与评价 青少年早期的学生参与科学：享受对学生学习科学持续兴趣的贡献
第5次	在线异步讨论组中标记思维类型对批判性思维的影响 支持交互论辩：表征工具对讨论不良问题的影响
第6次	探究性教学与学生学业成绩的关系：对英国PISA成绩的纵向实证研究

（三）研究对象

本研究以××大学参与"学习科学与技术"课程学习的 17 名大二学生为研究对象，其中女生 14 人、男生 3 人。

（四）研究工具

1. 批判性思维的测量

批判性思维的测量主要包括两种方式。第一种是问卷法。利用《加利福尼亚批判性思维倾向问卷》对实验组和对照组学生的批判性思维进行前后测。该量表主要适用于大学生,也可用于中学高年级学生。第二种是内容分析法。采用 Newman 等(1995)的批判性思维分析框架对学生的论证内容进行编码。该编码体系包含相关性、重要性等 10 个维度,对每个维度而言,符合描述标准的记作 X^+,不符合的记作 X^-,最后的计算公式为$(X^+ - X^-)/(X^+ + X^-)$,最终的数值在 -1—1,数值越大代表批判性思维深度越高。

2. 批判性思维的过程测量

研究主要选取 Murphy(2004)批判性思维 5 个过程对学生的论证内容进行编码分析,以评价学生在论证过程中批判性思维的过程。该编码体系将批判性思维分为 5 个过程,分别为辨识(recognize)、理解(understand)、分析(analyze)、评价(evaluate)、创新(create),分别记为 R、U、A、E、C。各个过程又分为多个二级标准,本研究只采用 5 个一级编码过程,各过程及其编码、含义如表 8-35 所示。

表 8-35　批判性思维过程编码

思维过程	编码	本研究中的符号	含 义
辨识	R	1	辨认或识别存在的话题、矛盾、问题等
理解	U	2	探究相关的论据、知识、调研、信息和观点等
分析	A	3	深入寻找有关问题并阐明、组织已有信息、鉴别未知信息,并剖析该话题、矛盾或问题,找到其基本的逻辑组成
评价	E	4	批判或评价信息、知识或观点
创造	C	5	产生新知识、观点或方法,并加以实施

3.课程体验反馈的调查

本研究通过半结构化访谈和课程学习反思作业两种调查方式来收集学生的课程体验反馈。反思的内容依据 Asterhan 等(2016)提出的三节点论证教学框架的结果部分进行分析,即论证教学所带来的结果主要包含领域内的知识(包含概念性知识、事实性知识、程序性知识)、论证和批判性技能、关于论证的陈述性知识、智力能力 4 个维度。对于访谈而言,访谈提纲主要包含 3 个部分,分别是学生对整体教学设计的感受、对线上可视化论证的感受以及对辩题选择方式的感受。访谈提纲的具体情况如表 8-36 所示。

表 8-36 半结构化访谈提纲

序号	主题	内容
1	学生对整体教学设计的感受	①对于整体的教学流程——教师讲授、学生选择论文、线上准备辩论、辩论展示和师生评价是否满意,你是否满意? 请说明原因。 ②哪个教学环节最有助于提升你的批判性思维?
2	学生对线上可视化论证的感受	①你是否适应线上可视化论证的形式? ②和面对面的线下辩论相比,线上可视化论证给你的感受是怎样的? 请说明原因。 ③你认为"浙大语雀"在支持协同的可视化辩论过程中发挥了怎样的作用? ④思维导图是否有助于提升你的批判性思维? 请说明原因。
3	学生对辩题选择方式的感受	①你认为大家自由选论文然后论证的方式对你的思维训练是否有帮助? 请说明原因。 ②你觉得匿名论证方式对你的论证表达有什么影响?

对于课程学习反思作业而言,并没有做特殊要求,主要是学生以电子文档的形式写下自己在整个春季学期学习的感受。

(五)数据收集与分析

基于上述的研究设计和实施结果,本研究主要收集了以下几个方面的数据进行分析:批判性思维前后测问卷数据、在线可视化论证的内容数据以及学生对课程体验的反馈信息(访谈和反思)。

批判性思维前后测数据分析主要采用 SPSS 20.0 工具,对前测和后测数据分别进行描述性统计,对前测和后测数据进行配对样本 t 检验,以了解学生的批判性思维在测试前后有无显著差异。

为了了解学生过程性批判性思维的变化情况,本研究也收集了质性数据(即以小组为单位在线可视化论证的数据),主要采用内容分析法,利用编码的方式由两名教育技术学博士生同时编码,并对编码结果的信度进行检验。

为了课程教学的后续进一步改进,学生课程体验的反馈信息主要通过访谈和反思报告收集。对于访谈而言,从每个小组中随机挑选 2 名学生作为代表进行深度访谈,4 个小组共计 8 名学生,访谈数据由研究者统一归纳整理,进而提取关键信息。对于学生课程反思而言,所有学生以电子文档的形式在课程结束后提交自己的反思,字数没有限制,反思内容由研究者统一归纳整理,进而提取关键信息。

二、研究发现

(一)问卷描述性统计的基本数据

图 8-8 展示了前测和后测中不同批判性思维水平的人数的具体情况,前后测中批判性思维处于低水平(<210 分)的人数相同,都是 0 人。在较低批判性思维水平的范围内(210—280 分),后测人数少于前测,分别为 12 人和 14 人。对于较高批判性思维水平的范围而言(280—350 分),后测人数多于前测,分别为 5 人和 3 人。前测和后测中均没有学生的批判性思维水平达到高水平。

整体而言,前后测中批判性思维低水平的人数没有变化,通过 8 周的课程学习,一部分学生(2 人)的批判性思维水平由较低上升为较高。前后测中一直没有批判性思维达到高水平的学生出现。

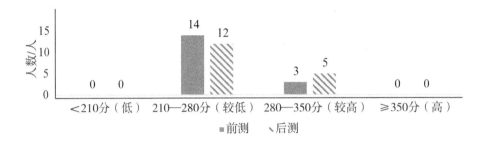

图 8-8 学生批判性思维水平前后测数据对比

鉴于本研究是以小组为单位开展的线上可视化论证活动，本研究又以小组为单位对小组的批判性思维前后测进行了对比。从表 8-37 可知，无论小组人数是 4 人还是 5 人，其小组批判性思维都有提升（第 1、2、3、4 组）。

表 8-37 小组批判性思维水平前后测对比

组别	人数/人	趋势	前测/分	后测/分
第 1 组	4	升	1044	1091
第 2 组	4	升	1076	1105
第 3 组	4	升	968	982
第 4 组	5	升	1253	1279

（二）问卷配对样本 t 检验数据分析

配对样本 t 检验结果表明，学生在"整体批判性思维"及其 7 个子维度上均没有显著差异（$p > 0.05$），说明在经历了线上可视化辩论教学后，学生的批判性思维并没有显著差异（表 8-38）。

表 8-38 学生批判性思维水平前后测配对样本 t 检验结果

维度	类型	人数	均值	标准差	df	t	p
整体批判性思维	前测	17	3.48	0.53	16	0.16	0.88
	后测	17	3.46	0.56	16		
寻找真相	前测	17	3.02	0.43	16	1.40	0.18
	后测	17	2.82	0.43	16		

维度	类型	人数	均值	标准差	df	t	p
开放思想	前测	17	3.25	0.49	16	0.48	0.64
	后测	17	3.19	0.74	16		
分析能力	前测	17	3.98	0.41	16	0.41	0.69
	后测	17	2.91	0.38	16		
系统化思维	前测	17	3.64	0.33	16	−2.11	0.05
	后测	17	3.99	0.56	16		
自信心	前测	17	3.94	0.48	16	−0.26	0.80
	后测	17	3.99	0.53	16		
求知欲	前测	17	3.88	0.56	16	0.64	0.53
	后测	17	3.78	0.39	16		
认知成熟度	前测	17	2.62	0.62	16	0.48	0.64
	后测	17	2.54	0.70	16		

（三）学生在线可视化论证内容的批判性思维分析

两名博士生使用 Newman 等（1995）的批判性思维内容分析框架对小组在线可视化论证内容进行独立编码，编码的信度为 0.71，表明编码结果是可信的。

表 8-39 展示了小组 6 次线上可视化论证的批判性思维深度和发言次数，从中可知，小组的批判性思维深度值呈现上升趋势，分别为 0.80、0.82、0.83、0.84、0.86 和 0.89。发言次数有增有减，分别为 125 次、134 次、95次、103 次、98 次和 97 次，共计发言 652 次。每个小组的批判性思维深度和发言次数如表 8-40 所示。

表 8-39　小组 6 次线上可视化论证的批判性思维深度和发言次数

辩论次别	批判性思维深度	发言次数/次
第 1 次	0.80	125
第 2 次	0.82	134

续 表

辩论次别	批判性思维深度	发言次数/次
第 3 次	0.83	95
第 4 次	0.84	103
第 5 次	0.86	98
第 6 次	0.89	97

表 8-40　小组 6 次辩论的批判性思维深度和发言次数

组别	第 1 次		第 2 次		第 3 次		第 4 次		第 5 次		第 6 次	
	批判性思维深度	发言次数/次	批判性思维深度	发言次数/次	批判性思维深度	发言次数/次	批判性思维深度	发言次数/次	批判性思维深度	发言次数/次	批判性思维深度	发言次数/次
第 1 组	0.87	24	0.78	20	0.86	17	0.85	21	0.81	13	0.92	17
第 2 组	0.83	23	0.84	36	0.83	33	0.81	33	0.87	34	0.95	27
第 3 组	0.75	59	0.81	59	0.79	34	0.84	32	0.86	32	0.85	40
第 4 组	0.80	19	0.83	19	0.90	11	0.88	17	0.89	19	0.87	13

(四)学生批判性思维深度与发言次数的相关性分析

对于参与者的 652 次发言而言,其批判性思维深度与发言次数的相关性分析如表 8-41 所示。可以看出,参与者的批判性思维深度与发言次数不具有显著相关性($p>0.05$)。

表 8-41　学生线上辩论反馈的批判性思维深度与次数的相关性分析

因子		数量	深度
批判性思维深度	Pearson 相关性	1	−0.669
	显著性(双侧)		0.146
	N	625	625
发言次数	Pearson 相关性	−0.669	1
	显著性(双侧)	0.146	
	N	625	625

（五）学生批判性思维的过程分析

第1次，第1组在线辩论活动产生13个有效单序列，具体如表8-42所示。该阶段产生的比较多的单序列包括辨识→理解（1→2）、理解→分析（2→3），序列数分别为4、3个；没有到创造（5）过程的单序列。具体例子如表8-43所示。

表 8-42　第 1 组第 1 次在线辩论的批判性思维过程行为转换频率

过程	1	2	3	4	5	总计
1	1	4	0	0	0	5
2	0	2	3	1	0	6
3	1	0	1	0	0	2
4	0	0	0	0	0	0
5	0	0	0	0	0	0
总计	2	6	4	1	0	13

表 8-43　具体例子

序列	例子
辨识→理解 （1→2）	A:测量工具主要基于已有的量表，可能不适用于该实验的情况（1）。我觉得其优点有：学业成绩的测量指标为基于国家标准化测试的考试，可能是想证明 DGA 教学的运用的可行性（2）。 B:作者在文中提出，该结果可能是由于该量表采用自我报告的方式，信度没那么高；还可能由于该量表更适用于讲座风格的课堂而非小组合作学习（1）。这种反思对后续进一步研究很有益。在这种测试中，除了考虑被测者本人的主观因素会影响结果的准确性，如教师在场和考试环境等其他因素也会影响被测者在测试时的状态从而导致结果的准确性受到影响（2）。
理解→分析 （2→3）	A:让对照组设计动画可以消除 programming（编程）这一变量对实验的影响（2）。因为本研究的学习科目选择的是一个交叉学科，如果仅仅是玩他人设计的游戏，那么在信息技术这方面的教学上便没有实践的环节了，研究中选用 Flash 的对照反而可以体现实验的严谨（3）。 B:对照组学生制作动画，为什么可以和实验组形成对照，有严格控制变量吗？我觉得可以让对照组参与由他人设计好的数字游戏（2）。该实验的侧重点在于两组学生创造的东西有差异，而不在于是否创造。且该实验为准实验（3）。

经过 GSEQ 计算得到的调整残差值如表 8-44 所示,无序列显著。

表 8-44　第 1 次第 1 小组在线辩论的批判性思维过程调整残差值

过程	1	2	3	4	5
1	−0.72	−0.05	−0.06	−0.41	−1.00
2	−0.15	−0.39	−0.16	−0.26	−1.00
3	−0.14	−0.15	−0.52	−0.66	−1.00
4	−1.00	−1.00	−1.00	−1.00	−1.00
5	−1.00	−1.00	−1.00	−1.00	−1.00

第 2 次,第 1 组在线辩论活动产生 29 个有效单序列,具体如表 8-45 所示。该阶段产生的比较多的单序列包括辨识→理解(1→2)、理解→理解(2→2),序列数分别为 7、5 个;没有到创造(5)过程的单序列。具体例子如表 8-46 所示。

表 8-45　第 1 组第 2 次在线辩论的批判性思维过程行为转换频率

过程	1	2	3	4	5	总计
1	1	7	0	0	0	8
2	4	5	1	1	1	12
3	2	3	0	0	0	5
4	0	1	0	1	0	2
5	0	1	1	0	0	2
总计	7	17	2	2	1	29

表 8-46　具体例子

序列	例子
辨识→理解 (1→2)	A:是的,给出 pre-defined factors(预定义因素)有可能会混淆学生的思维(1)。比如本来学生经过探究形成了一个相对简单但正确的因果关系链,但看到其他给出的 pre-defined fatcors 时,会对自己产生怀疑,继而勉强地将那些 factors 并入解释体系(2)。 B:自然科学课堂中智能化自动化评估可以成为本电子平台值得推广的优势(1)。比如英语新高考写作"读后续写"的教师培训,在县城高中还要专门聘请省城改革一线的英语老师来"授之以渔",成本不容小觑,而自动化评估更节约、高效(2)。

续　表

序列	例子
理解→理解 （2→2）	A：比如本来学生经过探究形成了一个相对简单但正确的因果关系链,但看到其他给出的 pre-defined fatcors 时,会对自己产生怀疑,继而勉强地将那些 factors 并入解释体系中(2)。错误的因果关系多并不是坏处,学生经过批改之后,了解到自己的错误之处,会对学习加深印象。而且对自己原本已经形成的简单而正确的因果关系产生怀疑,本身就是一个批判性思考的过程。我认为这反而是好事(2)。 B：通过电子平台绘制概念地图能使逻辑更清晰,更便于讨论结果的可视化(2)。pre-defined factors 提前给出作为该电子平台的功能特点,能够引导学生关注到更重要的以及容易被忽视的关键因素而非浅层、表面的干扰性因素(2)。

经过 GSEQ 计算得到的调整残差值如表 8-47 所示,无序列显著。

表 8-47　第 1 组第 2 次在线辩论的批判性思维过程调整残差值

过程	1	2	3	4	5
1	−0.37	−0.05	−0.37	−0.37	−0.53
2	−0.33	−0.12	−0.80	−0.80	−0.23
3	−0.36	−0.95	−0.50	−0.50	−0.64
4	−0.41	−0.80	−0.69	−0.01	−0.78
5	−0.41	−0.80	−0.01	−0.69	−0.78

第 3 次,第 1 组在线辩论活动产生 29 个有效单序列,具体如表 8-48 所示。该阶段产生的比较多的单序列包括辨识→理解(1→2)、辨识→分析(1→3)、理解→辨识(2→1),序列数分别为 5、4、4 个;没有到创造(5)过程的单序列。具体例子如表 8-49 所示。

表 8-48　第 1 组第 3 次在线辩论的批判性思维过程行为转换频率

过程	1	2	3	4	5	总计
1	0	5	4	0	0	9
2	4	3	2	3	1	13
3	1	1	0	1	0	3
4	0	2	1	0	0	3
5	1	0	0	0	0	1
总计	6	11	7	4	1	29

表 8-49　具体例子

序列	例子
辨识→理解 (1→2)	A：但是由于选择的问题和领域的差别，会不会导致最终的创新性评价受到影响(1)？假如一个领域已经有很多前人的成果了，那自然不容易进行创新(2)。 B：但专家也可能受到限制(1)。比如长期的专业知识研究可能会使思维固化，反而可能会固守教条，不利于灵活、客观地评估(2)。
辨识→分析 (1→3)	A：我觉得 potential bias(潜在偏见)指的是学生在专业领域内的定势思维(1)。因为团队内学生来自不同子专业，且研究主题来自日常生活，需要大量跨学科知识。这就有助于减少定势思维对创新性的影响。且在下文作者也说可以对领域的专业性和项目的创新性之关联度进行进一步研究(3)。 B：根据文章，在评价 novelty(新颖性)时，只与一个商业上可用的解决方案进行比较，是否太不严谨了(1)？但是商业方案和科研报告是否并不矛盾？通俗易懂的商业方案可能是基于科研报告或专利，说不定前者只是后者换了一个语言风格的版本(3)。
理解→辨识 (2→1)	A：本段话中共出现 3 个"same"，第 1 个和第 3 个都是指学生的与商用的方案相同，第 2 个"same"竟然指前后两指标得分相同，总感觉用语不够规范，因为确实一度让我们困惑(2)。在这里并不能很好地理解作者的观点(1)。 B：前文提到，老师会先要求学生发现已有方案的问题从而推动他们产生新颖的想法，如果再加以训练，是否与"评估"这一主题有所偏离？(2) 我认为，评估的目的是让学生更好地成长(1)。

经过 GSEQ 计算得到的调整残差值如表 8-50 所示，无序列显著。

表 8-50　第 1 组第 3 次在线辩论的批判性思维过程调整残差值

过程	1	2	3	4	5
1	−0.07	−0.19	−0.09	−0.15	−0.49
2	−0.23	−0.14	−0.32	−0.19	−0.26
3	−0.57	−0.86	−0.30	−0.30	−0.73
4	−0.35	−0.28	−0.69	−0.46	−0.73
5	−0.05	−0.43	−0.57	−0.68	−0.85

第 4 次,第 1 组在线辩论活动产生 27 个有效单序列,具体如表 8-51 所示。该阶段产生的比较多的单序列包括辨识→理解(2→2)、辨识→评价(1→4)、理解→理解(2→2)、分析→辨识(3→1),序列数分别为 6、3、3、3 个;没有到创造(5)过程的单序列。具体例子如表 8-52 所示。

表 8-51　第 1 组第 4 次在线辩论的批判性思维过程行为转换频率

过程	1	2	3	4	5	总计
1	2	6	2	3	0	13
2	2	3	0	1	1	7
3	3	1	0	0	0	4
4	2	0	1	0	0	3
5	0	0	0	0	0	0
总计	9	10	3	4	1	27

表 8-52　具体例子

序列	例子
辨识→理解(1→2)	话虽如此,对于这一关键变量的得出过程,原文中的叙述是比较含糊的,作者在此处的叙述有所欠缺,令人费解(1)。好像仅仅说明了 embedded interest(内在的兴趣)和 interest in learning science(对学习科学的兴趣)是一个内部因素和外部因素的区分,但其实差别不大,且对 embedded interest 的形成在文中也仅是一笔带过(2)。
辨识→评价(1→4)	作者给出了国别间的一些差异之处,但没有给出解答,而将之归为笼统的社会经济状况差异(1)。探讨国别差异并非本研究的重点,我认为不需要特别展开叙述(4)。
理解→理解(2→2)	言之成理,就我个人以及身边人的科学教育经历来说,我们往往被灌输一些科学知识,或是受到一些试图唤起我们对科学兴趣的活动的影响,却很少有对我们进行科学价值认知方面的教育,这一部分教育是比较欠缺的(2)。对,正如文中说的,很少青年学生在长期的科学学习历程中保持着"学习科学是为了认识这个物质世界""科学是为了更好地理解自己生活的自然和社会语境"的初心和价值观,大部分的 enjoyment(愉悦)的获取,或许仅仅是来自比较高的考试成绩(2)。

续　表

序列	例子
分析→辨识 (3→1)	从大的方面来说,问卷、访谈、观察的精度和效果有所不同;从小的方面来说,问卷设计的方式、访谈的问题导向等因素都可能影响测量结果(3)。因此作者对未来研究提出建议:在研究学生对科学兴趣和享受的探究时,可以分别研究学生对笼统的广义科学的态度以及对某一特定学科的态度(1)。

经过 GSEQ 计算得到的调整残差值如表 8-53 所示,无序列显著。

表 8-53　第 1 组第 4 次在线辩论的批判性思维过程调整残差值

过程	1	2	3	4	5
1	−0.06	−0.34	−0.50	−0.24	−0.33
2	−0.76	−0.71	−0.28	−0.96	−0.08
3	−0.06	−0.59	−0.44	−0.37	−0.67
4	−0.19	−0.16	−0.19	−0.44	−0.72
5	−1.00	−1.00	−1.00	−1.00	−1.00

第 5 次,第 1 组在线辩论活动产生 20 个有效单序列,具体如表 8-54 所示。该阶段产生的比较多的单序列包括辨识→辨识(1→1)、辨识→理解(1→2),序列数都是 3 个。具体例子如表 8-55 所示。

表 8-54　第 1 组第 5 次在线辩论的批判性思维过程行为转换频率

过程	1	2	3	4	5	总计
1	3	3	2	1	2	11
2	1	1	1	2	0	5
3	0	0	0	0	0	0
4	0	1	0	1	0	2
5	0	1	0	1	0	2
总计	4	6	3	5	2	20

表 8-55　具体例子

序列	例子
辨识→辨识 （1→1）	A：TC3 由 Jasper 和 Erkens 在 2002 年开发，经过了一定时间的检验（1）。界面简洁，比较好用。不仅如此，研究者还根据本实验的需求进行调整，使之更加契合（1）。 B：根据学生们的讨论进行分类会不会出现模棱两可的情况？到底是否准确（1）？我认为有可能出现无法归类的情况。而且这个方法还没有智能到可以自我抓取和编码，费时费力且不一定准确（1）。
辨识→理解 （1→2）	A：TC3 由 Jasper 和 Erkens 在 2002 年开发，经过了一定时间的检验（1）。界面简洁，比较好用。十多年后的"浙大语雀"与这个工具有异曲同工之妙。都有工作区（大纲或图标），都不支持多人同时编辑。区别是他们只有线上共同途径，聊天窗口并没有嵌入同一个平台，以及最后有 text（文本）部分作为总结整理，而我们能够在别的平台进行交流与分工，并且最后以 presentation（报告）的形式作为总结整理（2）。 B：这里的分析值得注意，文章提到当一个语句含有多个编码时，该语句被拆分（1）。例如，当一个学生写"我反对转基因，因为它威胁环境"，话语被分成"我反对"和"因为它威胁环境"（2）。

经过 GSEQ 计算得到的调整残差值如表 8-56 所示，无序列显著。

表 8-56　第 1 组第 5 次在线辩论的批判性思维过程调整残差值

过程	1	2	3	4	5
1	−0.37	−0.77	−0.66	−0.07	−0.18
2	−1.00	−0.57	−0.72	−0.37	−0.39
3	−1.00	−1.00	−1.00	−1.00	−1.00
4	−0.46	−0.52	−0.53	−0.39	−0.62
5	−0.46	−0.52	−0.53	−0.39	−0.62

第 6 次，第 1 组在线辩论活动产生 29 个有效单序列，具体如表 8-57 所示。该阶段产生的比较多的单序列包括辨识→理解（1→2）、理解→辨识（2→1），序列数分别为 11、4 个；没有到创造（5）过程的单序列。具体例子如表 8-58 所示。

表 8-57　第 1 组第 6 次在线辩论的批判性思维过程行为转换频率

过程	1	2	3	4	5	总计
1	2	11	2	1	0	16
2	4	0	1	2	1	8
3	1	0	0	1	0	2
4	1	0	2	0	0	3
5	0	0	0	0	0	0
总计	8	11	5	4	1	29

表 8-58　具体例子

序列	例子
辨识→理解 (1→2)	A:虽说作者在文中也点明,选取这两场考试可能局限在于仅能探求考试所能涉及与考查的学生能力在接受探究式学习后的改变情况(1);但不能覆盖到其他探究式学习可能影响的重要能力,比如学习兴趣、未来继续参与科学学习的动机等(2)。 B:根据讨论,组员认为 IB Teach 即前文提到的 PISA 量表(1)。由于 9 个问题与 7 个问题的相关度为 0.95,所以直接选用 9 个问题(2)。
理解→辨识 (2→1)	A:PISA 考试毕竟也只是一场笔试,不能真正代表学生解决问题的能力(2)。因此,除了 PISA,最好再加上另一项考查学生现实生活中相关技能的测试(1)。 B:而且需要考虑到本实验是基于 2015 年 PISA 数据库进行的数据分析,无法对 5000 多名学生进行再次测试,因此只能从原有的题目中寻找解决方法,作者想到利用教室环境来衡量教学质量还是值得肯定的(2)。后续的研究可以就这个问题进一步展开(1)。

经过 GSEQ 计算得到的调整残差值如表 8-59 所示,无序列显著。

表 8-59　第 1 组第 6 次在线辩论的批判性思维过程调整残差值

过程	1	2	3	4	5
1	−0.04	<−0.01	−0.45	−0.19	−0.26
2	−0.10	−0.01	−0.68	−0.28	−0.10
3	−0.46	−0.25	−0.50	−0.12	−0.78
4	−0.81	−0.15	−0.02	−0.46	−0.73
5	−1.00	−1.00	−1.00	−1.00	−1.00

6 次论证中,第 1 组在线辩论活动产生 147 个有效单序列,具体如表 8-60 所示。该阶段产生的比较多的单序列包括辩识→理解(2→2)、理解→辩识(2→1)、理解→理解(2→2),序列数分别为 36、15、14 个。具体例子如表 8-61 所示。

表 8-60　第 1 组 6 次在线辩论的批判性思维过程行为转换频率

过程	1	2	3	4	5	总计
1	9	36	10	5	2	62
2	15	14	8	10	4	51
3	8	5	1	2	0	16
4	3	4	4	2	0	13
5	1	2	1	1	0	5
总计	36	61	24	20	6	147

经过 GSEQ 计算得到的调整残差值如表 8-61 所示,无序列显著。

表 8-61　第 1 组 6 次在线辩论的批判性思维过程调整残差值

过程	1	2	3	4	5
1	0.02	<-0.01	0.96	0.09	-0.65
2	0.31	0.01	0.88	0.12	-0.09
3	-0.01	-0.38	-0.25	-0.89	-0.38
4	-0.90	-0.41	-0.14	-0.84	-0.44
5	-0.81	-0.94	-0.82	-0.67	-0.64

(六)学生的反思报告分析

依据对 17 名学生的学习反思报告的主题分析,最终共得到 23 条编码记录。具体而言,在领域内的知识、论证和批判性思维技能、论证的陈述性知识、智力能力 4 个维度的情况如表 8-62 所示。

表 8-62　学生反思分析

一级维度	二级维度	三级维度	数量/条
领域内的知识			0
论证和批判性思维技能	论据		2
	思维程序化		2
论证的陈述性知识	平台	思维导图清晰化展示	7
		不支持同时编辑	好,3;不好,2
		更新间隔时间长	1
	小组合作	相互学习	1
		和谐分工	2
	线上论证	充足时间和空间	1
		过程记录	1
	展示	梳理思路	1
智力能力		无	

1."领域内的知识"维度

在 17 位学生的反思报告中,有关"领域内的知识"维度的编码记录共有 0 条,说明学生的反思中没有提及知识方面的收获。

2."论证和批判性思维技能"维度

在 17 位学生的反思报告中,有关"论证和批判性思维技能"维度的编码记录共有 4 条,在 4 个一级维度中位居第二。该维度下,学生"论据"和"思维程序化"的编码记录数量均等,均为 2 条。

(1)学生"论据"子维度主要体现在明确了论点的证明需要足够多的、充实的论据支持。代表性的相关报告内容如下:

学生 1:思维导图在组间展示交流时更加清晰直观,也更加凸显了思维过程的批判性。但是,随着课程的进行,无填充以及一些看似有颜色填充实则没有证据支持的框格占了越来越大的比重,这直接反映了课程后期的展示普遍存在的观点缺少证据支撑的现象。一方面,这和文献阅读中指出研究不足和改进建议的任务性质有关;另一方面,这反映了有些观点过于想当然、放之四海而皆准,缺少针对性与创新性的问题,是学习与思考缺乏深度的一种表现。

学生2:在"浙大语雀"平台,我们用无色代表没有论据的辩驳,红色表示有论据的反对,蓝色表示赞同有论据的赞同。这也间接地告诉我们,辩论应该是观点明确、论据充实的。

(2)学生"思维程序化"子维度主要体现在能够将小组成员的比较散乱的论据等整理成具有一定逻辑性的材料。代表性的相关报告内容如下:

学生1:我们在制作展示的思维导图的过程中,是采用先集中讨论再自由填充的方式,虽说预先的集中讨论有助于思维的整理与个人疑惑的解答,但似乎存在"群体极化"或思维受限的情况。因此在各组进行展示的过程中,我总感觉我们小组可以做到思维方向清晰,但在全面性方面略逊一筹。

学生2:线下共同讨论带来的整体协调和深度共识无疑缩小了个人对某一论点表达或回应的空间,最终在"语雀"平台与课堂展示中呈现的往往是小组学习(或协作)的成果,而非思考的过程。此外,经过几周高频率的小组讨论,组员间的思维同质性或许扩大,尤其在组员固定的情况下,后期头脑风暴强度有所降低,思维的程序化反而上升。例如,每当看到研究中的实验设计环节时,变量控制问题往往会作为讨论要点。找到"套路"后的效果变化也许是大多数新学习模式在实践过程中面临的问题。

3."论证的陈述性知识"维度

在17位学生的反思报告中,有关"论证的陈述性知识"的编码记录共有19条,在4个维度中位居第一。该维度下,学生"平台"子维度的编码记录最多(13条),同时,也是所有子维度中数量最多的一项,其次是"小组合作"子维度(3条),再次是"线上论证"子维度(2条),最后是"展示"子维度(1条)。

(1)学生"平台"子维度主要体现在论证图促使思维清晰化展示,部分学生对不支持同时编辑持反对态度,因为导致论证效率很低,但也有部分同学持赞成态度,因为一个人说完另一个人再说的方式使论证过程比较有序等。代表性的相关报告内容如下:

学生1："浙大语雀"作为新兴的类似于思维导图的学习平台，能够直观形象地还原组内成员认真思考、激烈讨论的过程；同时用不同颜色代表不同性质的论据，能清晰地呈现大家头脑风暴的成果。借助"语雀"进行辩论的教学方式，可以使学习者切身体会到科学技术给学习带来的便利。

学生2：过去的课堂展示，内容我们基本都会简要呈现在PPT上，展示者只要照着PPT的顺序一步步呈现内容。而这次的展示以"浙大语雀"上的思维导图为主。在思维导图制作的过程中，我们首先要明晰文章的脉络，理解作者的用意，然后给出自己的逻辑结构，并在"语雀"上通过不同的分支与填充颜色区分。这一步做好了，后面的展示才能顺利。

学生3：不支持同时编辑。其主要弊端，同学们课上频繁提及，即不支持多用户同时编辑。但我觉得这一"弊端"也有它的好处，比如可以在小组激烈讨论时由一人负责编辑，上传讨论的公认结果，避免了组员各自编辑而不讨论交流的局面。总之，对这一平台从陌生到熟悉，现在使用体验是很顺畅的。

学生4：支持同时编辑。如果条件允许，还是希望可以做到多人在线编辑，同时显示多人编辑的信息。如果同时编辑使得思维导图的可视性较差，可以考虑增加机器自动合成思维导图的功能，即便出现同时编辑的情况，系统会自动将两人移至不同的新平台，等到一方编辑完毕后将其编辑内容移至主平台的相应位置，然后另一位正在编辑的同学重新转移至主平台进行编辑。

学生5：系统稳定性不强，在我们辩论过程中经常会出现有成员进不去网站的问题，拖慢团队进度。

(2)学生"小组合作"子维度主要体现在小组合作能够促进组员之间的互相学习、共同进步，组内和谐的分工有助于论证顺利开展等方面。代表性的相关报告内容如下：

学生1：每周组员会在群里商讨选择哪篇文献进行阅读，接着每个人进行阅读和分工，之后整组一起讨论文献的内容和自己阅读文献的疑惑，然后分别完成"语雀"的各个部分,最后进行补充和整合。整个合作的过程是比较流畅的,每次线上线下的讨论都是轻松愉快的学术氛围。

学生 2:我们将"语雀"平台利用为系统化的思维整理区域,换言之,小组成员把原本呈现在展示区域的个人间辩论环节放到线下面对面进行,在确定共同问题和重要话题后,根据文章的逻辑分块讨论,试图从不同立场或角度对相关争议做出回应。

学生 3:从这门课的小组合作中,我也有所收获。不同人看问题的角度是不同的,在小组讨论的过程中,总能发现一些自己在阅读的时候没有注意到的细节和问题,这能够拓宽我的视野,让我思考问题更加全面。

(3)学生"线上论证"子维度主要体现在线上异步的方式给他们提供了充足的时间去深入思考、论证的过程性数据能够被保存便于后续的再次查看和反思等方面。代表性的相关报告内容如下:

学生 1:异步的好处在于时间更自由,想什么时候补充内容都可以。

学生 2:论证结束后我还可以再次看我们的论证过程,真的会有和当时不一样的收获。

(4)学生"展示"子维度主要体现在展示过程能够让自己再次梳理论证思路,加深了对论证的理解。代表性的相关报告内容如下:

学生 1:展示是一种对于学习与思考的结果性呈现,即系统地梳理学习过程后有条理地进行展示,这也是为何发展到后期各个小组的思维导图事实上都呈现出纵向拉长的趋势。

（七）学生的半结构化访谈分析

首先,对于整体的教学设计而言,大部分学生对整体的教学流程(教师讲授、学生选择文献作为辩论的基础、线上准备辩论、辩论展示和师生评价)比较满意,因为这样的教学流程促使他们掌握基础知识,并能够基于基础知识借助辩论活动实现对知识的进一步升华,同时也锻炼了他们的综合能力和高阶思维。很多学生认为在查找资料准备辩论的过程中自己的批判性思维得到了锻炼和提升。

其次,对于线上辩论的形式而言,大部分学生比较适应。在他们看来,和线下面对面的辩论相比,线上的形式给予他们更多的准备和思考时间,但是线上辩论中交流的异步性削弱了辩论的氛围感,另外,基于思维导图的可视化形式让辩论思路更清晰。虽然"浙大语雀"平台能够为可视化辩论提供支撑,但是该平台还可以继续完善。一是支持多人同时在线编辑以加快辩论的进度;二是增加消息个性化提示功能以弥补异步交流带来的距离感和延时性等方面的不足。

最后,对于辩题选择而言,大多数学生认为基于小组所选文献的辩论给予了他们充分的自主性,他们可以全方位了解主题内容,但也有学生指出,以文献作为辩论基础可能导致辩论过程不聚焦,进而不能对某些知识点开展深入讨论。

第四节　基于在线协作平台开展大学生批判性思维培养的实践反思

基于上述实践,研究者对基于在线协作平台开展大学生批判性思维培养的实践进行了以下 4 个方面的反思。

一、多方联动合力增强师生批判性思维水平提升意识

行动之要,思想先行,学生只有自身具备较强的批判性思维水平提升意识,才能够从行动上落实。首先,教师对学生批判性思维水平提升具有重要作用。一方面,拥有较高批判性思维水平的教师能够对学生运用批判性思维技能起到很好的指导示范作用,对学生的异步交流过程等进行合理引导(吴彦茹,2014);另一方面,教师的批判性思维水平与批判性思维培养教学方法的使用存在正相关。因此,通过提高准入门槛、专题培训等方式增加教

师的批判性思维意识和水平,能够从理论和实践上为学生的思维训练提供具体指导。其次,举办主题性的宣传活动或开发具有特色的批判性思维校本课程,让学生深刻体会批判性思维的时代价值以及重要意义,也可以鼓励学生之间的互学互鉴,在彼此的熏陶中增强自身的批判性思维提升意识。最后,以评价作为前期实践的"强制手段",并逐步转变为后期的自觉意识。如规定学生通过 MOOC 学习批判性思维课程可以获得相应的奖励等,促使学生在持续的 MOOC 学习实践中提升批判性思维水平。

二、线上可视化辩论为学生提供了灵活的时间和空间

技术在促进学生批判性思维水平提升方面的优势主要体现在能够提供灵活的参与时间和真实的空间场景感。一方面,辩论活动中借助各类学习平台中论坛、思维导图等工具的优势,能够让学生随时以可视化的方式参与辩论过程,给予学生充分思考的时间和空间。文本输入较之口头表达会更多地调动思维,同时,过程性的记录也可以被保留(毕景刚等,2020),进而促使学生产生更高水平的批判性思维(Guiller 等,2008)。访谈结果也表明,学生认为在线绘制思维导图的形式能够帮助他们更好地整理思维逻辑。此外,平台精准定位到每个发言者的身份及发言时间,促使辩论过程更清晰。另一方面,鉴于虚拟体验往往能够提高学习者的参与热情,可以借助虚拟现实技术等为辩论者营造与辩论主题相关的"真实临场感",这也是激发学生从不同角度深层次思考问题的有效方式。但是,线上环境中也存在发言质量不高的现象,可以借助人工智能开展智能测评,通过提取关键词对发言内容进行自动评价,对低质量发言予以提示。针对在线环境中异步交流的方式缺乏真实参与感的问题,可以利用系统提示音功能将参与者在线发表的想法及时提示给所有的辩论参与者。

三、利用策略促使学生积极且高质量地参与辩论

问卷调查的数据分析结果表明,在基于在线协作平台可视化的辩论活

动中，无论是基于自选辩题的辩论还是基于自选文献的辩论，学生的批判性
思维水平均没有得到显著提升，尽管其中有问卷调查本身主观性强等原因
外，但也从侧面说明学生参与线上可视化辩论的质量有待进一步提升。此
外，也有研究表明，虽然学生的高参与度意味着更多批判性思维的产生（满
其峰等，2014），但在讨论中也存在虽然踊跃参与但讨论的内容质量有待提
升的问题，如在对其他观点进行反驳的时候合理的证据支持少或论据不完
整（Breivik，2020）。为了提高辩论的整体质量进而提升学生的批判性思维
水平，首先，教师可以采取激励措施鼓励组员尤其是高批判性思维水平的学
生积极参与到辩论中，充分发挥引导作用并以此带动全员高质量地参与。
例如，可以将高批判性思维水平的学生设定为组长等职务。其次，要防止组
员尤其是低批判性思维水平的学生为了增加发言数量而忽略发言质量现象
的发生。从这个角度来看，在辩论活动中设置评判发言质量的观察员，对低
质量的发言予以提示或直接驳回很有必要。值得注意的是，为了防止辩论
中因鼓励高水平批判性思维者发言而"打压"低水平批判性思维者发言所带
来的小组间发言数量和质量失衡的现象，辩论活动的小组分配要将高水平
和低水平批判性思维者错开分组，避免不公平现象的产生。最后，教师也需
要提前向作为评价者的学生明确评价标准，即参与度仅仅是评价的一方面，
更重要的标准是发言内容的合理性。

四、充分发挥学生自主性是提升其批判性思维水平的有效途径

自我决定理论认为，当人们满足自主性（自由地将经验与自我感整合到
一起）、能力感（控制环境）和关联感（与他人保持关联）三种基本心理需求
时，个体将朝积极健康的方向发展，反之，当这些心理需求受到阻滞时，个体
将朝向消极方向发展或产生功能性障碍（Deci 等，1985）。本次基于在线协
作平台的可视化辩论实践不仅从辩题的根源选择上给予学生充分的自主
性，即他们可以自由选择辩题或文献作为辩论开展的基础，基于在线平台的
线上异步交流方式也给予学生充分的自由思考时间，在交流方式上保障了

学生的自主性。但是,访谈结果也表明,学生自选辩题的科学性、合理性还需要加强,后续还需要结合老师的意见进一步筛选辩题。此外,学生在辩论过程中的自主性也需要进一步提升,而利用智能技术基于辩论的过程性内容为小组提供个性化的学习支持,是提升辩论过程中学生自主性的有效途径。

第九章

结　语

　　本章为结语，主要概括本书的主要研究结论，阐释学生批判性思维研究存在的不足，并提出学生批判性思维培养的系列建议。

第一节 主要研究结论

本书获得学生批判性思维的本质特征与现状、面向学生批判性思维培养的课程建设、教育技术促进学生批判性思维发展的教学设计及其有效性等相关的系列研究结论。

一、对批判性思维本质特征的理解尚未明确

批判性思维是一个较为复杂的概念,当前对批判性思维本质特征的理解尚未形成一个统一的、本土化的定论。在学生批判性思维培养研究和教学实践中,对批判性思维本质特征的理解存在"宽泛化"或"狭窄化"的现象,前者把批判性思维与各种思维活动等同起来,后者则把批判性思维与"反思"等较为特定化的概念相结合。没有相对一致且具有本土化特点的批判性思维概念及理论所支撑的学生批判性思维的培养实践,缺少了强有力的理论支撑。

二、学生批判性思维水平一般,部分学生缺乏探究真相的信心

本书的实证研究部分发现学生(包括初中生和大学生)的批判性思维水平一般。大学生在批判性思维过程中呈现出思维冷漠、思维妥协、思维顺同和思维固着等认知特点,这一结果在一定程度上说明了我国大学生批判性思维存在一定的不足,需要在反思的基础上进行重构。本书对初中生批判性思维的调查显示,寻找真相这一批判性思维倾向的平均分为 3.86 分(六点计分)要明显低于求知欲倾向的得分(4.60 分)。这一结果与张梅等(2016)的研究结果类似。张梅等在研究中对大学生批判性思维做了调查,发现大

二、大三、大四学生的在寻找真相上的得分均要低于在求知欲上的得分。整体上看，学生缺乏探究真相的信心与行动。教学有效性因素显著预测初中生的批判性思维倾向。

三、批判性思维测评的方式及有效性需持续探索与检验

学界对批判性思维本质特征的理解尚有分歧。基于本土化思考，本书提出批判性思维是"静态的批判性思维能力品质在动态的真实问题解决过程中的融创性体现"的观点。批判性思维是一种能力，而非倾向。其静态能力品质包括理性、真实性、深刻性、反思性、多元性和建设性，动态真实问题解决过程是一个由元思维、问题解决和影响因素构成的三层次结构。本书同时对批判性思维理解的误区进行了阐释，批判性思维不是否定一切，不是思维倾向和思维技巧，也不仅是静态的能力品质，它是可培养的，并且不与真实的生活情境相割裂。但是本研究并没有对静态品质及动态真实问题解决过程进行验证，此项工作将在未来研究中进一步展开。

四、批判性思维成为必备素养，批判性思维教学是一个长期且复杂的过程

批判性思维作为不可或缺的关键素养，成为面向 21 世纪各个国家和国际组织核心素养导向的教育变革中的必备要素。无论是宏观层面的教育政策导向，还是中观层面的面向批判性思维培养的课程建设与设计的理论发展，抑或是微观层面导向批判性思维的教学方法与策略的实践探索，都开始强化批判性思维培养在未来一代新人建构中的重要作用。这种趋向也意味着我们的课程与教学需要整体立场和教学法上的改变，来促成批判性思维的培养。

批判性思维的教学是一个过程性的长期复杂的过程，为了精准落实批判性思维教学，在理论框架的基础上衍生出详细的拆解与落实步骤，形成一套可落地、可应用的方法框架，很多国家、地区以及国际组织已开始探索实

现批判性思维教学转化的中介模型或框架,也就是将批判性思维的核心内涵分解为可以运用在教学过程中的核心过程、关键维度和具体教学标准,由此也积累了多方面的经验。

五、面向学生批判性思维培养的课程设计模式逐步走向深化与多元

批判性思维的培养开始日益摆脱传统批判性思维训练中的技能训练的思路,而更多强调在整体任务和真实情境的问题解决中综合性地发展知识技能、认知理解,也获得情感意志品格的浸润,促成批判性思维从分化的技能走向更整合的一种问题解决的倾向与综合能力,走进日常生活和真实情境。

面向学生批判性思维培养的课程设计模式也逐步走向深化与多元,包括传统的独立开设的批判性思维课程(通过特定学科的专项训练如写作、辩论的训练发展批判性思维,在各种学科领域有意识地融入批判性思维策略与态度的学习)、在跨学科的活动中整合发展批判性思维、学科嵌入的批判性思维的整合模式(与同学科课程或跨学科的课程或活动相互整合,运用相关的内容、活动设计或议题来推进批判性思维的培养与发展)。

六、批判性思维的培养要从根本上促成教学文化的转型

虽然批判性思维培养并没有特定的教学方法,但某些教学法确实比其他教学法更容易培养学生的批判性思维及其相关技能。一方面,要善于探索和使用更适合于推动批判性思维发展的教学法,改变以固定答案或唯一解决办法为目标的再现式的教学,强化在教与学的过程中学生的对话、交流、互动与建构;另一方面,仅仅是教学法的实践还不足以促成整个课程教学的本质转型,而要从根本上促成教学文化的转型,走向问题解决和真实情境。

七、教育技术支持有助于学生批判性思维的培养

本书采用的 CSAV 工具(Rationale)是一款专门致力于实现用户思维

可视化的软件工具，它能够帮助用户将自己头脑中的想法转化为有证据支持的推理过程，最后构建出清晰而结构化的论证内容，通过可视化的方式呈现。同时，通过方框内容和箭头的组合使用，Rationale 可以较好地支持多用户一起构建、修改、查看和共享推理过程及结果，有助于促进群体环境下批判性思维的表达和提升，为多用户实现计算机支持的协作学习提供良好的在线学习环境。不过，它目前还没有中文版本，因此，中国用户使用时还有一定的语言门槛。

本书采用的在线协作平台"浙大语雀"是一款专门致力于团队知识共建共享的云端知识库工具，目的是实现群体知识生产过程和知识存储的共享，它包含强大的创作、组织、共享以及隐私等四大功能。其中，创作功能主要体现为团队成员可以便捷地一起开展各种类型的文档编辑活动，在此过程中可以方便地将各种多媒体资源整合在一起，并将过程和结果通过可视化的方式呈现；组织功能主要体现为团队成员的协作以及知识库的管理；共享功能突出了团队协作创造的成果在团队成员中的共享；隐私功能为团队的创作提供了私密的空间，并能通过权限设置实现成果的私密化。"浙大语雀"为大学生辩论活动实践提供了很好的脚手架工具，为团队协作辩论的开展以及辩论过程与结果的留痕提供了在线平台支持。不过，该平台暂时不能支持多人同时在线编辑，团队成员异步协作才能实现消息提醒功能的设置，这在一定程度上影响了团队使用该平台的效率。

第二节　学生批判性思维研究存在的不足

一、理念上的高重视与培养实践中的低行动、低成效

当今的教育改革无不涉及批判性思维培养，许多教育改革甚至以批判

性思维培养为基础或核心,联合国教科文组织、经济合作与发展组织、联合国儿童基金会等国际组织也在其相关报告中倡导批判性思维培养。对批判性思维在理念上高度重视,但一到实践就显得苍白乏力。就课程建设而言,以中国大学 MOOC 为例,截至 2021 年 8 月,与批判性思维完全相关的课程仅 7 门,浙江大学、华中科技大学、南京林业大学各开设了"批判性思维"一课,此外还有中国地质大学的"批判思维与英文写作"、浙江大学的"批判性思维与科学研究"、北京大学的"悖论:思维的魔方"、南京大学的"批判哲学视野中的人与技术"等。中国大学 MOOC 可以说是国内高校优质课程的一个"缩影",从中可见批判性思维相关课程在高校尚显单薄。相应地,师资培养、教学方法、教材、教学评估等也未受到应有的重视。

二、批判性思维教学存在较大提升和创新空间

首先,批判性思维培养缺乏教学环境创设。教学环境是一个广义的概念,涵盖物理、文化、心理等多方面的环境。对于批判性思维的培养,基于真实的教学案例设计、激发学生反思的矛盾(悖论)情境创设、师生有效沟通的交流制度建设、建设性的反馈机制构建等,都是重要的。同样地,目前不缺对教学环境创设重要性的认知,缺的是基于真知的真行和围绕学生创设教学环境的坚定,距离实现教学环境的有效性和可建设性还有相当长的路程。

其次,批判性思维研究引领教学改进的动力不足。多年来教育研究领域不缺对批判性思维的探索,并且在批判性思维概念、评价、培养等领域的研究不乏有价值的成果,在上述批判性思维不同课程类型的开发建设上或多或少有所涉足,并对学生的批判性思维培养产生了直接或间接的影响等。但整体上,批判性思维研究引领教学改进的主动性和有效性明显不足,科研和教学的交叉发展或互促发展仍不显著。

最后,教育技术尚未充分融入批判性思维培养。技术融入教学是未来教学的一个主要方向,有效的技术融入也能助推教学改革和质量提升。在批判性思维培养上,虽然部分高校已尝试将教育技术融入学生批判性思维

培养，但整体上看，教育技术融入更多是翻转课堂、在线教学等较宽泛意义上的融入，更加具体、微观的融入，包括网络教学平台的构建等，在教学中并未被广泛采用，在批判性思维培养领域更是如此。

三、批判性思维评价的导向功能尚未发挥

批判性思维评价的导向功能有待发挥。教育评价对教与学具有明显的导向作用，但目前很少有学校把思维或批判性思维的评价明确纳入课程评价。在高等教育领域，这种评价可能部分体现在课程作业设计的思维要素评价上，但在评价目的上可以是相对宏观的，在具体的评价设计时需对指标体系进行具体细化。在基础教育领域，几乎很少有学校把批判性思维能力纳入学生评价。

批判性思维评价导向功能的暂时缺失，也和批判性思维测评有效性存在较多不足相关。批判性思维测量有效性要真正获得普遍认可，还有较长的路要走。其中牵涉的既有理论性的问题，也有实践性与本土性的问题。

第三节　学生批判性思维提升的对策
——从理念走向行动

一、基于批判性思维的本质特征，促进学生批判性学习的发生

不管是理性、反思性、深刻性等静态的批判性思维品质，还是静态品质在动态的真实问题解决过程中的体现，批判性思维的有效培养，更多的应该是基于学生"学"的视角。迄今为止，对学生批判性思维的培养更多的基于"教"的视角。如在培养课程上，探讨较多的是独立型课程、融合型课程及综合性批判性思维培养课程（陈振华，2014）；在批判性思维教学手段上，案例

教学(Englund,2020)、合作教学(Lee等,2016)等也是经常被采用的方式；随着在线教学的普及，线上教学方法及相关软件也被较多运用于批判性思维的教学。而从学生"学"的视角进行批判性思维培养的研究和实践总体欠缺。反思与整合学习、主动学习等均是批判性学习的重要体现。

反思与概括是批判性思维的重要品质之一。反思和整合学习指能够从不同的背景、语境和视角，连贯地连接、应用和整合信息，并在多个语境中使用这些新见解(Awang-Hashim,2021)。有研究表明，反思和整合学习经验能显著预测个体的批判性思维能力及更高的学术成就(Awang-Hashim,2021)。反思性学习属于元认知的范畴，是学习者对自身学习过程及学习特征的反向思考(郑菊萍,2002)。在建构学习、深度学习及自主学习等学习中，反思均具有较重要的作用(陈佑清,2010)。批判性思维的重要品质之一是"理性"，这一品质的实现也与反思学习密不可分。反思与整合学习包括5个核心要素：①与经验相连接；②与规则相连接；③转移；④整合沟通；⑤反思与自我评估(Awang-Hashim,2021)。反思学习一定程度上也是一个认知过程，这一过程包括：完成学习任务或解决问题时，能够综合不同课程所学知识；将学习与社会问题或议题联系起来；依据新的学习，从不同的角度理解一个新问题或概念；把课程学习与先前的知识和经验相联系；等等。师生互动、教师反馈、评价实践、校园环境等因素被认为对反思与整合学习起重要作用(Awang-Hashim,2021)。

随着互联网技术的发展和网络化时代的来临，学习情境发生了较大的变化，以学生的学为中心的学习模式已经得到广泛接受，师生互动也从传统的单向模式转变为双向模式(Peled等,2020)。学生从学习过程中的被动学习者转变为主动参与者，弹性教学和主动学习将成为未来教育教学形态的主要特征(黄荣怀等,2020)。相比于被动学习导致学生产生厌烦感，主动学习能够激发学生的高阶思维、问题解决和批判性分析等能力(Peled等,2020)。主动学习圈包括激励、承诺、获得、应用、展示等5个环节(黄荣怀等,2020)。

二、创新批判性思维评价的方法与工具

以往的批判性思维评价的实践研究中，更多地从批判性思维是一种静态的技能或倾向视角出发开发测评工具，且主要采用自陈量表方式，如《加利福尼亚批判性思维倾向问卷》；有些基于问题情境，但是采用的测题是标准化单项或多项选择题，如康奈尔批判性思维测试。这些批判性思维的测量受到的主要质疑是没有考虑到批判性思维能力更多表现在完成某项任务或解决问题的过程中，且批判性思维任务更多的也是结构不良问题（周文叶等，2017；Larsson，2017）。结构不良也就意味着固定的选择项很难真正测量批判性思维，因为问题解决的方案是多元且不确定的。也有一些学者把批判性思维视为认知发生过程，但主要是视为理论模型（Yang等，2011）。近几年，有学者提出采用表现性评价来评估学生批判性思维，并开发了基于计算机的测量平台（Shavelson等，2019）。

首先，要开展批判性思维测量的本土化探索。目前为止，我们所熟知的批判性思维测评的工具几乎都是基于非本土语境的，但思维品质在很大程度上受到个体成长的外部环境的影响，包括社会环境、文化环境等，因此，开展批判性思维测量方法与工具的本土化研究探索是有必要的。

其次，要思考自陈量表如何体现批判性思维的动态性，且如何与倾向进行有效区分。依据本研究对批判性思维本质的探索，批判性思维包括批判性思维的能力品质及这些能力品质在动态的真实问题解决过程中的体现。自陈量表能够部分测量批判性思维品质，但很难测量这些思维品质在问题解决过程中的体现，因此，需要采用更合适的方式。此外，批判性思维能力品质与批判性思维倾向是不同的，具有较好效度的批判性思维测评工具应该能够体现这种区别。

最后，要设计真实性任务，采用表现性评价对动态的真实问题解决过程中的批判性思维进行评价。批判性思维是静态思维品质在动态的真实问题解决过程中的思维体现，自陈量表方法实际上并不是测量批判性思维过程

的较好方法。当下,应开发和设计一系列不同年龄段学生可能遇到的真实情境问题,这些问题应该是复杂并带有一定难度的,记录学生解决问题的全过程,然后依据具有批判性思维的问题解决过程应该具备的特点,对问题解决过程的批判性进行评估。当然,随着信息技术的兴起,思维记录的过程和方法可以是多元的。

三、将学生批判性思维评价纳入评价体系

有效且有意义的学生评价对于学生的学习和发展的重要性不言而喻。学生评价的内容不应仅仅限于课堂所学的知识,而应该超越课堂,评估学生将所学知识运用于真实生活情境、解决真实生活问题的能力。或者更进一步说,评价标准应该包括创造与创新、解决问题、合作与沟通交流、批判性思维、研究性学习等能力(Awang-Hashim 等,2021)。一个完整的评价活动主要关注"为什么评价""谁来评价""评价什么""怎么评价"等几方面内容。应该说,把批判性思维能力纳入教育评价的范畴并不是一个新话题,教育部2017 年颁布的《普通高中语文课程标准》也提到语文课程应发展思辨能力,提升思维品质;在高等教育领域,批判性思维能力被广泛认为是高校毕业生应该具备的一项重要技能(Wilkin,2017)。批判性思维能力的培养也是高等教育的重要目标之一,对大学生学习结果的评价应该体现批判性思维的内容(Erikson 等,2019;Shavelson 等,2019)。因此,"为什么评价"即把批判性思维纳入评价体系的评价目的有强有力的理论与实践支撑。但是在批判性思维概念没有统一定论的情况下,虽然其重要性是确定的,还是很难解决"谁来评价""评价什么""怎么评价"这几个问题。

虽然全面推进学生批判性思维评价目前存在诸多现实困难,但可以开展试点性探索。在高校层面,可以在本科生讨论课及课程作业评价环节开展批判性思维评价的改革尝试。一方面,此类尝试有利于扭转当前对高校本科讨论课及课程作业创新性、难度、成效等问题的质疑;另一方面,它对提升学生的创新能力及真实问题解决能力、面对未来复杂而多变的现实世界

的问题解决能力，也具有一定价值。

讨论课制度是哈佛大学整个授课体系的有机组成部分（姜玲，2009）。在授课老师讲授几次课程后，一般会安排专门的讨论课环节，根据授课教师的讲授内容，由辅导教师引导学生讨论并解决问题。通过讨论课，学生的自主学习、主动学习、合作、思维及问题解决等能力均得到显著提升。基于讨论课制度的较多优势，我国高校的很多课程都设有讨论课时或讨论环节，或者采用"大班授课、小班讨论"的组织模式，但其成效存在较大差异（莫蕾钰，2013）。影响讨论课成效的因素有很多，如教师因素，教师对自己在讨论课中的定位的不清晰可能会影响课程的效果（莫蕾钰，2013）；也有来自学生的因素，在讨论课开展过程中，部分学生主动或被动地边缘化，未真正融入讨论过程，学习收获也较少；同时，讨论课讨论主题的质量、辅导教师的讨论引导、对讨论过程与结果的反馈等因素，也会影响讨论课的成效。总之，讨论课，或者说讨论式教学方法在我国高校本科课程教学中已经非常普及，在讨论课的评价中增加批判性思维评价的尝试，对于解决当前讨论课的成效问题具有重要意义。而这种尝试的关键点是讨论课要科学设置讨论问题以及在整个问题解决过程中融入批判性思维过程要素的评价。

课程作业是高校本科课程教学的一个重要内容，除了平时课程作业，目前很多高校本科课程的期末考核也是通过课程作业形式来评价。2018年6月，陈宝生在新时代全国高等学校本科教育工作会议上的讲话指出，对大学生要合理"增负"，要改变考试评价方式，严把出口关，改变学生轻轻松松就能毕业的情况。一项基于某高校本科生课程作业行为的调查结果表明，当前高校本科生课程作业存在临近期末课程作业扎堆导致课程作业完成质量低、部分课程作业缺乏创新和难度不够、学生在作业完成过程中与任课教师缺乏沟通、学生在课程作业上投入的时间和精力不足等问题（岳洪江，2021）。课程作业不仅是给学生布置一个任务，它还应该是基于精心设计的。美国高校课程作业有其设计框架，作业设计的基础是明确作业目标与意义，形成对作业的整体构想；作业设计的重点是问题情境应真实复杂、作业任务的连续性和整合性、指向学生反思能力提升、有反馈机制;作业设计的精髓主要是向学生提供作业评估标准及作业支架等(谭小熙,2021)。

四、创建批判性学习环境

学生批判性思维的培养在很多教学情境中均有可能产生,如课堂教学情境或上述的课程作业、讨论课情境等,批判性学习环境的创建有利于学生批判性思维的培养。

(一)真实问题联结

不管是研究问题、作业任务还是讨论主题等,各种形式的教与学的问题解决任务,均应该与现实真实问题进行联结。真实问题一般情况下也具有复杂性。如,当前部分高校毕业生在就业选择中会倾向于选择互联网行业,认为其薪酬相对较高,"如果有机会,你要不要'转码'(转行到计算机相关领域)?"这类基于真实问题的讨论任务可以在高校创业就业类课程中使用,引导学生在讨论问题解决的 3 个阶段中,遵循批判性思维问题解决的步骤与品质,提升批判性思维能力。

(二)有建设性反馈的获得

有建设性的反馈对于反思性学习及主动学习的形成都是非常重要的。高等教育领域的反馈可以通过 3 种方式促进学习:加速学习、优化所学内容的质量、增加个人和集体的收获(Peled 等,2020)。"建设性"包含多方面的意义:一是对于接受反馈的一方即学生来说,他们并不是反馈信息的被动接受者,而应该是整个反馈过程的积极参与者,能够参与相关评估规则的澄清和内化;二是对于反馈内容,反馈更多的应该是矛盾点、不确定点等能够促进学生思考与反思的内容,而非问题解决的标准或答案,从而引导学生探索多元化和不确定问题的解决方案;三是对于反馈主体来说,反馈不仅来自教师和同伴,更应该来自自我,自我与自我的"对话"能促进自我反思的发生;四是注意"回顾性反思"与"前瞻性反思"的区别,反思可以是对过去所发生的学习和思维活动的反思,也可以是对未来相关计划、期望、策略等的反思,而后者较容易被忽视（谭小熙，2021）。

（三）师生交流互动机会的提供与师生关系的提升

师生关系对于学生思维和学习结果的影响与作用被较多研究证明。Tormey（2021）认为，积极的师生关系能激发学生的积极情绪，如乐观与希望，而积极情绪对学生的学习行为、认知过程及学习结果均存在显著影响。师生关系一般包括师生情感关系和学业关系。以往的师生关系测量更多停留在行为特别是教师行为上，但师生关系探索应该聚焦于对行为的情感评价。Tormey（2021）把高校师生情感关系分为 3 个维度：爱—温暖、依恋—安全、坚持—力量。师生课外交流的质量显著预测良好师生关系，特别是当教师使用网络社交媒体或即时通信工具进行沟通交流时（Elhay 等，2019）。因此，学校特别是高校应该创设更多的师生交流机会，增进师生关系，促进学生批判性思维的发展，特别是在高等教育领域。

此外，增加与不同学科、不同学习经验的同伴的互动，促进交叉学科领域内的真实问题的探索和解决，对于批判性学习的发生也是重要的。

参考文献

外文文献

[1] Abrami, P., C., Bernard, R. M., Borokhovski, E., et al. (2015). Strategies for teaching students to think critically: a meta-analysis. Review of Educational Research, 85(2), 275-314.

[2] Alvarez, C. M. (2007). Does philosophy improve critical thinking skills. MA thesis, University of Melbourne.

[3] Arslan, R., Gulveren, H., Aydinl, E. (2014). A research on critical thinking tendencies and factors that affect critical thinking of higher education students. International Journal of Business and Management, 9 (5), 43-60.

[4] Artino, A. R., Holmboe, E. S., Durning, S. J. (2012). Control-value theory: using achievement emotions to improve understanding of motivation, learning, and performance in medical education: AMEE Guide No. 64. Medical Teacher, 34(3), e148.

[5] Asiri, Y., Millard, D., Weal, M. (2018). Digital mobile-based behaviour change interventions to assess and promote critical thinking and research skills among undergraduate students. In: Auer, M.,

Tsiatsos, T. (eds.) Interactive Mobile Communication Technologies and Learning. IMCL 2017. Advances in Intelligent Systems and Computing, vol. 725. Cham: Springer.

[6] Asterhan, C. S. C., Schwarz, B. B. (2016). Argumentation for learning: well-trodden paths and unexplored territories. Educational Psychologist, 51(2), 164-187.

[7] Asterhan, C., Schwarz, B. (2007). The effects of monological and dialogical argumentation on concept learning in evolutionary theory. Journal of Educational Psychology, 99, 626-639.

[8] Awang-Hashim, R., Kaur, A., Yusof, N., et al. (2021). Reflective and integrative learning and the role of instructors and institutions: evidence from Malaysia. Higher Education. (online).

[9] Bahar, M., Nartgün, Z., Durmuş, S., et al. (2012). Traditional Complementary Measurement and Evaluation Techniques: Teacher's Handbook. Batikent: Pegem Academy.

[10] Barbera, E. (2006). Collaborative knowledge construction in highly structured virtual discussions. Quarterly Review of Distance Education, 7(1), 1-12.

[11] Bie, H., Wilhelm, P., Meij, H. (2015). The Halpern critical thinking assessment: toward a dutch appraisal of critical thinking. Thinking Skills and Creativity, 17, 33-34.

[12] Billings, D. M. (2008). Argument mapping. The Journal of Continuing Education in Nursing, 39 (6), 246-247.

[13] Breivik, J. (2020). Argumentative patterns in students' online discussions in an introductory philosophy course Micro-and macrostructures of argumentation as analytic tools. Nordic Journal of Digital Literacy. 15(1), 8-23.

［14］Butchart, S., Bigelow, J., Oppy, G., et al. (2009). Improving critical thinking using web-based argument mapping exercises with automated feedback. Australasian Journal of Educational Technology, 25(2), 268-291.

［15］Cáceres, M., Nussbaum, M., Marroquín, M., et al. (2018). Building arguments: key to collaborative scaffolding. Interactive Learning Environments, 26(3), 355-371.

［16］Calma, A., Cotronei-Baird, V. (2021). Assessing critical thinking in business education: key issues and practical solutions. The International Journal of Management Education. (online).

［17］Carrington, M., Chen, R., Davies, M., et al. (2011). The effectiveness of a single intervention of computer-aided argument mapping in a marketing and a financial accounting subject. Higher Education Research & Development, 30(3), 387-403.

［18］Carroll, D. W., et al. (2008). Integrating critical thinking with course content. In Dunn, D., S., et al. Teaching Critical Thinking in Psychology: A Handbook of Best Practices (pp. 101-105). West Sussex: Blackwell Publishing Ltd.

［19］Cavagnetto, A. R. (2010) Argument to foster scientific literacy: a review of argument interventions in K-12 science contexts. Review of Educational Research, 80(3), 336-371.

［20］Cheong, C. M., Cheung, W. S. (2008). Online discussion and critical thinking skills: a case study in a Singapore secondary school. Australasian Journal of Educational Technology, 24(5), 556-573.

［21］Cheung, C. K., Rudowicz, E., Lang, G., et al. (2001). Critical thinking among university students: does the family background matter? College Student Journal, 35(4), 577-597.

[22] Chevrier, M., Muis, K. R., Trevors, G. J., et al. (2019). Exploring the antecedents and consequences of epistemic emotions. Learning and Instruction, 63, 101209.

[23] Chiang, K.-H., Fan, C.-Y., Liu, H.-H., et al. (2016). Effects of a computer-assisted argument map learning strategy on sixth-grade students' argumentative essay reading comprehension. Multimedia Tools and Applications, 75(16), 9973-9990.

[24] Chou, T. L., Wu, J. J., Tsai, C. C. (2018). Research trends and features of critical thinking studies in E-learning environments: a review. Journal of Educational Computing Research, 57(4).

[25] Cody, W. K. (2002). Critical thinking and nursing science: judgment, or vision? Nursing Science Quarterly, 15(3), 184-189.

[26] Crowell, A., Kuhn, D. (2014). Developing dialogic argumentation skills: a three-year intervention study. Journal of Cognition and Development, 15(2), 363-381.

[27] Culver, K. C., Braxton J., Pascarella E. (2019). Does teaching rigorously really enhance undergraduates' intellectual development? The relationship of academic rigor with critical thinking skills and lifelong learning motivations. Higher Education, 78, 611-627.

[28] Davies, M. (2011). Concept mapping, mind mapping and argument mapping: what are the differences and do they matter? Higher Education, 62(3), 279-301.

[29] Davies, M. (2012). Computer-aided mapping and the teaching of critical thinking. Inquiry: Part I Critical Thinking Across the Disciplines, 27(2), 15-30.

[30] Davies, W. M. (2009). Computer-assisted argument mapping: a rationale approach. Higher Education, 58 (6), 799-820.

[31] Dawes,L.，Mercer N.，Wegerif R. (2004). Thinking Together: A Programme of Activities for Developing Thinking Skills at KS 2. Birmingham: Imaginative Mind.

[32] Deci, E. L., Ryan, R. M. (1985). Intrinsic motivation and self-determination in human behavior. New York: Plenum Publishing Corporation.

[33] Duschl, R. A., Ellenbogen, K., Erduran, S. (1999). Promoting argumentation in middle school science classrooms: a project SEPIA evaluation. Paper presented at the Annual Meeting of the National Association for Research in Science Teaching, Boston, March 28-31.

[34] Dwyer, C. P. (2011). The evaluation of argument mapping as a learning tool. Doctoral thesis, National University of Ireland, School of Psychology, Galway.

[35] Dwyer, C. P., Hogan, M. J., Stewart, I. (2010). The evaluation of argument mapping as a learning tool: comparing the effects of map reading versus text reading on comprehension and recall of arguments. Thinking Skills and Creativity, 5(1), 16-22.

[36] Dwyer, C. P., Hogan, M. J., Stewart, I. (2012). An evaluation of argument mapping as a method of enhancing critical thinking performance in e-learning environments. Metacognition and Learning, 7(3), 219-244.

[37] Dwyer, C. P., Hogan, M. J., Stewart, I. (2013) An examination of the effects of argument mapping on students' memory and comprehension performance. Thinking Skills and Creativity, 8, 11-24.

[38] Dwyer, C., Hogan, M., Stewart, I. (2011). The promotion of critical thinking skills through argument mapping. In C. P. Horvart,

J. M. Forte（Eds.），Critical Thinking（pp. 97-121）. New York: Nova Science Publishers.

[39] Dwyer, C. P., Hogan, M. J., Stewart, I.（2014）. An integrated critical thinking framework for the 21st Century. Thinking Skills and Creativity, 12(6), 43-52.

[40] Eftekhari, M., Sotoudehnama, E.（2018）. Effectiveness of computer-assisted argument mapping for comprehension, recall, and retention. ReCALL, 30(3), 337-354.

[41] Eftekhari, M., Sotoudehnama, E., Marandi, S. S.（2016）. Computer-aided argument mapping in an EFL setting: does technology precede traditional paper and pencil approach in developing critical thinking? Educational Technology Research and Development, 64 (2), 339-357.

[42] Ehring, T., Zetsche, U., Weidacker, K., et al.（2011）. The Perseverative Thinking Questionnaire（PTQ）, validation of a content-independent measure of repetitive negative thinking. Journal of Behavior Therapy and Experimental Psychiatry, 42(2), 225-232.

[43] Elhay, A. A., Hershkovitz, A.（2019）. Teachers' perceptions of out-of-class communication, teacher-student relationship, and classroom environment. Education and Information Technologies, (1), 385-406.

[44] Elsegood, S.（2007）. Teaching critical thinking in an English for academic purposes program using a "claims and supports" approach. 10th Pacific Rim First Year in Higher Education Conference.

[45] Englund, H.（2020）. Using unfolding case studies to develop critical thinking skills in baccalaureate nursing students: a pilot study. Nurse Education Today, (93), 104542.

[46] Ennis, R. H. (1987). A taxonomy of critical thinking dispositions and abilities. In J. B. Baron, R. J. Sternberg (Eds.). Teaching Thinking Skills: Theory and Practice (pp. 9-26). W H Freeman/ Times Books/ Henry Holt & Co.

[47] Ensley, D. A., Crowe, D. S., Bernhardt, P., et al. (2010). Teaching and assessing critical thinking skills for argument analysis in psychology. Teaching of Psychology, 37(2), 91-96

[48] Epstein, S., Pacini, R., Denes-Raj, V., et al. (1996). Individual differences in intuitive-experiential and analytical-rational thinking styles. Journal of Personality and Social Psychology, 71 (2), 390-405.

[49] Erdem, E., Fırat, S., Gürbüz, R. (2015). Probability Learning in computer-supported collaborative argumentation (CSCA) environment. Hacettepe University Journal of Education, 31, 1-1.

[50] Erikson, M. G., Erikson, M. (2019). Learning outcomes and critical thinking: good intentions in conflict. Studies in Higher Education (Dorchester-on-Thames), (12), 2293-2303.

[51] Facione, N. C., Facione, P. A., Sanchez, C. A. (1994). Critical thinking disposition as a measure of competent clinical judgment: the development of the California Critical Thinking Disposition Inventory. Journal of Nursing Education, 33(8), 345-350.

[52] Facione, P. A. (1990). The Delphi report-critical thinking: A statement of expert consensus for purposes of educational assessment and instruction. Millbrae: The California Academic Press.

[53] Facione, P. A. (2004). Critical Thinking: What Is It and Why It Counts. Millbrae: California Academic Press.

[54] García-Gorrostieta, J. M., López-López, A., González-López, S.

(2018). Automatic argument assessment of final project reports of computer engineering students. Computer Applications in Engineering Education, 26(5), 1217-1226.

[55] Garrison, D. R., Anderson, T., Archer, W. (2001). Critical thinking, cognitive presence, and computer conferencing in distance education. American Journal of Distance Education, 15(1), 7-23.

[56] Grooms, J., Enderle, P., Sampson, V. (2015). Coordinating scientific argumentation and the next generation science standards through argument driven inquiry. Science Educator, 24(1), 45-50.

[57] Grooms, J., Sampson, V., Golden B. (2014). Comparing the effectiveness of verification and inquiry laboratories in supporting undergaraduate science students in constructing arguments around socioscientific issues. International Journal of Science Education, 36 (9),1412-1433.

[58] Guiller, J., Dumdell, A., Ross, A. (2008). Peer interaction and critical thinking: face-to-face or online discussion? Learning and Instruction, 18(2), 187-200.

[59] Gunawardena, C. N., Lowe, C. A., Anderson, T. (1997). Analysis of global online debate and the development of an interaction analysis model for examining social construction of knowledge in computer conferencing. Journal of Educational Computing Research, 17(4), 397-431.

[60] Halpern, D. F. (1998). Teaching critical thinking for transfer across domains. American Psychologist, 53(4), 449-455.

[61] Halpern, D. F. (2014). Thought and knowledge: an introduction to critical thinking. 5th edition. New York: Psychology Press.

[62] Harpaz, Y. (2010). Conflicting logics in teaching critical thinking.

Inquiry: Critical Thinking Across the Disciplines,24(2):5-17.

[63] Harrell, M., Wetzel, D. (2015). Using argument diagramming to teach critical thinking in a first-year writing course. In M. Davies, R. Barnett (Eds.). The Palgrave Handbook of Critical Thinking in Higher Education (pp. 213-232). New York: Palgrave Macmillan.

[64] Heard J., Scoular, C., Duckworth, D., et al. (2020). Critical thinking: skill development framework. Australian Council for Educational Research, 139-141.

[65] Hitchcock, D. (2017). The effectiveness of instruction in critical thinking. In On Reasoning and Argument. Argumentation Library (pp. 499-510), Cham: Springer.

[66] Hoffmann, M. H. G. (2018). Stimulating reflection and self-correcting reasoning through argument mapping: three approaches. Topoi, 37(1), 185-199.

[67] Huang, C.-J., Chang, S.-C., Chen, H.-M., et al. (2016). A group intelligence-based asynchronous argumentation learning-assistance platform. Interactive Learning Environments, 24 (7), 1408-1427.

[68] Hyytinen, H., et al. (2021). The dynamic relationship between response processes and self-regulation in critical thinking assessments. Studies in Educational Evaluation, https://doi.org/10.1016/j.stueduc.2021.101090.

[69] Ismail, N. S., Harun, J., Zakaria, M. A. Z. M., et al. (2018). The effect of Mobile problem-based learning application DicScience PBL on students' critical thinking. Thinking Skills and Creativity, 28 (6),177-195.

[70] Izilkaya, G., Askar, P. (2009). The development of a reflective

thinking skill scale towards problem solving. Egitim Ve Bilim-Education and Science，34(154)，82-92.

[71] Johannessen, L. R. (2001). Teahcing thinking and writing for a new century. The English Journal, 90, 38-46.

[72] Jong, T. D. (2010). Cognitive load theory, educational research, and instructional design: some food for thought. Instructional Science, 38(2), 105-134.

[73] Kabataş, M. E., Çakan, A. B. N. (2020). Developing critical thinking skills in the thinking-discussion-writing cycle: the argumentation-based inquiry approach. Asia Pacific Education Review, 21(3), 441-453.

[74] Kamarulzaman, W. B., Ahmad, I. S. (2014). Contributing factors to children's critical thinking ability: the perception of pre-service teachers from a private university in Malaysia. Southeast Asia Psychology Journal, 2, 69-76.

[75] Kennedy, M. M . (2016). How Does Professional Development Improve Teaching? Review of Educational Research, 86, 945-980.

[76] Khoiriyah, U., Roberts, C., Jorm, C., et al. (2015). Enhancing students' learning in problem based learning: validation of a self-assessment scale for active learning and critical thinking. BMC Medical Education, 15(1), 140.

[77] Kim, H. S., Oh, E. G. (2018). Scaffolding Argumentation in Asynchronous Online Discussion: Using Students' Perceptions to Refine a Design Framework. International Journal of Online Pedagogy and Course Design, 8(2), 29-43.

[78] Kim, S. S. (2020). Exploitation of shared knowledge and creative behavior: the role of social context. Journal of Knowledge

Management, 24(2), 279-300.

[79] Kim, Y. K. , Sax. , L. J. (2011). Are the effects of student-faculty interaction dependent on academic major? An Examination Using Multilevel Modeling. Research in Higher Education, 52 (6), 589-615.

[80] King, A. (1995). Designing the instructional process to enhance critical thinking across the curriculum: inquiring minds really do want to know: using questioning to teach critical thinking. Teaching of Psychology, 22(1) ,13-17.

[81] Cooper, J. L. (1995). Cooperative learning and critical thinking. Teaching of Psychology, 22(1), 7-8.

[82] Klein, S. , Benjamin, R. , Bolus, R. (2007). The collegiate learning assessment facts and fantasies. Evaluation Review,31(5),415-439.

[83] Ko, S. , Rossen, S. (2008). Teaching Online: A Practical Guide. 2nd edition. New York: Routledge.

[84] Kuhn, D. (1999). A developmental model of critical thinking. Educational Researcher, 28(2), 16-25.

[85] Kujawski, D. J. (2015). Present, critique, reflect, and refine: supporting evidence-based argumentation through conceptual modeling. Science Scope, 39(4): 29-34.

[86] Kwan, Y. W. , Wong, A. F. L. (2014). The constructivist classroom learning environment and its associations with critical thinking ability of secondary school students in liberal studies. Learning Environments Research, 17(2), 191-207.

[87] Kyriakides, L. , Creemers, B. , Panayiotou, A. (2012). Report of the data analysis of the teacher questionnaire used to measure school factors: across and within country results. Nicosia: University of

Cyprus.

[88] Lai, E. R. (2011). Critical thinking: a literature review. Pearson Research Report, 1-49.

[89] Larsson K. (2017). Understanding and teaching critical thinking: a new approach. International Journal of Educational Research, 84, 32-42.

[90] Lee, H., Parsons, D., Kwon, G., et al. (2016). Cooperation begins: encouraging critical thinking skills through cooperative reciprocity using a mobile learning game. Computers and Education, (97), 97-115.

[91] Li, Y., Li, K., Wei, W., et al. (2021). Critical thinking, emotional intelligence and conflict management styles of medical students: a cross-sectional study. Thinking Skills and Creativity, 40 (6), 100799.

[92] Liao, H. C., Wang, Y. H. (2016). The application of heterogeneous cluster grouping to reflective writing for medical humanities literature study to enhance students' empathy, critical thinking, and reflective writing. BMC Medical Education, 16 (1), 234.

[93] Lim, E. (2021). Technology enhanced learning of quantitative critical thinking. Education for Chemical Engineers, 36,82-89.

[94] Lin, Y. (2018). Developing critical thinking in EFL classes: an infusion approach. Singapore: Springer Nature Singapore, Pte Ltd.

[95] Loes, C. N., Salisbury, M. H., Pascarella, E. T. (2015). Student perceptions of effective instruction and the development of critical thinking: a replication and extension. High Education, 69,823-838.

[96] Mahapoonyanont, N. (2012). The causal model of some factors

affecting critical thinking abilities. Procedia-Social and Behavioral Sciences, 46, 146-150.

[97] Manalo, E., Sheppard, C. (2016). How might language affect critical thinking performance? Thinking Skills & Creativity, 21, 41-49.

[98] Marsden, E., Torgerson, C. J. (2012). Single group, pre-and post-test research designs: some methodological concerns. Oxford Review of Education, 38 (5), 583-616.

[99] Marton, F., Saljo, R. (1976). On qualitative difference in learning. I-outcome and process. British Journal of Educational Psychology, 46 (1), 4-11.

[100] Maurino, P. S. M. (2006). Looking for critical thinking in online threaded discussions. Journal of Educational Technology Systems, 35(3), 241-260.

[101] McDade, S. A. (1995). Case study pedagogy to advance critical thinking. Teaching Psychology, 22(1), 9-10.

[102] McNeill, K, L., Krajcik, J. S., (2012). Supporting Grade 5-8 Students in Constructing Explanations in Science: The Claim, Evidence, and Reasoning Framework for Talk and Writing. London: Pearson.

[103] Mishra, P., Henriksen, D. (2018). Creativity, technology & education: exploring their convergence. Cham: Springer.

[104] Mitchell, E. T. (2019). Using debate in an online asynchronous social policy course. Online Learning, 23(3).

[105] Monk, M., Osborne, J. (1997). Placing the history and philosophy of science on the curriculum: a model for the development of pedagogy. Science Education, 81(4), 414-421.

[106] Moore, T. (2013). Critical thinking: seven definitions in search of a concept. Studies in Higher Education (Dorchester-on-Thames), (4), 506-522.

[107] Mulnix, J. W. (2012). Thinking critically about critical thinking. Educational Philosophy and Theory, 44(5), 464-479.

[108] Murphy, E. (2004). An instrucment to support thinking critically about critical thinking in online asynchronous discussion. Australasian Journal of Educational Studies, 20(3), 295-315.

[109] Newman, D. , Webb, B. , Cochrane, C. (1995). A content analysis method to measure critical thinking in face-to-face and computer supported group learning. Interpersonal Computer & Technology, 3(2), 56-77.

[110] Pacini, R. , Epstein, S. (1999). The relation of rational and experiential information processing styles to personality, basic beliefs, and the ratio-bias phenomenon. Journal of Personality and Social Psychology, 76(6), 972-987.

[111] Pacini, R. , Epstein, S. (1999). The relation of rational and experiential information processing styles to personality, basic beliefs, and the ratio-bias phenomenon. Journal of Personality and Social Psychology, 76(6), 972-987.

[112] Pascarella E T, Bohr L, Nora A, et al. (1996). Is differential exposure to college linked to the development of critical thinking? Research in Higher Education, 37(2), 159-174.

[113] Paul, R. , Elder, L. (2005). Critical thinking competency standards. Tomales: Foundation for Critical Thinking.

[114] Pekrun R. (2006). The control-value theory of achievement emotions: assumptions, corollaries, and implications for educational

research and practice. Educational Psychology Review, 18（4）, 315-341.

[115] Peled, Y., Pundak, D., Weiser-Biton, R. (2020) From a passive information consumer to a critically thinking learner. Technology, Pedagogy and Education, (1), 73-88.

[116] Peters, M. A., Araya, D. (2011). Transforming American education: learning powered by technology. E-Learning and Digital Media, 8 (2), 102-105.

[117] Pisapia, J., Morris, J., Cavanaugh, G., et al. (2011). Presented at the 31st SMS Annual International Conference, Miami, November 6-9.

[118] Rapanta, C., Walton, D. (2016). The use of argument maps as an assessment tool in higher education. International Journal of Educational Research, 79, 211-221.

[119] Rathakrishnan, M., Ahmad, R., Suan, C. L. (2017). Online discussion: enhancing students' critical thinking skills. The 2nd International Conference on Applied Science and Technology (ICAST'17).

[120] Razzak, N. A. (2016). Strategies for effective faculty involvement in online activities aimed at promoting critical thinking and deep learning. Education and Information Technologies, 21 (4), 881-896.

[121] Richard C J, Platt J, Platt H. (1998). Longman Dictionary of Language Teaching & Applied Linguistic. Beijing: Addison Wesley Longman China Limited.

[122] Rider, Y., Thomason, N. (2014). Cognitive and pedagogical benefits of argument mapping. In Okada, A., Shum, S. J. B.,

Sherborne, T. (Eds.). Knowledge Cartography: Software Tools and Mapping Techniques, Advanced Information and Knowledge Processing (pp. 113-134). New York: Springer Publishing Company, Incorporated.

[123] Rosen, Y., Tager, M. (2014). Making student thinking visible through a concept map in Computer-Based Assessment of Critical Thinking. Journal of Educational Computing Research, 50(2), 249-270.

[124] Sanders, M., Moulenbelt, J. (2011). Defining critical thinking: how far have we come? Inquiry: Critical Thinking across the Disciplines, 26(1), 38-46.

[125] Sasson, I., Yehuda, I., Malkinson, N. (2018). Fostering the skills of critical thinking and question-posing in a project-based learning environment. Thinking Skills and Creativity, 29, 203-212.

[126] Shavelson, R. J., Zlatkin-Troitschanskaia, O., Beck, K., et al. (2019). Assessment of university students' critical thinking: next generation performance assessment. International Journal of Testing, (4), 337-362.

[127] Swartz, M., K. (2016). Promoting authentic learning for our students. Journal of Pediatric Health Care, 30(5), 405.

[128] Sweller, J., Merriënboer, J. J. G., Paas, F. (2019). Cognitive architecture and instructional design : 20 years later. Educational Psychology Review, 31, 261-292.

[129] Sweller, J., Merrienboer, J. V., Paas, F. (1998). Cognitive architecture and instructional design. Educational Psychology Review, 10, 251-296.

[130] Tormey, R. (2021). Rethinking student-teacher relationships in

higher education: a multidimensional approach. Higher Education.
(online).

[131] Tsai, C.-Y., Jack, B. M., Huang, T.-C., et al. (2012). Using
the cognitive apprenticeship web-based argumentation system to
improve argumentation instruction. Journal of Science Education and
Technology, 21(4), 476-486.

[132] Underwood, M. K., Wald, R. L. (1995). Conference-style
learning: a method for fostering critical thinking with heart.
Teaching Psychology, 22(1), 17-21.

[133] van Gelder, T. (2007). The rationale for RationaleTM. Law,
Probability and Risk, 6(1-4), 23-42.

[134] van Gelder, T. (2011). Argument mapping. In Pashler, H. (Ed.),
Encyclopedia of the Mind(pp. 355-375). Thousand Oak: Sage.

[135] van Gelder, T., Bissett, M., Cumming, G. (2004). Enhancing
expertise in informal reasoning. Canadian Journal of Experimental
Psychology, 58, 142-152.

[136] van Gelder, T. (2015). Using argument mapping to improve critical
thinking skills. In Davies, M., Barnett, R., et al. The Palgrave
Handbook of Critical Thinking in Higher Education (pp. 183-192).
New York: Palgrave Macmillan.

[137] Verburgh, A., François, S., Elen, J., et al. (2013). The
assessment of critical thinking critically assessed in higher
education: a validation study of the CCTT and the HCTA.
Education Research International, 1-14.

[138] Viator, R. E., Harp, N. L., Rinaldo, S. B., et al. (2020). The
mediating effect of reflective-analytic cognitive style on rational
thought. Thinking & Reasoning, 26(3), 381-413.

[139] Vincent-Lancrin, S., et al. (2019), Fostering Students' Creativity and Critical Thinking: What it Means in School, Educational Research and Innovation. Paris: OECD Publishing.

[140] Wade, C. (1995). Using writing to develop and assess critical thinking. Teaching of Psychology, 22(1), 24-28.

[141] Walker, J., Sampson, V. (2013). Learning to argue and arguing to learn in science: argument-driven inquiry as a way to help undergraduate chemistry students learn how to construct argument and engage in argumentation during a laboratory course. Journal of Research in Science Teaching, 50(5), 561-596.

[142] Walker, J., Sampson, V., Grooms, J., et al. (2012). Argument-driven inquiry in undergraduate chemistry labs: the impact on students' conceptual understanding, argument skills, and attitudes toward science. Journal of College Science Teaching, 41(4), 74-81.

[143] Wang, Q., Woo, H. L. (2010). Investigating students' critical thinking in weblogs: an exploratory study in a Singapore secondary school. Asia Pacific Education Review, 11(4), 541-551.

[144] Wang, Y. Y., Nakamura, T., Sanefuji, W. (2020). The influence of parental rearing styles on university students' critical thinking dispositions: the mediating role of self-esteem. Thinking Skills and Creativity, 37.

[145] Wilkin, C. L. (2017). Enhancing critical thinking: accounting students' perceptions. Education & Training (London), (1), 15-30.

[146] Willers, S., Jowsey, T., Chen, Y. (2021). How do nurses promote critical thinking in acute care? A scoping literature review. Nurse Education in Practice, 53, 103074.

[147] Woodrow, L. (2011). College English writing affect: self-efficacy and anxiety. System, 39(4), 510-522.

[148] Yang, D., Richardson, J. C., French, B. F., et al. (2011). The development of a content analysis model for assessing students' cognitive learning in asynchronous online discussions. Educational Technology Research and Development, (1), 43-70.

[149] Yang, Y. T. C., Chou, H. A. (2008). Beyond critical thinking skills: investigating the relationship between critical thinking skills and dispositions through different online instructional strategies. British Journal of Educational Technology, 39(4), 666-684.

[150] Yao, X., Yuan, S., Yang, W., et al. (2017). Emotional intelligence moderates the relationship between regional gray matter volume in the bilateral temporal pole and critical thinking disposition. Brain Imaging & Behavior, 12, 488-498.

[151] You, J. W., Kang, M. (2014). The role of academic emotions in the relationship between perceived academic control and self-regulated learning in online learning. Computers & Education, 77, 125-133.

[152] Zhang, L., Beach, R., Sheng, Y. (2016). Understanding the use of online role-play for collaborative argument through teacher experiencing: a case study. Asia-Pacific Journal of Teacher Education, 44(3), 242-256.

中文文献

[1] 包玲,章雅青,陈颖,等.(2010).医学生批判性思维能力的现状及其影响因素.解放军护理杂志,(18),1369-1372.

[2] 毕景刚,董玉琦,韩颖.(2018).促进初中生批判性思维发展的教学实证

研究:基于学习活动设计视角.电化教育研究,(7),83-90.

[3] 毕景刚,董玉琦,韩颖.(2019).促进批判性思维发展的在线学习活动模型设计研究.中国远程教育,(6),33-40.

[4] 毕景刚,韩颖,董玉琦.(2020).技术促进学生批判性思维发展教学机理的实践探究.中国远程教育(综合版)(7),41-49,76-77.

[5] 蔡婷婷.(2018).中美日初中科学教科书STEM内容比较研究(硕士学位论文,华中师范大学).

[6] 陈巧芬.(2007).认知负荷理论及其发展.现代教育技术,(9),16-19,15.

[7] 陈亚平.(2016).教师提问与学习者批判性思维能力的培养.外语与外语教学,(2),87-96,146-147.

[8] 陈佑清.(2010).反思学习:涵义、功能与过程.教育学术月刊,(5),5-9.

[9] 陈振华.(2014).批判性思维培养的模式之争及其启示.高等教育研究,(9),56-63.

[10] 崔学鸿.(2012).课堂练习与作业设计研究:减负不减质的"绿色行动".中小学管理,(12),9-11.

[11] 董妍,俞国良.(2007).青少年学业情绪问卷的编制及应用.心理学报,(5):852-860.

[12] 董毓.(2012).批判性思维三大误解辨析.高等教育研究,(11),64-70.

[13] 杜威.(2005).我们怎样思维·经验与教育.姜文闵,译.北京:人民教育出版社.

[14] 杜威.(2001).民主主义与教育.王承绪,译.北京:人民教育出版社.

[15] 谷振诣,刘壮虎.(2006).批判性思维教程.北京:北京大学出版社.

[16] 郭晴秀.(2013).初中科学探究性实验教学的有效性研究(硕士学位论文,浙江师范大学).

[17] 黄朝阳.(2010).加强批判性思维教育培养创新型人才.教育研究,(5),69-74.

[18] 黄蕾,杨文卓.(2016).批判性思维相关影响因素的思考.医学教育管

理,(1),367-370.

[19] 黄荣怀,汪燕,王欢欢,等.(2020).未来教育之教学新形态:弹性教学与主动学习.现代远程教育研究,(3),3-14.

[20] 黄艺婷,张锋.(2019).HPS教学模式在培养中学生批判性思维中的应用.生物学教学,(2),6-7.

[21] 姜玲.(2009).哈佛大学的讨论课制度对我国高校的启示.教育研究与实验,(S1),34-37.

[22] 蒋永贵.(2008).初中科学新课程实施的现状、影响因素及环境研究(博士学位论文,上海师范大学).

[23] 冷静,路晓旭.(2020).批判性思维真的可教吗?——基于79篇实验或准实验研究的元分析.开放教育研究,(6),110-118.

[24] 李晶晶,潘苏东,廖元锡.(2017).国外批判性思维研究的启示:教师准备的视角.教育科学研究,(9),81-87.

[25] 李文婧,傅海伦.(2012).数学批判性思维的影响因素及其培养.中国成人教育,(18),124-125.

[26] 李文桃,刘学兰,喻承甫,等.(2017).学校氛围与初中生学业成就:学业情绪的中介和未来取向的调节作用.心理发展与教育,(2),198-205.

[27] 李欣足.(2020).促进问题解决能力提升的真实性学习设计研究(硕士学位论文,华东师范大学).

[28] 李正栓,李迎新.(2014).美国高校批判性思维的培养对中国英语教学的启示.中国外语,(6),14-20.

[29] 理查德·保罗,琳达·埃尔德.(2013).批判性思维工具.侯玉波,姜佟琳,等译.北京:机械工业出版社.

[30] 连四清,方运加.(2012)."合情推理"辨析.课程·教材·教法,(5),54-57.

[31] 林崇德.(2002).智力结构与多元智力.北京师范大学学报(人文社会科学版),(1),5-13.

[32] 林崇德.(2005).培养思维品质是发展智能的突破口.国家教育行政学院学报,(9),21-26,32.

[33] 林崇德.(2006).思维心理学研究的几点回顾.北京师范大学学报(社会科学版),(5),35-42.

[34] 林甜甜.(2018).初中生批判性思维及其培养策略研究(硕士学位论文,上海师范大学).

[35] 凌光明,刘欧.(2019).中国高中生批判性思维能力的测量及其影响因素初探.中国考试,(9):1-10.

[36] 凌荣秀.(2018).基于批判性思维培养的高中生物论证式教学实践研究(硕士学位论文,南京师范大学).

[37] 刘强,左天明,于晓松,等.(2009).学生批判性思维能力的影响因素分析.中国卫生统计,(1),70-71.

[38] 刘琼琼.(2017).美国研究型大学批判性思维培养研究(硕士学位论文,华东师范大学).

[39] 刘儒德.(2000).论批判性思维的意义和内涵.教师教育研究,(1),56-61.

[40] 刘学东,袁靖宇.(2018).美国大学生批判性思维能力培养研究:以斯坦福大学为例.高教探索,(9),44-50.

[41] 刘阳,孟庆国.(2008).学业情绪的控制—价值理论.黑龙江教育学院学报,(12),72-73.

[42] 卢忠耀,陈建文.(2017).大学生批判性思维倾向与学习投入:成就目标定向、学业自我效能的中介作用.高等教育研究,(7),69-77.

[43] 陆耀红,刘嘉祯,王道珍,等.(2016).医学生批判性思维能力的现状调查与影响因素分析.中国医学教育技术,(1),37-41.

[44] 罗清旭,杨鑫辉.(2001).《加利福尼亚批判性思维倾向问卷》中文版的初步修订.心理发展与教育,(3),47-51.

[45] 迈克尔·富兰,玛丽亚·兰沃希.(2016).极富空间:新教育学如何实

现深度学习.于佳琪,黄雪峰,译.重庆:西南师范大学出版社.

[46] 满其峰,张义兵,刘瑶,等.(2014).小学知识建构社区中的批判性思维研究.电化教育研究,(2),113-119.

[47] 孟贞贞,徐富明,孔诗晓,等.(2013).行为决策中的比率偏差.心理科学进展,(5),886-892.

[48] 莫蕾钰.(2013).优化高校讨论课之教师定位及策略.重庆高教研究,(1),59-62.

[49] 缪四平.(2007).美国批判性思维运动对大学素质教育的启发.清华大学教育研究,(3),99-105.

[50] 内尔·诺丁斯.(2015).批判性课程:学校应该教授哪些知识.李树培,译.北京:教育科学出版社.

[51] 潘恬.(2018).中学生批判性思维的研究(硕士学位论文,华东师范大学).

[52] 彭聃龄.(2001).普通心理学(修订版).北京:北京师范大学出版社.

[53] 彭美慈,汪国成,陈基乐,等.(2004).批判性思维能力测量表的信效度测试研究.中华护理杂志,(9),7-10.

[54] 乔爱玲.(2020).学习风格对大学生批判性思维发展的影响研究:基于在线教学环境的实证研究.现代远距离教育,(5),89-96.

[55] 邱立岗.(2020).浅谈初中科学实验教学的有效性的提升.文化创新比较研究,(2),177-178.

[56] 商务国际辞书编辑部.(2019).现代汉语词典(实用版).北京:商务印书馆.

[57] 申永贞.(2009).信仰—冲突—和谐:论从一元思维到多元思维的转变.河北科技大学学报(社会科学版),(2),62-66.

[58] 舒兰兰.(2016).初中科学教学中的课堂提问研究(硕士学位论文,华东师范大学).

[59] 宋长青.(2018).高中生批判性思维倾向实证研究(硕士学位论文,山

东师范大学).

[60] 孙志军,彭顺绪,王骏,等.(2016).谁在学业竞赛中领先？——学业成绩的性别差异研究.北京师范大学学报(社会科学版),(3),38-51.

[61] 谭小熙.(2021).美国高校课程作业设计的框架与主要特征:以Assignment Library 为例.外国教育研究,(5),70-83.

[62] 唐剑岚,周莹.(2008).认知负荷理论及其研究的进展与思考.广西师范大学学报(哲学社会科学版),(2),75-83.

[63] 田红.(2009).基于任务驱动的合作学习的化学实验教学对高中生批判性思维的影响(硕士学位论文,陕西师范大学).

[64] 王芬燕.(2010).初中科学课堂师生互动与教学效率的关系(硕士学位论文,东北师范大学).

[65] 王静.(2016).中学生师生关系、学业情绪与学业成绩的关系研究(硕士学位论文,哈尔滨师范大学).

[66] 王琳.(2015).负性情绪注意偏向的性别差异研究(硕士学位论文,天津师范大学).

[67] 王文静.(2005).情境认知与学习理论:对建构主义的发展.全球教育展望,(4),56-59,33.

[68] 文秋芳.(2008).论外语专业研究生高层次思维能力的培养.学位与研究生教育,(10),29-34.

[69] 吴宏.(2014).推理能力表现:要素、水平与评价指标.教育研究与实验,(1),47-51.

[70] 吴亚婕,姜姗姗.(2015).学生学习过程、批判性思维与学业成就的关系研究.电化教育研究,(12),90-97.

[71] 吴彦茹.(2014).混合式学习促进大学生批判性思维能力发展的实证研究.电化教育研究,(8),83-88.

[72] 吴永源,沈红.(2021).家庭资本结构会影响本科生批判性思维能力吗？——基于全国本科生能力测评的实证分析.重庆高教研究,(6),

1-13.

[73] 武宏志,周建武.(2010).批判性思维:论证逻辑视角.北京:中国人民大学出版社.

[74] 夏欢欢,钟秉林.(2017).大学生批判性思维养成的影响因素及培养策略研究.教育研究,(5),67-76.

[75] 肖薇薇.(2015).批判性思维缺失的教育反思与培养策略.中国教育学刊,(1),25-29.

[76] 徐海艳.(2017).翻转课堂模式下学生批判性思维能力培养研究.外语电化教学,(1),29-34.

[77] 阳利平.(2014).厘清教学目标设计的三个基本问题.课程·教材·教法,(5),86-91.

[78] 杨维东,贾楠.(2011).建构主义学习理论述评.理论导刊,(5),77-80.

[79] 姚海娟,赵海洋,周美旭,等.(2019).情绪对创造性思维的影响:认知风格的调节作用.西南师范大学学报(自然科学版),(2),84-90.

[80] 姚林群,郭元祥.(2011).新课程三维目标与深度教学:兼谈学生情感态度与价值观的培养.课程·教材·教法,(5),12-17.

[81] 姚臻.(1996).影响学生批判性思维发展的因素.黑龙江农垦师专学报,(1),84-87.

[82] 叶映华,尹艳梅.(2019).大学生批判性思维的认知特点及培养策略探析:基于小组合作探究的实证研究.教育发展研究,(11),66-74.

[83] 于勇,高珊,(2017).美国大学生批判性思维培养模式及启示.现代大学教育,(4),61-68.

[84] 袁梦霞,俞树煜,聂胜欣,等.(2017).促进批判性思维发展的在线学习活动角色设计.现代远距离教育,(2),76-82.

[85] 袁振国.(2018).批判性思维是未来核心素养的基础.上海教育,(16),7-9,6.

[86] 岳洪江.(2021).高校本科生课程作业行为及其改进策略研究:基于江

苏某财经类院校的调查.大学教育,(1),113-116.

[87] 张军翎.(2007).中小学生的逻辑推理能力、元认知与学业成绩的相关研究(硕士学位论文,华东师范大学).

[88] 张梅,茹婧斐,印勇.(2016).大学生批判性思维现状及成因研究.重庆大学学报(社会科学版),(3),202-207.

[89] 张青根,沈红.(2018).一流大学本科生批判性思维能力水平及其增值:基于对全国83所高校本科生能力测评的实证分析.教育研究,(12),109-117.

[90] 张新玉,杨钦芬.(2020).学生真实性学习的意蕴、特征与典型模式.教学与管理,(21),9-11.

[91] 赵国庆.(2009).知识可视化2004定义的分析与修订.电化教育研究,(3),15-18.

[92] 赵健,裴新宁,郑太年,等.(2011).适应性设计(AD):面向真实性学习的教学设计模型研究与开发.中国电化教育,(10),6-14.

[93] 赵淑媛.(2013).基于控制—价值理论的大学生学业情绪研究(博士学位论文,中南大学).

[94] 赵毅.(2013).初中阶段数学学习的性别差异研究(硕士学位论文,四川师范大学).

[95] 郑光锐.(2019).医学生批判性思维能力及影响因素调查研究.医学与哲学,(16),75-77,81.

[96] 郑菊萍.(2002).反思性学习简论.上海教育科研,(8),43-46.

[97] 钟启泉.(2020).批判性思维:概念界定与教学方略.全球教育展望,(1),3-16.

[98] 周加仙.(2002).批判性思维课程的设计.全球教育展望,(5),32-37.

[99] 周文叶,陈铭洲.(2017).指向深度学习的表现性评价:访斯坦福大学评价、学习与公平中心主任 Ray Pecheone 教授.全球教育展望,(7),3-9.

［100］朱迪丝•博斯.(2016).独立思考:日常生活中的批判性思维.岳盈盈,翟继强,译.北京:商务印书馆.

［101］朱文辉,李世霆.(2019).从"程序重置"到"深度学习":翻转课堂教学实践的深化路径.教育学报,(2),41-47.

［102］朱叶秋.(2016)."翻转课堂"中批判性思维培养的PBL模式构建.高教探索,(1),89-94.